《量子电动力学（第四版）》

本书是《理论物理学教程》的第四卷，内容包括外场中自由粒子的相对论理论，光发射和散射理论，相对论微扰理论及其在电动力学过程中的应用，辐射修正理论，高能过程的渐近理论。本书的处理透彻、仔细而不学究式。本书可作为高等学校物理专业高年级本科生教学参考书，也可供相关专业的研究生、科研人员和教师参考。

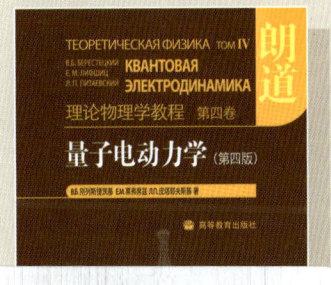

《统计物理学 I（第五版）》
ISBN:978-7-04-030572-2

本书是《理论物理学教程》的第五卷，根据俄文最新版译出。本书以吉布斯方法为基础讲述统计物理学。全书论述热力学基础，理想气体，非理想气体理论，费米分布与玻色分布，固体统计理论，溶液理论，化学反应与表面现象，高密度下物质的性质，晶体的对称性，涨落理论，相平衡，二级相变和临界现象。本书可作为高等学校物理专业高年级本科生或研究生的教学参考书，也可供相关专业的研究生、科研人员和教师参考。

《流体力学（第五版）》

本书是《理论物理学教程》的第六卷，将流体力学作为理论物理学的一部分来阐述，全书风格独特，内容和视角与其它教材相比有很大不同。作者尽可能全面地研究了所有对物理学有重要意义的问题，尽可能清晰地描述了诸多物理现象和它们之间的相互关系。主要内容除了流体力学的基本理论外，还包括湍流、传热传质、声波、气体力学、激波、燃烧、相对论流体力学和超流体等专题。本书可作为高等学校物理专业高年级本科生教学参考书，也可供相关专业的研究生和科研人员参考。

列夫·达维多维奇·朗道（1908—1968） 理论物理学家、苏联科学院院士、诺贝尔物理学奖获得者。1908 年 1 月 22 日生于今阿塞拜疆共和国的首都巴库，父母是工程师和医生。朗道 19 岁从列宁格勒大学物理系毕业后在列宁格勒物理技术研究所开始学术生涯。1929—1931 年赴德国、瑞士、荷兰、英国、比利时、丹麦等国家进修，特别是在哥本哈根，曾受益于玻尔的指引。1932—1937 年，朗道在哈尔科夫担任乌克兰物理技术研究所理论部主任。从 1937 年起在莫斯科担任苏联科学院物理问题研究所理论部主任。朗道非常重视教学工作，曾先后在哈尔科夫大学、莫斯科大学等学校教授理论物理，撰写了大量教材和科普读物。

朗道的研究工作几乎涵盖了从流体力学到量子场论的所有理论物理学分支。1927 年朗道引入量子力学中的重要概念——密度矩阵；1930 年创立电子抗磁性的量子理论（相关现象被称为朗道抗磁性，电子的相应能级被称为朗道能级）；1935 年创立铁磁性的磁畴理论和反铁磁性的理论解释；1936—1937 年创立二级相变的一般理论和超导体的中间态理论（相关理论被称为朗道相变理论和朗道中间态结构模型）；1937 年创立原子核的概率理论；1940—1941 年创立液氦的超流理论（被称为朗道超流理论）和量子液体理论；1946 年创立等离子体振动理论（相关现象被称为朗道阻尼）；1950 年与金兹堡一起创立超导理论（金兹堡 – 朗道唯象理论）；1954 年创立基本粒子的电荷约束理论；1956—1958 年创立了费米液体的量子理论（被称为朗道费米液体理论）并提出了弱相互作用的 CP 不变性。

朗道于 1946 年当选为苏联科学院院士，曾 3 次获得苏联国家奖；1954 年获得社会主义劳动英雄称号；1961 年获得马克斯·普朗克奖章和弗里茨·伦敦奖；1962 年他与栗弗席兹合著的《理论物理学教程》获得列宁奖，同年，他因为对凝聚态物质特别是液氦的开创性工作而获得了诺贝尔物理学奖。朗道还是丹麦皇家科学院院士、荷兰皇家科学院院士、英国皇家学会会员、美国国家科学院院士、美国国家艺术与科学院院士、英国和法国物理学会的荣誉会员。

"朗道十诫"石板*

1958年苏联原子能研究所为庆贺朗道50岁寿辰,送给他的刻有朗道在物理学上最重要的10项科学成果的大理石板,这10项成果是:

1. 量子力学中的密度矩阵和统计物理学(1927年)
2. 自由电子抗磁性的理论(1930年)
3. 二级相变的研究(1936—1937年)
4. 铁磁性的磁畴理论和反铁磁性的理论解释(1935年)
5. 超导体的混合态理论(1934年)
6. 原子核的概率理论(1937年)
7. 氦Ⅱ超流性的量子理论(1940—1941年)
8. 基本粒子的电荷约束理论(1954年)
9. 费米液体的量子理论(1956年)
10. 弱相互作用的CP不变性(1957年)

* Бессараб М Я. Ландау: Страницы жизни. Москва: Московский рабочий, 1988.

ТЕОРЕТИЧЕСКАЯ ФИЗИКА ТОМ VII

Л. Д. ЛАНДАУ
Е. М. ЛИФШИЦ

ТЕОРИЯ УПРУГОСТИ

理论物理学教程　第七卷

TANXING LILUN

弹性理论（第五版）

Л. Д. 朗道　Е. М. 栗弗席兹　著　　武际可　刘寄星　译

俄罗斯联邦教育部推荐大学物理专业教学参考书

高等教育出版社·北京

图字:01 - 2007 - 0916 号

Л. Д. Ландау, Е. М. Лифшиц. Теоретическая физика. В 10 томах
Copyright© FIZMATLIT PUBLISHERS RUSSIA, ISBN 5 - 9221 - 0053 - X
The Chinese language edition is authorized by FIZMATLIT PUBLISHERS RUSSIA
for publishing and sales in the People's Republic of China

图书在版编目(CIP)数据

理论物理学教程.第7卷,弹性理论:第5版/(俄)朗道,(俄)栗弗
席兹著;武际可,刘寄星译. —北京:高等教育出版社,2011.5(2023.8重印)
ISBN 978 - 7 - 04 - 031953 - 8

Ⅰ.①理… Ⅱ.①朗… ②栗… ③武… ④刘… Ⅲ.①理论物理
学 - 教材②弹性理论 - 教材 Ⅳ.①O41 ②O343

中国版本图书馆 CIP 数据核字(2011)第 057110 号

| 策划编辑 | 王 超 | 责任编辑 | 王 超 | 封面设计 | 刘晓翔 | 版式设计 | 余 杨 |
| 责任绘图 | 尹 莉 | 责任校对 | 王 雨 | 责任印制 | 高 峰 | | |

出版发行	高等教育出版社	咨询电话	400 - 810 - 0598
社 址	北京市西城区德外大街4号	网 址	http://www.hep.edu.cn
邮政编码	100120		http://www.hep.com.cn
印 刷	固安县铭成印刷有限公司	网上订购	http://www.landraco.com
开 本	787 × 1092 1/16		http://www.landraco.com.cn
印 张	14.25		
字 数	260 000	版 次	2011年5月第1版
插 页	1	印 次	2023年8月第7次印刷
购书热线	010 - 58581118	定 价	49.00元

本书如有缺页、倒页、脱页等质量问题,请到所购图书销售部门联系调换
版权所有 侵权必究
物 料 号 31953 - 00

第四版序言

本书的基本内容(第一、二、三章以及第五章)与最早的两版(1944 与 1953 年版,那时由于偶然的原因,将弹性理论与流体力学合并为《连续介质力学》)相比,变动很小。这是很自然的,因为弹性理论的基本方程和主要结论早已"定型"了。

在第三版(1965 年)中,补充了关于晶体的位错一章(与 A.M. 科谢维奇合作编写),现在这一章略有改动。

在这一版中,新补进了关于液晶力学的一章;它是与 Л.П. 皮塔耶夫斯基合作编写的。这是连续介质力学中同时具有流体介质和弹性介质力学特点的新领域。因此,在本教程中,把它安排在叙述流体力学和固体的弹性理论之后是合适的。

一如既往,我从与许多朋友和同事讨论本书遇到的问题中获益良多。我要对 Г.Е. 沃洛维克,В.Л. 金兹堡,В.Л. 因登鲍姆,Е.И. 卡茨,Ю.А. 科谢维奇,В.В. 列别捷夫,В.П. 米涅耶夫表示感谢,本书准备过程中采纳了他们许多有益的意见。

E.M. 栗弗席兹
苏联科学院物理问题研究所
1985 年 1 月

摘自《连续介质力学》的序言

……既然本书是由物理学家写的,并且主要是写给物理学家的,我们感兴趣的当然是那些在通常的弹性理论教科书中不论及的问题,这些问题包括热传导、固体的黏性以及一系列关于弹性振动和弹性波的理论问题。同时,我们仅仅十分简要地涉及某些专门问题(例如弹性理论的复杂数学方法、薄壳理论等),因为无论从何种程度上讲,作者们都算不上是这些问题的专家。

Л.朗道,E.粟弗席兹
1953年

符　　号

ρ　　物质密度

u　　位移矢量

$u_{ik} = \dfrac{1}{2}\left(\dfrac{\partial u_i}{\partial x_k} + \dfrac{\partial u_k}{\partial x_i}\right)$　　应变张量

σ_{ik}　　应力张量

K　　全压缩模量

μ　　剪切模量

E　　拉伸模量（杨氏模量）

σ　　泊松比

通过 K,μ 或 E,σ 表示纵向声速 c_l 和横向声速 c_t 的表达式见 §22。
K,μ,E 和 σ 之间的关系式：

$$E = \frac{9K\mu}{3K+\mu}, \qquad \sigma = \frac{3K-2\mu}{2(3K+\mu)},$$

$$K = \frac{E}{3(1-2\sigma)}, \quad \mu = \frac{E}{2(1+\sigma)}.$$

全书采用通常的矢量和张量的指标求和法则：在给定的表达式中，所有重复两次的指标（"傀标"）表示将该量按指标 1,2,3 求和。

在第六章中，对坐标的微分算子采用符号 $\partial_i, \partial_i \equiv \partial/\partial x_i$。

在引用《理论物理学教程》其它各卷的章节和公式时，给出的卷号对应的书名是：

第二卷：《场论》，俄文第八版，中文第一版，

第五卷：《统计物理学Ⅰ》，俄文第五版，中文第一版，

第六卷：《流体力学》，俄文第五版，中文第一版，

第八卷：《连续介质电动力学》，俄文第四版，中文第一版。

目 录

第一章　弹性理论的基本方程 ······················· 1
　§1　应变张量 ······································· 1
　§2　应力张量 ······································· 4
　§3　形变热力学 ····································· 8
　§4　胡克定律 ······································ 10
　§5　均匀形变 ······································ 13
　§6　具有温度改变的形变 ···························· 15
　§7　各向同性物体的平衡方程 ························ 17
　§8　以平面为边界的弹性介质的平衡 ·················· 26
　§9　固体的接触 ···································· 30
　§10　晶体的弹性性质 ······························· 36

第二章　杆和板的平衡 ···························· 44
　§11　弯曲板的能量 ································· 44
　§12　板的平衡方程 ································· 46
　§13　板的纵向形变 ································· 52
　§14　板的大挠度弯曲 ······························· 57
　§15　薄壳的形变 ··································· 61
　§16　杆的扭转 ····································· 67
　§17　杆的弯曲 ····································· 73
　§18　形变杆的能量 ································· 77
　§19　杆的平衡方程 ································· 80
　§20　杆的小挠度弯曲 ······························· 87

§21 弹性系统的稳定性 ………………………………………… 95

第三章 弹性波 ……………………………………………………… 101
§22 各向同性介质中的弹性波 ……………………………………… 101
§23 晶体中的弹性波 ………………………………………………… 107
§24 表面波 …………………………………………………………… 110
§25 杆和板的振动 …………………………………………………… 114
§26 非简谐振动 ……………………………………………………… 120

第四章 位错 ………………………………………………………… 124
§27 存在位错时的弹性形变 ………………………………………… 124
§28 应力场对位错的作用 …………………………………………… 133
§29 位错的连续分布 ………………………………………………… 137
§30 相互作用位错的分布 …………………………………………… 141
附录 弹性介质中裂缝的平衡 ……………………………………… 144

第五章 固体的热传导和黏性 ……………………………………… 150
§31 固体中的热传导方程 …………………………………………… 150
§32 晶体的热传导 …………………………………………………… 152
§33 固体的黏性 ……………………………………………………… 153
§34 固体中的声吸收 ………………………………………………… 155
§35 高黏度液体 ……………………………………………………… 162

第六章 液晶力学 …………………………………………………… 164
§36 向列相液晶的静力学形变 ……………………………………… 164
§37 向列相液晶中的直线向错 ……………………………………… 168
§38 向列相液晶平衡方程的轴对称非奇异解 ……………………… 173
§39 向错的拓扑性质 ………………………………………………… 177
§40 向列相液晶的运动方程 ………………………………………… 180
§41 向列相液晶的耗散系数 ………………………………………… 185
§42 小振动在向列相液晶中的传播 ………………………………… 188
§43 胆甾相液晶力学 ………………………………………………… 194
§44 层状相液晶的弹性 ……………………………………………… 196

§45 层状相液晶中的位错 …………………………………… 202
§46 层状相液晶的运动方程 ………………………………… 204
§47 层状相液晶中的声波 …………………………………… 207

索引 ……………………………………………………………… 211

译后记 …………………………………………………………… 214

第一章

弹性理论的基本方程

§1 应变张量

弹性理论是把固体作为连续介质处理的固体力学的一个分支.[①]

在作用力的影响下,固体会发生不同程度的形变,即其体积和形状改变. 我们将以如下的方式来从数学上描述物体的形变. 物体中任意一点的位置由该点在某一坐标系中的径矢 r(其分量为 $x_1=x, x_2=y, x_3=z$)来确定. 当物体形变时,一般来说,它的所有的点都发生了位移. 现在我们来考查其中的任一给定点,如果在形变前它的径矢为 r,形变后它变为另一径矢 r'(分量为 x_i'). 在形变时,物体上点的位移可以用矢量 $r'-r$ 表示,我们把它记为 u,即:

$$u_i = x_i' - x_i. \tag{1.1}$$

矢量 u 称为**形变矢量**(或**位移矢量**). 不言而喻,点在位移后的坐标 x_i' 是该点在位移前坐标 x_i 的函数. 因此,位移矢量 u_i 也是坐标 x_i 的函数. 作为 x_i 的函数给定矢量 u 后,物体的形变也就完全确定了.

当物体形变时,其点与点之间的距离发生改变. 考查无限邻近的两个任意点. 如果在形变前它们之间的径矢是 $\mathrm{d}x_i$,则在形变后这两点之间的径矢变为 $\mathrm{d}x_i' = \mathrm{d}x_i + \mathrm{d}u_i$. 形变前这两点的距离为

$$\mathrm{d}l = \sqrt{\mathrm{d}x_1^2 + \mathrm{d}x_2^2 + \mathrm{d}x_3^2},$$

在形变后变为

$$\mathrm{d}l' = \sqrt{\mathrm{d}x_1'^2 + \mathrm{d}x_2'^2 + \mathrm{d}x_3'^2}.$$

[①] 弹性理论的基本方程是柯西(A-L. Cauchy)和泊松(S. D. Poisson)在19世纪20年代建立的.

按照通常的求和书写规则,可以写为
$$dl^2 = dx_i^2, \quad dl'^2 = dx_i'^2 = (dx_i + du_i)^2,$$

以 $du_i = \dfrac{\partial u_i}{\partial x_k} dx_k$ 代入,我们可将 dl'^2 改写为

$$dl'^2 = dl^2 + 2\frac{\partial u_i}{\partial x_k}dx_i dx_k + \frac{\partial u_i}{\partial x_l}\frac{\partial u_i}{\partial x_k}dx_k dx_l.$$

由于右端的第二项中的角标 i 与 k 是傀标,它们可以互换而写成对称的形式

$$\left(\frac{\partial u_i}{\partial x_k} + \frac{\partial u_k}{\partial x_i}\right)dx_i dx_k.$$

在第三项中,将角标 i 与 l 互换. 这样就可以得到 dl'^2 的最终表达式为
$$dl'^2 = dl^2 + 2u_{ik}dx_i dx_k, \tag{1.2}$$

其中

$$u_{ik} = \frac{1}{2}\left(\frac{\partial u_i}{\partial x_k} + \frac{\partial u_l}{\partial x_i} + \frac{\partial u_l}{\partial x_i}\frac{\partial u_l}{\partial x_k}\right). \tag{1.3}$$

物体形变时长度元的变化就由这些表达式确定. 张量 u_{ik} 称为**应变张量**. 由其定义可知它是对称的,即

$$u_{ik} = u_{ki}. \tag{1.4}$$

和任何对称张量一样,可以在每一给定点上把张量 u_{ik} 化为主轴表示. 这就是说,在每一个给定点上,可以选取这样的坐标系——在其中只有对角分量 u_{11}, u_{22}, u_{33} 不等于零. 这些分量称为应变张量的主值,把它们记为 $u^{(1)}, u^{(2)}, u^{(3)}$. 但必须注意,虽然在物体某一点上张量 u_{ik} 化归到主轴,一般而言,在所有其它点上的张量仍是非对角张量.

如果把给定点的应变张量化到主轴,则围绕该点的体元内的长度单元(1.2)将具有以下形式:

$$dl'^2 = (\delta_{ik} + 2u_{ik})dx_i dx_k = (1 + 2u^{(1)})dx_1^2 + (1 + 2u^{(2)})dx_2^2 + (1 + 2u^{(3)})dx_3^2.$$

我们看到,这个表达式可以分解为三个独立的项. 这就是说,在每一个体元内,物体的形变可以看作按照三个相互垂直方向(张量的主轴方向)的三个独立形变的总和. 这些形变中的每一个都是沿主轴的简单拉伸(或压缩):沿第一主轴的长度 dx_1 变为

$$dx_1' = \sqrt{1 + 2u^{(1)}}dx_1,$$

另外两轴与此类似. 因此,量

$$\sqrt{1 + 2u^{(i)}} - 1$$

是沿第 i 个主轴的相对伸长 $(dx_i' - dx_i)/dx_i$.

实际上,几乎在物体所有的形变情形下应变都是小的. 这就是说,物体中的任何一段距离的变化与这段距离本身相比都是小量. 换句话说,与 1 相比相对

伸长是小量. 以下我们将把所有的应变都看作小应变.

如果物体受到小应变,则可知确定物体内长度相对变化的应变张量的所有分量也是小量. 至于位移矢量 u_i,即使是在小应变的情形下,有时也可能是大的. 例如在细长杆发生很大弯曲的情形下,即杆的两端在空间有显著的位移时,在杆内的拉伸和压缩也是微小的.

除这种特殊情形外①,小应变时位移矢量总是微小的. 事实上,任何"三维"物体(即其尺寸在任何方向上都不特别小的物体)显然不可能发生这样的形变,即其各部分在空间的位移很大,而物体内部却没有强烈的拉伸和压缩.

我们将在第二章中单独讨论细杆. 于是,在其余的对应于小应变的情形,位移矢量及其对坐标的导数也是小的. 因此,一般表达式(1.3)中的最后一项可以看作二阶小量而略去. 这样一来,在小应变情形下,应变张量可以由表达式

$$u_{ik} = \frac{1}{2}\left(\frac{\partial u_i}{\partial x_k} + \frac{\partial u_k}{\partial x_i}\right) \tag{1.5}$$

来确定. 精确到高阶小量,给定点上沿应变张量主轴方向的长度元的相对伸长是

$$\sqrt{1 + 2u^{(i)}} - 1 \approx u^{(i)},$$

也就是说,它们是张量 u_{ik} 的主值.

让我们来考虑任意一个无限小的体元 dV,并确定它在物体形变后的大小 dV'. 为此,选取所考虑点上的应变张量的主轴作为坐标轴. 这时长度元 dx_1,dx_2,dx_3 在形变后将变为 $dx'_1 = (1 + u^{(1)})dx_1$ 等等. 体积 dV 等于乘积 $dx_1 dx_2 dx_3$,而体积 dV' 等于 $dx'_1 dx'_2 dx'_3$,于是

$$dV' = dV(1 + u^{(1)})(1 + u^{(2)})(1 + u^{(3)}).$$

略去高阶小量,我们得到

$$dV' = dV(1 + u^{(1)} + u^{(2)} + u^{(3)}).$$

众所周知,张量主值之和 $u^{(1)} + u^{(2)} + u^{(3)}$ 是一个不变量,它在任何坐标系中都应当等于张量的对角分量之和

$$u_{ii} = u_{11} + u_{22} + u_{33}.$$

于是,

$$dV' = dV(1 + u_{ii}). \tag{1.6}$$

我们看出,应变张量对角分量之和给定了体积的相对变化:$(dV' - dV)/dV$.

应变张量的分量在球坐标或柱坐标中的表示经常比其在笛卡儿坐标系的表示更便于应用. 这里我们给出在这两个坐标系里以位移矢量各分量导数表示的应变张量分量的表达式以便参考. 在球坐标 r,θ,φ 中,我们有

---

① 除了细杆的形变,薄板弯曲成柱面的形变也应当归入这一类. 这时还应当排除"三维"物体在形变时伴随有绕某个轴转动有限角度的情形.

$$\left.\begin{aligned}&u_{rr}=\frac{\partial u_r}{\partial r},\quad u_{\theta\theta}=\frac{1}{r}\frac{\partial u_\theta}{\partial \theta}+\frac{u_r}{r},\\&u_{\varphi\varphi}=\frac{1}{r\sin\theta}\frac{\partial u_\varphi}{\partial \varphi}+\frac{u_\theta}{r}\cot\theta+\frac{u_r}{r},\\&2u_{\theta\varphi}=\frac{1}{r}\left(\frac{\partial u_\varphi}{\partial \theta}-u_\varphi\cot\theta\right)+\frac{1}{r\sin\theta}\frac{\partial u_\theta}{\partial \varphi},\\&2u_{r\theta}=\frac{\partial u_\theta}{\partial r}-\frac{u_\theta}{r}+\frac{1}{r}\frac{\partial u_r}{\partial \theta},\\&2u_{\varphi r}=\frac{1}{r\sin\theta}\frac{\partial u_r}{\partial \varphi}+\frac{\partial u_\varphi}{\partial r}-\frac{u_\varphi}{r}.\end{aligned}\right\} \quad (1.7)$$

在柱坐标 r, φ, z 中

$$\left.\begin{aligned}&u_{rr}=\frac{\partial u_r}{\partial r},\quad u_{\varphi\varphi}=\frac{1}{r}\frac{\partial u_\varphi}{\partial \varphi}+\frac{u_r}{r},\quad u_{zz}=\frac{\partial u_z}{\partial z},\\&2u_{\varphi z}=\frac{1}{r}\frac{\partial u_z}{\partial \varphi}+\frac{\partial u_\varphi}{\partial z},\quad 2u_{rz}=\frac{\partial u_r}{\partial z}+\frac{\partial u_z}{\partial r},\\&2u_{r\varphi}=\frac{\partial u_\varphi}{\partial r}-\frac{u_\varphi}{r}+\frac{1}{r}\frac{\partial u_r}{\partial \varphi}.\end{aligned}\right\} \quad (1.8)$$

§2 应力张量

在未形变的物体中,分子的分布处于热平衡状态.这时物体各部分之间处于力学平衡.这就是说,从物体内分离出一个体元,那么物体其余部分作用在这个体元上的所有力的合力等于零.

当发生形变时,分子的分布将会改变,从而物体将不再处于原来所处的平衡状态.于是就产生了使物体回复平衡状态的力.形变时产生的这些内力称为**内应力**.如果物体没有形变,则其中就没有内应力.

内应力是由分子力引起的,即物体内分子间相互作用引起的.对于弹性理论来说,分子力具有极小的作用半径是十分重要的.分子力的影响范围在产生该力的分子附近仅能达到分子间距离的数量级.但作为宏观理论的弹性理论,只考虑远较分子之间距离为大的距离.因此,在弹性理论中应当认为分子力的"作用半径"等于零.也可以说,在弹性理论中,引起内应力的力是从任何一点出发仅能影响其邻近点的"近距作用"力.因此,作用在物体任何部分上的来自其相邻部分的力,仅作用在这部分物体的表面上.

此处有必要附加一条补充说明:当物体形变伴随有宏观电场出现时,上面的论断就不再适用了.这些物体(热电体和压电体)将在本教程第八卷中研究.

从物体上分离出某一块体积,并考虑作用在其上的合力.一方面,这个合力

§2 应力张量

可以表示为体积分

$$\int \boldsymbol{F} dV,$$

这里 $\boldsymbol{F}$ 是作用在物体的单位体积上的力*. 另一方面,被考虑体积本身的不同部分的相互作用不会产生非零的合力,因为根据牛顿第三定律,作用力与反作用力在求和时相互抵消. 因此所求的作用在给定体积上的合力,可以仅看作是这块体积周围的物体作用在其上的力之和. 但如上所述,这些力是通过体积表面作用于体积的,因此这一合力可以表为作用于该体积的每一面元上的力的总和,亦即表示为沿该体积表面的某一积分.

于是,对于物体的任一块体积,其内应力合力的三个分量中的每一个 $\int F_i dV$ 都可以变换为沿该体积表面的积分. 由矢量分析知,在任一体积上作标量的积分时,如果这个标量是某一矢量的散度,体积分就可以变换为面积分. 我们现在遇到的是矢量的积分而不是标量的积分. 因而矢量 F_i 应当是某个二阶张量的散度,即 F_i 应具有形式①

$$F_i = \frac{\partial \sigma_{ik}}{\partial x_k}. \tag{2.1}$$

这样,作用在某个体积上的力,可以写为如下包围该体积的闭曲面上积分的形式:②

$$\int F_i dV = \int \frac{\partial \sigma_{ik}}{\partial x_k} dV = \oint \sigma_{ik} df_k. \tag{2.2}$$

张量 σ_{ik} 称为**应力张量**. 从(2.2)可以看出, $\sigma_{ik} df_k$ 是作用于面元 $d\boldsymbol{f}$ 上的力的第 i 个分量. 在平面 xy, yz, zx 上选定面元就可以看到,应力张量分量 σ_{ik} 是作用在垂直于 x_k 轴的单位面积上的力的第 i 个分量. 这样,在垂直于 x 轴的单位面积上,作用有与它垂直(指向 x 轴的方向)的力 σ_{xx} 和(指向 y 轴和 z 轴的)切向力 σ_{yx} 和 σ_{zx}.

这里有必要对力 $\sigma_{ik} df_k$ 的符号加以说明. 在(2.2)中沿表面的积分是由物体的其余部分作用于该表面围定的体积上的力. 反之,由该体积作用于其周围部分表面的力具有相反的符号. 因此,比方说,内应力作用到物体全部表面上的力是

---

* 在连续介质力学中,力主要分为体积力(按照体积分布的力)和面力(按照面积分布的力),并且封闭曲面上的面力可以通过场论公式化为体积力的形式. 作者在本书中没有特意区分源自面力的体积力和其它的体积力,这为理解本书相关内容带来一定困难. 此处的体积力仅指源自面力的体积力. ——译者注

① 面元矢量 $d\boldsymbol{f}$ 沿闭曲面的外法线方向. 闭曲面上的积分变换为体积分时,用算子 $dV \cdot \partial/\partial x_i$ 取代 df_i.

② 严格地讲,确定作用在形变后物体的体积上的合力时,积分不应当按原来的坐标 x_i,而应当按形变后的点的坐标 x_i' 进行. 同样,导数(2.1)应当对 x_i' 来取. 但由于是小应变,对 x_i 和对 x_i' 的导数之间相差高阶小量,因此所有求导都可以对坐标 x_i 进行.

$$-\oint \sigma_{ik} \mathrm{d}f_k,$$

这里积分遍历物体的表面,而 df 指向外法线方向.

我们来确定作用于物体某部分的力所产生的矩. 我们知道,力 **F** 的矩可以写成二阶反对称张量,其分量为 $F_i x_k - F_k x_i$,这里 x_i 是力的作用点的坐标[①]. 因此,作用于体元 dV 的力矩为 $(F_i x_k - F_k x_i)\mathrm{d}V$,而作用在整个体积上的力矩是

$$M_{ik} = \int (F_i x_k - F_k x_i)\mathrm{d}V.$$

如同作用于任何体积的合力一样,这些力矩也应表示为沿体积表面的积分. 把 F_i 的表达式(2.1)代入,就得到

$$M_{ik} = \int\left(\frac{\partial \sigma_{il}}{\partial x_l}x_k - \frac{\partial \sigma_{kl}}{\partial x_l}x_i\right)\mathrm{d}V = \int\frac{\partial(\sigma_{il}x_k - \sigma_{kl}x_i)}{\partial x_l}\mathrm{d}V - \int\left(\sigma_{il}\frac{\partial x_k}{\partial x_l} - \sigma_{kl}\frac{\partial x_i}{\partial x_l}\right)\mathrm{d}V.$$

注意在上式右端第二项中,导数 $\frac{\partial x_k}{\partial x_l}$ 是单位张量 δ_{kl};而第一项中积分号下的部分是某一张量的散度,故这一积分可变换为面积分;结果得到

$$M_{ik} = \oint(\sigma_{il}x_k - \sigma_{kl}x_i)\mathrm{d}f_l + \int(\sigma_{ki} - \sigma_{ik})\mathrm{d}V. \tag{2.3}$$

只有在应力张量为对称张量,即

$$\sigma_{ik} = \sigma_{ki} \tag{2.4}$$

时,张量 M_{ik} 才能够用面积分表出. 因为这时体积分项消失了(关于(2.4)这一重要的结果的论证,我们在本节末还要讨论). 作用于物体的某个体积上的力矩于是就可以写成如下简单的形式:

$$M_{ik} = \int(F_i x_k - F_k x_i)\mathrm{d}V = \oint(\sigma_{il}x_k - \sigma_{kl}x_i)\mathrm{d}f_l. \tag{2.5}$$

在物体各向均匀受压时,应力张量很容易写出. 这时,作用于物体每一单位表面积上的压力,即压强的大小是相同的,且压强指向物体表面的内法线方向. 如果把这个压强记为 p,则作用在面元 df_i 上的力为 $-p\mathrm{d}f_i$. 另一方面,这个力可以通过应力张量表示,应具有 $\sigma_{ik}\mathrm{d}f_k$ 的形式. 把 $-p\mathrm{d}f_i$ 写为 $-p\delta_{ik}\mathrm{d}f_k$ 的形式,可以看出,在各向均匀受压时,应力张量具有如下形式:

$$\sigma_{ik} = -p\delta_{ik}. \tag{2.6}$$

这个应力张量所有不等于零的分量都等于压强.

在任意形变的一般情形下,应力张量的非对角分量也不等于零. 就是说,在物体内的每一面元上,不仅作用有垂直于面元的力,还有与面元相切的使平行面元彼此错开的"剪切"应力.

---

① 力 **F** 的矩由矢量积 **F** × **r** 来确定. 两个矢量的矢量积是二阶反对称张量,其分量已在正文里写出.

§2 应力张量

当物体处于平衡时,在物体每一个体元上内应力必须相互抵消,即必须有 $F_i = 0$. 这样,形变后物体的**平衡方程**具有如下形式:

$$\frac{\partial \sigma_{ik}}{\partial x_k} = 0. \qquad (2.7)$$

如果物体处于重力场中,则作用在物体单位体积上的内应力与重力 ρg 之和 $F + \rho g$ 应等于零(ρ 是密度[①]),g 是重力加速度矢量,其方向竖直向下;在这种情形下,平衡方程的形式为:

$$\frac{\partial \sigma_{ik}}{\partial x_k} + \rho g_i = 0. \qquad (2.8)$$

至于直接施加于物体表面的外力(通常,它们也是引起物体形变的根源),它们将出现在平衡方程的边界条件中. 令 P 为作用于物体表面单位面积上的外力,于是作用在面元 df 上的外力是 Pdf. 平衡时,外力必须与作用在同一面元上的内应力 $-\sigma_{ik}df_k$ 相抵消. 于是应当有

$$P_i df - \sigma_{ik} df_k = 0.$$

把 df_k 写为 $df_k = n_k df$ 的形式,这里 n 是指向表面外法线的单位矢量,由此得

$$\sigma_{ik} n_k = P_i. \qquad (2.9)$$

此即为处于平衡的物体表面应当满足的条件.

我们现在引进一个确定形变物体中应力张量平均值的公式. 为此,将方程(2.7)乘以 x_k 并对物体整个体积求积分,便得:

$$\int \frac{\partial \sigma_{il}}{\partial x_l} x_k dV = \int \frac{\partial (\sigma_{il} x_k)}{\partial x_l} dV - \int \sigma_{il} \frac{\partial x_k}{\partial x_l} dV = 0.$$

把第一个等号右端第一项变换为沿物体表面的积分;第二项的积分中注意 $\frac{\partial x_k}{\partial x_l} = \delta_{kl}$,由此得

$$\oint \sigma_{il} x_k df_l - \int \sigma_{ik} dV = 0.$$

将式(2.9)代入上式第一个积分中,即得

$$\oint P_i x_k df = \int \sigma_{ik} dV = V \overline{\sigma}_{ik},$$

这里 V 是物体的体积,而 $\overline{\sigma}_{ik}$ 是在整个物体上应力张量的平均值. 利用关系式 $\sigma_{ik} = \sigma_{ki}$,可以把这个式子写成对称的形式:

$$\overline{\sigma}_{ik} = \frac{1}{2V} \oint (P_i x_k + P_k x_i) df. \qquad (2.10)$$

于是,应力张量的平均值可以直接由作用于物体的外力来确定,而无需先去求

[①] 严格地说,物体形变时其密度是会改变的. 但在小形变情形计入这种改变只会得到高阶小量,故这种改变不重要.

解平衡方程.

现在让我们返回前面已经作过的对应力张量对称性的证明上来,这个证明需要进一步准确化.那里所提的物理条件,即张量 M_{ik} 可以只由面积分来表达,不仅当张量 σ_{ik} 的反对称部分(即式(2.3)中在体积分内的表达式)为零时能满足,而且当它们是某一散度,即

$$\sigma_{ik} - \sigma_{ki} = 2\frac{\partial}{\partial x_l}\varphi_{ikl}, \quad \varphi_{ikl} = -\varphi_{kil} \tag{2.11}$$

时也能满足.这里 φ_{ikl} 是对前两个指标为反对称的任意张量.在这种情形下,这一张量被表示为导数项 $\partial u_i/\partial x_k$,并且相应地,应力张量中出现了位移矢量的高阶导数项.我们在这里所讨论的弹性理论中,所有这些项都应当被看作高阶小量而略去.

然而,原则上重要的是,即使在这些项不略去,应力张量也可以化为对称形式①.问题在于这个张量的定义(2.1)并不唯一,而允许其它的变换形式

$$\tilde{\sigma}_{ik} - \sigma_{ik} = \frac{\partial}{\partial x_l}\chi_{ikl}, \quad \chi_{ikl} = -\chi_{ilk}, \tag{2.12}$$

这里 χ_{ikl} 是按后两个角标为反对称的任意张量;显然,用以确定力 F 的导数 $\partial\sigma_{ik}/\partial x_k$ 和 $\partial\tilde{\sigma}_{ik}/\partial x_k$ 是恒等的.如果 σ_{ik} 的反对称部分具有式(2.11)的形式,则非对称的 σ_{ik} 可以经过这种形式的变换化为对称形式.对称张量具有形式

$$\tilde{\sigma}_{ik} = \frac{1}{2}(\sigma_{ik} + \sigma_{ki}) + \frac{\partial}{\partial x_l}(\varphi_{ilk} + \varphi_{kli}). \tag{2.13}$$

实际上,由张量

$$\chi_{ikl} = \varphi_{kli} + \varphi_{ilk} - \varphi_{ikl}$$

容易确认,差 $\tilde{\sigma}_{ik} - \sigma_{ik}$ 具有式(2.12)的形式(P. C. Martin, O. Parodi, P. S. Pershan, 1972).

§3 形变热力学

考虑任意一个形变的物体,并假定其形变的变化方式是位移矢量 u_i 改变一个小量 δu_i;现在来确定内应力在这一变化时所作的功.力 $F_i = \partial\sigma_{ik}/\partial x_k$ 乘以位移变动 δu_i 并沿整个物体体积积分,有:

$$\int \delta R \mathrm{d}V = \int \frac{\partial \sigma_{ik}}{\partial x_k}\delta u_i \mathrm{d}V.$$

这里我们用符号 δR 表示内应力在单位体积物体上所作的功.作分部积分,得到

$$\int \delta R \mathrm{d}V = \oint \sigma_{ik}\delta u_i \mathrm{d}f_k - \int \sigma_{ik}\frac{\partial \delta u_i}{\partial x_k}\mathrm{d}V.$$

---

① 按照微观理论的普遍结果(对照本教程第二卷§32).

考虑在无穷远处不发生形变的无限介质,我们把第一个积分的积分曲面推向无穷远处,在那里 $\sigma_{ik}=0$,所以积分值为零. 利用张量 σ_{ik} 的对称性,第二个积分可以重新写为:

$$\int \delta R \mathrm{d}V = -\frac{1}{2}\int \sigma_{ik}\left(\frac{\partial \delta u_i}{\partial x_k} + \frac{\partial \delta u_k}{\partial x_i}\right)\mathrm{d}V =$$
$$= -\frac{1}{2}\int \sigma_{ik}\delta\left(\frac{\partial u_i}{\partial x_k} + \frac{\partial u_k}{\partial x_i}\right)\mathrm{d}V = -\int \sigma_{ik}\delta u_{ik}\mathrm{d}V.$$

于是我们有

$$\delta R = -\sigma_{ik}\delta u_{ik}. \tag{3.1}$$

这就是按照应变张量变化确定功 δR 的公式.

如果物体的形变足够小,则在引起形变的外力停止作用后,物体将恢复到形变前的状态. 这种形变称为**弹性形变**. 在大形变时撤去外力并不能使形变完全消失,而是剩下使物体的状态不同于力作用以前状态的所谓**残余形变**. 这样的形变称为**塑性形变**. 今后(除第四章外)我们将只考虑弹性形变.

我们进而假定,形变的过程足够缓慢,以致每一瞬时在物体内都能够建立对应于物体所处外界条件的热平衡状态(实际上,这一假定几乎总是满足的). 这样的过程称为热力学可逆过程.

今后我们规定,所有的热力学量,如熵 S、内能 $\mathscr{E}$ 等等都是对物体的单位体积来说的,而不是像在流体力学中那样是对单位质量来说的,并且用相应的大写字母来表示.

关于这一点,有必要作以下的说明. 严格地讲,必须对形变前后的单位体积加以区分;因为一般说来它们包含有不同数量的物质. 除去第四章外,我们今后在提到热力学量时,总是对于形变前的单位体积来说的,亦即相对于原来的体积中所含的物质数量说的,这些物质在形变后可以占据与原来不一样的体积. 按照这个规定,例如,物体的总能量总是将 $\mathscr{E}$ 沿未形变物体的体积积分得到的.

内能的无限小变化 $\mathrm{d}\mathscr{E}$,等于单位体积物体获得的热量与内应力所作功 $\mathrm{d}R$ 之差. 在可逆过程中热量等于 $T\mathrm{d}S$,这里 T 是温度. 这样,$\mathrm{d}\mathscr{E} = T\mathrm{d}S - \mathrm{d}R$;把式(3.1)中的 $\mathrm{d}R$ 代入,就得到

$$\mathrm{d}\mathscr{E} = T\mathrm{d}S + \sigma_{ik}\mathrm{d}u_{ik}. \tag{3.2}$$

这就是物体形变时的基本热力学关系.

在物体各向均匀受压时,应力张量 $\sigma_{ik} = -p\delta_{ik}$ (2.6). 这时

$$\sigma_{ik}\mathrm{d}u_{ik} = -p\delta_{ik}\mathrm{d}u_{ik} = -p\mathrm{d}u_{ii}.$$

但我们知道(参看(1.6)),应变张量对角分量之和 u_{ii} 是形变时体积的相对变化. 如果考虑单位体积,则 u_{ii} 正好是这个体积的变化,而 $\mathrm{d}u_{ii}$ 就是体元的变化 $\mathrm{d}V$. 这时,热力学关系就表现为通常的形式

$$d\mathscr{E} = TdS - pdV. \tag{3.2a}$$

在引进能量的同时,我们还要引进物体的**自由能** $F = \mathscr{E} - TS$,改写关系式 (3.2)为

$$dF = -SdT + \sigma_{ik}du_{ik} \tag{3.3}$$

的形式. 最后,物体的**热力学势** Φ 定义为

$$\Phi = \mathscr{E} - TS - \sigma_{ik}u_{ik} = F - \sigma_{ik}u_{ik}. \tag{3.4}$$

这个式子即为通常的表达式 $\Phi = \mathscr{E} - TS + pV$ 的推广[①]. 将式(3.4)代入式 (3.3),得

$$d\Phi = -SdT - u_{ik}d\sigma_{ik}. \tag{3.5}$$

在式(3.2)与式(3.3)中,独立变量分别是 S, u_{ik} 与 T, u_{ik}. 将 $\mathscr{E}$ 或 F 分别在熵 S 或温度 T 不变的条件下对应变张量的分量求导,即可以得到应力张量的分量:

$$\sigma_{ik} = \left(\frac{\partial \mathscr{E}}{\partial u_{ik}}\right)_S = \left(\frac{\partial F}{\partial u_{ik}}\right)_T. \tag{3.6}$$

同样将 Φ 对应力张量分量 σ_{ik} 求导,即得应变张量分量 u_{ik}:

$$u_{ik} = -\left(\frac{\partial \Phi}{\partial \sigma_{ik}}\right)_T. \tag{3.7}$$

§4 胡克定律

为了有可能把热力学关系应用于各种具体情形,有必要把自由能 F 表示为应变张量的函数. 利用形变的微小性并相应地将这个自由能按应变张量的分量 u_{ik} 的幂级数展开,这一表达式很易于得到. 这时,我们又一次只考虑各向同性的情形;对应于晶体的相应表达式,我们将在§10中给出.

考虑处于某一沿物体为恒定的温度下的形变物体,我们将认为,不存在外力时物体在这个温度下处于未形变状态(我们之所以作此说明,是由于在后面§6要讨论的热膨胀). 于是当 $u_{ik} = 0$ 时,内应力也是等于零的,即 $\sigma_{ik} = 0$. 既然 $\sigma_{ik} = \frac{\partial F}{\partial u_{ik}}$,可见把 F 展为 u_{ik} 的幂级数应当没有线性项.

其次,既然自由能是标量,则在 F 的展开式中的每一项也都是标量. 由对称张量的分量 u_{ik} 可以组成两个独立的二阶标量,可以取对角分量的平方和 u_{ii}^2 与所有分量的平方和 u_{ik}^2 作为这两个标量. 把 F 展开为 u_{ik} 的幂级数,我们就得到精确到二阶项的表达式

$$F = F_0 + \frac{\lambda}{2}u_{ii}^2 + \mu u_{ik}^2. \tag{4.1}$$

[①] 在各向均匀压缩时,表达式(3.4)变为 $\Phi = F + pu_{ii} = F + p(V - V_0)$,其中 $V - V_0$ 是形变引起的体积改变. 可见,这里给出的 Φ 的定义与通常热力学中给的定义 $\Phi = F + pV$ 多出了 $-pV_0$ 项.

§4 胡克定律

这就是各向同性物体形变后自由能的一般表达式. 量 λ 与 μ 称为**拉梅系数**.

我们在 §1 看到,形变时体积的变化由和 u_{ii} 确定. 如果在形变时这个和等于零,则说明在形变时物体的体积不变化,变化的仅仅是形状. 这种没有体积变化的形变称为**剪切**.

与以上情况相反的形变是只有体积变化而没有形状变化的形变. 这时,物体的每一体元形状都保持不变. 由 §1 得出,在这种形变下张量 $u_{ik} = \text{const} \cdot \delta_{ik}$. 这种形变称为**全压缩**.

任何形变都能表示为纯剪切形变与全压缩形变之和. 为此,只需写出恒等式

$$u_{ik} = \left(u_{ik} - \frac{1}{3}\delta_{ik}u_{ll}\right) + \frac{1}{3}\delta_{ik}u_{ll} \tag{4.2}$$

即足以说明问题. 显然,等号右边第一项是纯剪切,因为它的对角项之和为零(注意 $\delta_{ii} = 3$). 第二项则与全压缩相关.

作为各向同性体形变后自由能的一般表达式,除式(4.1)之外,利用上述结论把任意形变分解为纯剪切与全压缩将更为方便. 也就是,分别取式(4.2)中的第一和第二项分量的平方和作为两个独立的二阶标量,这时 F 具有形式①

$$F = \mu\left(u_{ik} - \frac{1}{3}\delta_{ik}u_{ll}\right)^2 + \frac{K}{2}u_{ll}^2. \tag{4.3}$$

量 K 与 μ 分别称为**全压缩模量**(有时简称为**压缩模量**)与**剪切模量**. K 与拉梅系数之间的关系是

$$K = \lambda + \frac{2}{3}\mu. \tag{4.4}$$

如所周知,在热平衡状态下自由能取极小值. 如果没有任何外力作用于物体,则 F 作为 u_{ik} 的函数应当在 $u_{ik} = 0$ 时取极小值. 这就是说,二次型(4.3)必须为正定的. 如果选取张量 u_{ik} 使 $u_{ll} = 0$,则式(4.3)中只剩下第一项;如果选取张量 $u_{ik} = \text{const} \cdot \delta_{ik}$,则式(4.3)只剩下第二项. 由此可知,二次型(4.3)为正定的必要条件(显然也是充分条件)是系数 K 与 μ 均为正.

于是我们得到以下的结果,即全压缩模量与剪切模量永远是正的:

$$K > 0, \quad \mu > 0. \tag{4.5}$$

现在利用一般热力学关系(3.6),并由它来确定应力张量. 为了计算导数 $\dfrac{\partial F}{\partial u_{ik}}$,我们写出在恒温下的全微分 $\mathrm{d}F$:

$$\mathrm{d}F = Ku_{ll}\mathrm{d}u_{ll} + 2\mu\left(u_{ik} - \frac{1}{3}u_{ll}\delta_{ik}\right)\mathrm{d}\left(u_{ik} - \frac{1}{3}u_{ll}\delta_{ik}\right).$$

---

① 出现在式(4.1)中的常数项 F_0 是形变前物体的自由能,今后我们不考虑它. 因此,为简单计,永远将它略去,而把 F 理解为我们关心的形变自由能,或者说,弹性自由能.

第二项中的第一个括号乘以 δ_{ik} 后即得零,于是得出

$$dF = Ku_{ll}du_{ll} + 2\mu\left(u_{ik} - \frac{1}{3}u_{ll}\delta_{ik}\right)du_{ik},$$

或者,把 du_{ll} 写为 $\delta_{ik}du_{ik}$,则

$$dF = \left[Ku_{ll}\delta_{ik} + 2\mu\left(u_{ik} - \frac{1}{3}u_{ll}\delta_{ik}\right)\right]du_{ik}.$$

由此得出应力张量

$$\sigma_{ik} = Ku_{ll}\delta_{ik} + 2\mu\left(u_{ik} - \frac{1}{3}\delta_{ik}u_{ll}\right). \tag{4.6}$$

对于各向同性物体,这就是通过应变张量确定应力张量的表达式. 由此式可知,如果形变是纯剪切或纯全压缩,则 σ_{ik} 与 u_{ik} 之间的联系相应地就仅由一个剪切模量或全压缩模量来决定.

不难得到用 u_{ik} 表示 σ_{ik} 的逆转公式. 为此求出对角项的和 σ_{ii}. 由于式(4.6)中第二项对应的和为零,于是 $\sigma_{ii}=3Ku_{ii}$,因而

$$u_{ii} = \frac{1}{3K}\sigma_{ii}. \tag{4.7}$$

把它代入式(4.6),就确定了 u_{ik},即得

$$u_{ik} = \frac{1}{9K}\delta_{ik}\sigma_{ll} + \frac{1}{2\mu}\left(\sigma_{ik} - \frac{1}{3}\delta_{ik}\sigma_{ll}\right), \tag{4.8}$$

这就是通过应力张量表示应变张量的表达式.

等式(4.7)说明,在各向同性物体的任何形变中,体积的相对变化 u_{ii} 仅仅与应力张量的对角分量之和 σ_{ii} 有关,而 u_{ii} 与 σ_{ii} 之间的联系仅由全压缩模量确定. 在全(均匀)压缩时,应力张量的形式是 $\sigma_{ik} = -p\delta_{ik}$. 因此,在这一情形中,由式(4.7)可得

$$u_{ii} = -\frac{p}{K}. \tag{4.9}$$

由于形变小,u_{ii} 与 p 都是小量,于是我们可以把体积相对变化对压强之比 u_{ii}/p 写为微分形式 $(1/V)(\partial V/\partial p)_T$;这时

$$\frac{1}{K} = -\frac{1}{V}\left(\frac{\partial V}{\partial p}\right)_T.$$

量 $\dfrac{1}{K}$ 称为**全压缩率**(或简称为**压缩率**).

从式(4.8)我们看出,应变张量 u_{ik} 是应力张量 σ_{ik} 的一个线性函数. 换句话说,形变与作用于物体的力成正比. 这个对小形变成立的规律被称为**胡克定律**①.

---

① 事实上胡克定律对于所有实际的弹性形变都适用. 问题在于,当胡克定律仍然是很好的近似时物体的形变通常已经不再是弹性的了(橡皮一类的物体除外).

让我们引进形变物体自由能的另外一种方便的形式,它可以从 F 是应变张量的二次型直接得到. 按照欧拉定理,$u_{ik}\partial F/\partial u_{ik}=2F$,由于 $\partial F/\partial u_{ik}=\sigma_{ik}$,所以有

$$F = \frac{\sigma_{ik}u_{ik}}{2}. \tag{4.10}$$

如果把 u_{ik} 用 σ_{ik} 的线性组合代入这个公式,则弹性能就可以表示为 σ_{ik} 的二次函数. 再次应用欧拉定理,我们有

$$\sigma_{ik}\frac{\partial F}{\partial \sigma_{ik}} = 2F,$$

把它与式(4.10)比较,说明

$$u_{ik} = \frac{\partial F}{\partial \sigma_{ik}}. \tag{4.11}$$

然而,这里需要强调的一点是,公式 $\sigma_{ik}=\partial F/\partial u_{ik}$ 是一般热力学的关系式,而逆关系(4.11)的适用性却是与满足胡克定律相关的.

§5 均匀形变

让我们来研究一些最简单的**均匀形变**的情形,即应变张量在整个物体上为常量的情形[①]. 例如,已经讨论过的全压缩就是均匀形变.

现在考虑杆的所谓**简单拉伸**(或压缩). 将杆沿 z 轴放置,在杆的两端施加方向相反的拉力. 这些力均匀地作用在杆端表面,令单位面积所受的力为 p.

由于形变是均匀的,即 u_{ik} 沿物体为常量,故应力张量 σ_{ik} 也是常量,所以它可由边界条件(2.9)直接确定. 在杆的侧表面上没有外力作用,于是 $\sigma_{ik}n_k=0$. 因杆侧表面上的单位矢量 $\boldsymbol{n}$ 垂直于 z 轴,即只有分量 n_x,n_y,于是可知 σ_{ik} 的所有分量除 σ_{zz} 之外全部为零. 在杆端表面上 $\sigma_{zi}n_i=p$,所以 $\sigma_{zz}=p$.

从联系应变张量与应力张量的一般表达式(4.8)可知,u_{ik} 中所有 $i\neq k$ 的分量都等于零,我们得到其余的分量为

$$u_{xx} = u_{yy} = -\frac{1}{3}\left(\frac{1}{2\mu}-\frac{1}{3K}\right)p, \quad u_{zz} = \frac{1}{3}\left(\frac{1}{3K}+\frac{1}{\mu}\right)p. \tag{5.1}$$

分量 u_{zz} 给出杆沿 z 轴的相对伸长. p 的系数称为**拉伸系数**,其倒数称为**拉伸模量**(或称**杨氏模量**)E:

$$u_{zz} = \frac{p}{E}, \tag{5.2}$$

其中

$$E = \frac{9K\mu}{3K+\mu}. \tag{5.3}$$

[①] 作为坐标函数的应变张量的六个分量 u_{ik} 不是完全独立的量,因为它们是用三个独立函数(位移矢量 $\boldsymbol{u}$ 的三个分量)的导数表示的(参看§7习题9). 不过六个常量 u_{ik} 原则上能够以任意的方式给定.

分量 u_{xx} 与 u_{yy} 确定杆沿横向的相对压缩. 横向压缩与纵向伸长之比称为**泊松系数** σ(或称**泊松比**)[①]:

$$u_{xx} = -\sigma u_{zz}, \tag{5.4}$$

其中

$$\sigma = \frac{1}{2} \frac{3K - 2\mu}{3K + \mu}. \tag{5.5}$$

由于 K 与 μ 永远为正,所以各种实际材料的泊松系数只能在 -1(当 $K=0$)到 $1/2$(当 $\mu=0$)之间变动. 因此[②]

$$-1 \leqslant \sigma \leqslant \frac{1}{2}. \tag{5.6}$$

最后,在拉伸时杆体积的相对增加等于

$$u_{ii} = \frac{p}{3K}. \tag{5.7}$$

杆拉伸后的自由能可以直接利用公式(4.10)写出. 由于只有分量 σ_{zz} 异于零,故

$$F = \frac{1}{2}\sigma_{zz}u_{zz} = \frac{p^2}{2E}. \tag{5.8}$$

遵照通用惯例,今后我们将用 E 与 σ 而不用模量 K 与 μ. 后两个模量以及第二个拉梅系数都可以用 E 与 σ 表示出来

$$\lambda = \frac{E\sigma}{(1-2\sigma)(1+\sigma)}, \quad \mu = \frac{E}{2(1+\sigma)}, \quad K = \frac{E}{3(1-2\sigma)}. \tag{5.9}$$

让我们用 E 与 σ 写出前一节几个一般公式. 对于自由能是

$$F = \frac{E}{2(1+\sigma)}\left(u_{ik}^2 + \frac{\sigma}{1-2\sigma}u_{ll}^2\right). \tag{5.10}$$

应力张量用应变张量的表示是

$$\sigma_{ik} = \frac{E}{1+\sigma}\left(u_{ik} + \frac{\sigma}{1-2\sigma}u_{ll}\delta_{ik}\right). \tag{5.11}$$

其逆关系是

$$u_{ik} = \frac{1}{E}\left[(1+\sigma)\sigma_{ik} - \sigma\sigma_{ll}\delta_{ik}\right]. \tag{5.12}$$

公式(5.11)与(5.12)会经常用到,为方便计,我们把它们以分量的形式写在下面:

[①] 以 σ 表示泊松系数不会和以 σ_{ik} 表示应力张量混淆,因为后者总带有下标.

[②] 实际上,泊松系数只在 0 到 1/2 之间变动. 我们现时还不知道具有 $\sigma<0$ 的物体,即当纵向受拉时横向尺寸增加的物体. 还可以证明,不等式 $\sigma>0$ 与 $\lambda>0$ 相当,这里 λ 就是在(4.1)中引进的拉梅系数;换言之,不仅(4.3)式中的两个系数实际恒为正,(4.1)式中的系数也为正,尽管从热力学的观点来看这并不是必要的. σ 值接近 1/2 的情形(例如橡皮)对应于剪切模量远小于压缩模量的情形. (现已发明 $\sigma<0$ 的特异材料,即在一个方向上拉伸时在与其垂直的方向上也伸张的材料,这种材料的中文术语为"负泊松系数材料",英文术语为"auxetics". ——译者注)

$$\left.\begin{aligned}\sigma_{xx} &= \frac{E}{(1+\sigma)(1-2\sigma)}[(1-\sigma)u_{xx} + \sigma(u_{yy}+u_{zz})], \\ \sigma_{yy} &= \frac{E}{(1+\sigma)(1-2\sigma)}[(1-\sigma)u_{yy} + \sigma(u_{xx}+u_{zz})], \\ \sigma_{zz} &= \frac{E}{(1+\sigma)(1-2\sigma)}[(1-\sigma)u_{zz} + \sigma(u_{xx}+u_{yy})], \\ \sigma_{xy} &= \frac{E}{1+\sigma}u_{xy}, \quad \sigma_{xz} = \frac{E}{1+\sigma}u_{xz}, \quad \sigma_{yz} = \frac{E}{1+\sigma}u_{yz}, \end{aligned}\right\} \quad (5.13)$$

其逆公式是

$$\left.\begin{aligned}u_{xx} &= \frac{1}{E}[\sigma_{xx} - \sigma(\sigma_{yy}+\sigma_{zz})], \\ u_{yy} &= \frac{1}{E}[\sigma_{yy} - \sigma(\sigma_{xx}+\sigma_{zz})], \\ u_{zz} &= \frac{1}{E}[\sigma_{zz} - \sigma(\sigma_{xx}+\sigma_{yy})], \\ u_{xy} &= \frac{1+\sigma}{E}\sigma_{xy}, \quad u_{xz} = \frac{1+\sigma}{E}\sigma_{xz}, \quad u_{yz} = \frac{1+\sigma}{E}\sigma_{yz}. \end{aligned}\right\} \quad (5.14)$$

现在来讨论杆受压而其侧面固定使横向尺寸不可能变化的情形,外力沿杆长作用在杆的两端,这时仍取杆长方向为 z 轴. 这种形变称为**单向压缩**. 由于杆的形变仅沿着 z 轴,所以 u_{ik} 的所有的分量只有 u_{zz} 异于零. 由式(5.13)得出

$$\sigma_{xx} = \sigma_{yy} = \frac{E\sigma}{(1+\sigma)(1-2\sigma)}u_{zz}, \quad \sigma_{zz} = \frac{E(1-\sigma)}{(1+\sigma)(1-2\sigma)}u_{zz}.$$

仍以 p 表示压强($\sigma_{zz} = p$,压缩时取负值),得到

$$u_{zz} = \frac{(1+\sigma)(1-2\sigma)}{E(1-\sigma)}p. \quad (5.15)$$

p 前面的系数称为**单向压缩率**. 横向应力是

$$\sigma_{xx} = \sigma_{yy} = p\frac{\sigma}{1-\sigma}. \quad (5.16)$$

最后,杆的自由能为

$$F = p^2 \frac{(1+\sigma)(1-2\sigma)}{2E(1-\sigma)}. \quad (5.17)$$

§6 具有温度改变的形变

现在来研究伴随有物体温度改变的形变;温度改变之所以发生,可以是形变过程自身的结果,也可以是出于外部的原因.

我们认定,在某一给定温度 T_0 下,没有外力时物体处于未形变的状态. 如果物体处于与 T_0 不同的温度 T 下,则一般来说,即使没有外力物体也会由于热

膨胀发生形变.因此,在自由能 $F(T)$ 的展开式中不仅包含有应变张量的平方项,而且也包含其线性项.由二阶张量 u_{ik} 的分量只可能构成一个线性的标量,即其对角分量之和 u_{ii}.我们还假定伴随有形变的温度变化 $T-T_0$ 也很小.于是可以认为,在 F 的展开式中 u_{ii} 的系数(当 $T=T_0$ 时为零)正比于温差 $T-T_0$.于是,替代以前的式(4.3),我们得到如下的自由能表达式:

$$F(T) = F_0(T) - K\alpha(T-T_0)u_{ll} + \mu\left(u_{ik} - \frac{1}{3}\delta_{ik}u_{ll}\right)^2 + \frac{K}{2}u_{ll}^2, \quad (6.1)$$

这里将 $T-T_0$ 的系数写作 $-K\alpha$.此处应当认为量 μ, K, α 为常量,因如果计及它们与温度的依赖关系,引进的将是高阶小量.

将 F 对 u_{ik} 求导,我们即得到应力张量:

$$\sigma_{ik} = -K\alpha(T-T_0)\delta_{ik} + Ku_{ll}\delta_{ik} + 2\mu\left(u_{ik} - \frac{1}{3}\delta_{ik}u_{ll}\right). \quad (6.2)$$

上式第一项是与物体温度变化有关的附加应力.当物体在没有外力作用下自由热膨胀时,应当没有内应力.令 σ_{ik} 为零,我们得到 u_{ik} 具有形式 $u_{ik} = \text{const} \cdot \delta_{ik}$,并且

$$u_{ll} = \alpha(T-T_0). \quad (6.3)$$

然而 u_{ll} 是形变时体积的相对改变.因此 α 恰好是物体的**热膨胀系数**.

从热力学的角度看,在各种类型的形变中,最重要的是等温形变和绝热形变.等温形变时物体的温度不变.因此在式(6.1)中应当令 $T=T_0$,这时我们便返回到通常的公式;因此系数 K 与 μ 可以称为**等温模量**.

绝热形变是这样一类形变,即形变时物体的各部分之间不发生热交换,而且物体与周围的介质也没有热交换.这时熵 S 保持为常量.如所周知,熵等于自由能对温度的导数 $-\partial F/\partial T$,对式(6.1)求导就得到精确到 u_{ik} 一阶项的表达式:

$$S(T) = S_0(T) + K\alpha u_{ll}. \quad (6.4)$$

令 S 为常量,可以确定形变时温度的变化 $T-T_0$,由此可见,它与 u_{ll} 成正比:

$$\frac{C_v}{T_0}(T-T_0) = -K\alpha u_{ll}. \quad (6.5)$$

把这个式子代入式(6.2),我们就得到 σ_{ik} 的通常表达式

$$\sigma_{ik} = K_{ad} u_{ll}\delta_{ik} + 2\mu\left(u_{ik} - \frac{1}{3}\delta_{ik}u_{ll}\right). \quad (6.6)$$

式中剪切模量 μ 与原来的相同,但压缩模量 K_{ad} 却是不同的.不过,可以直接由以下一般热力学公式

$$\left(\frac{\partial V}{\partial p}\right)_S = \left(\frac{\partial V}{\partial p}\right)_T + \frac{T}{C_p}\left(\frac{\partial V}{\partial T}\right)_p^2$$

得到**绝热模量** K_{ad} 与通常的等温模量 K 之间的关系,这里 C_p 是物体的体积定压热容.如果把 V 看作形变前单位体积所含物质形变后占有的体积,则导数 $\partial V/\partial T$

与 $\partial V/\partial p$ 分别给出在加热和压缩时体积的相对变化. 换句话说,即

$$\left(\frac{\partial V}{\partial T}\right)_p = \alpha, \quad \left(\frac{\partial V}{\partial p}\right)_S = -\frac{1}{K_{\mathrm{ad}}}, \quad \left(\frac{\partial V}{\partial p}\right)_T = -\frac{1}{K}.$$

于是我们得到绝热模量与等温模量之间的关系为[①]

$$\frac{1}{K_{\mathrm{ad}}} = \frac{1}{K} - \frac{T\alpha^2}{C_p}, \quad \mu_{\mathrm{ad}} = \mu. \tag{6.7}$$

至于绝热条件下的拉伸模量和泊松系数,我们很容易得到以下关系式:

$$E_{\mathrm{ad}} = \frac{E}{1 - ET\alpha^2/(9C_p)}, \quad \sigma_{\mathrm{ad}} = \frac{\sigma + ET\alpha^2/(9C_p)}{1 - ET\alpha^2/(9C_p)}. \tag{6.8}$$

在实际情况下,量 $ET\alpha^2/C_p$ 通常很小,于是可以足够精确地将它们写为

$$E_{\mathrm{ad}} = E + E^2 \frac{T\alpha^2}{9C_p}, \quad \sigma_{\mathrm{ad}} = \sigma + (1+\sigma)E\frac{T\alpha^2}{9C_p}. \tag{6.9}$$

在等温形变时,应力张量表示为自由能的导数形式:

$$\sigma_{ik} = \left(\frac{\partial F}{\partial u_{ik}}\right)_T.$$

对于等熵情形,则应当写成(参看(3.6))

$$\sigma_{ik} = \left(\frac{\partial \mathscr{E}}{\partial u_{ik}}\right)_S,$$

其中 $\mathscr{E}$ 是内能. 与此相应,对于绝热形变,类似于式(4.3)的表达式所确定的不是自由能,而是物体的体积内能:

$$\mathscr{E} = \frac{K_{\mathrm{ad}}}{2}u_{ll}^2 + \mu\left(u_{ik} - \frac{1}{3}u_{ll}\delta_{ik}\right)^2. \tag{6.10}$$

§7 各向同性物体的平衡方程

现在来推导各向同性固体的平衡方程. 为此,我们将应力张量表达式 (5.11)代入一般方程(2.8):

$$\frac{\partial \sigma_{ik}}{\partial x_k} + \rho g_i = 0.$$

我们有

$$\frac{\partial \sigma_{ik}}{\partial x_k} = \frac{E\sigma}{(1+\sigma)(1-2\sigma)}\frac{\partial u_{ll}}{\partial x_i} + \frac{E}{1+\sigma}\frac{\partial u_{ik}}{\partial x_k},$$

再将 $u_{ik} = \frac{1}{2}\left(\frac{\partial u_i}{\partial x_k} + \frac{\partial u_k}{\partial x_i}\right)$ 代入上式,即得到如下形式的平衡方程:

$$\frac{E}{2(1+\sigma)}\frac{\partial^2 u_i}{\partial x_k^2} + \frac{E}{2(1+\sigma)(1-2\sigma)}\frac{\partial^2 u_l}{\partial x_i \partial x_l} + \rho g_i = 0. \tag{7.1}$$

[①] 要由(6.5)与(6.6)导出这个关系,我们还需应用热力学公式 $C_p - C_v = T\alpha^2 K$.

可以很方便地将这些方程改写为矢量形式. 在以上方程使用的符号中, $\partial^2 u_i/\partial x_k^2$ 是矢量 $\Delta \boldsymbol{u}$ 的分量,而 $\partial u_i/\partial x_i \equiv \nabla \cdot \boldsymbol{u}$. 这样一来,平衡方程可表示为

$$\Delta \boldsymbol{u} + \frac{1}{1-2\sigma} \nabla \nabla \cdot \boldsymbol{u} = -\rho \boldsymbol{g} \frac{2(1+\sigma)}{E}. \tag{7.2}$$

有时,利用熟知的矢量分析公式

$$\nabla \nabla \cdot \boldsymbol{u} = \Delta \boldsymbol{u} + \nabla \times \nabla \times \boldsymbol{u}$$

将这个方程写为某种其它形式更为方便. 此时式(7.2)可变为形式:

$$\nabla \nabla \cdot \boldsymbol{u} - \frac{1-2\sigma}{2(1-\sigma)} \nabla \times \nabla \times \boldsymbol{u} = -\rho \boldsymbol{g} \frac{(1+\sigma)(1-2\sigma)}{E(1-\sigma)}. \tag{7.3}$$

我们这里写出在均匀重力场中的平衡方程,是考虑到在弹性理论中,重力是最常见的体积力(简称体力). 当存在别的体力时,方程式右端的矢量 $\rho \boldsymbol{g}$ 可以用相应的别的体力代替.

最为重要的情况是形变并非由体力而是由作用于物体表面的力而引起的. 在这种情况下,平衡方程是

$$(1-2\sigma)\Delta \boldsymbol{u} + \nabla \nabla \cdot \boldsymbol{u} = 0, \tag{7.4}$$

或者是其另一种形式

$$2(1-\sigma)\nabla \nabla \cdot \boldsymbol{u} - (1-2\sigma)\nabla \times \nabla \times \boldsymbol{u} = 0. \tag{7.5}$$

外力只能通过边界条件引入方程的解中.

应用算子 ∇ 于方程(7.4),并注意 $\nabla \cdot \nabla = \Delta$,则得

$$\Delta \nabla \cdot \boldsymbol{u} = 0, \tag{7.6}$$

即 $\nabla \cdot \boldsymbol{u}$(形变时确定体积变化的量)是调和函数. 应用拉普拉斯算子 Δ 于方程(7.4),即得到

$$\Delta \Delta \boldsymbol{u} = 0, \tag{7.7}$$

亦即在平衡时,位移矢量满足**双调和方程**. 这些结果在均匀重力场内依然成立(因为在进行微分运算时,方程(7.2)的右端项消失). 不过,在外加体力沿物体变化的一般情形下,这些结果便不再成立了.

位移矢量满足双调和方程这一事实,当然并不意味着平衡方程(在没有体力时)的通解是任意双调和函数矢量. 应当记住,函数 $\boldsymbol{u}(x,y,z)$ 实际上还必须满足更低阶的微分方程(7.4). 同时,平衡方程的通解可以通过任意双调和矢量的导数表示(参见习题10).

如果物体非均匀受热,则在平衡方程中必须增加附加项,在应力张量中必须计入 $-K\alpha(T-T_0)\delta_{ik}$ 这一项(见(6.2)式). 相应地,在 $\partial \sigma_{ik}/\partial x_k$ 中出现下面一项:

$$-K\alpha \frac{\partial T}{\partial x_i} = -\frac{E\alpha}{3(1-2\sigma)} \frac{\partial T}{\partial x_i}.$$

最后,我们得到如下形式的平衡方程:

$$\frac{3(1-\sigma)}{1+\sigma}\nabla\nabla\cdot\boldsymbol{u} - \frac{3(1-2\sigma)}{2(1+\sigma)}\nabla\times\nabla\times\boldsymbol{u} = \alpha\nabla T. \tag{7.8}$$

现在来考虑**平面应变**的特殊情形. 这时, 在整个物体内, 位移矢量的一个分量等于零 ($u_z = 0$), 而 u_x, u_y 仅与 x, y 有关. 同时, 应变张量的分量 u_{zz}, u_{xz}, u_{yz} 恒等于零, 应力张量的分量 σ_{xz}, σ_{yz} 也同时为零 (但纵向应力 σ_{zz} 不为零, 为保证物体沿 z 轴方向的长度不变必须有纵向应力存在).

因为所有的量都与坐标 z 无关, 所以 (无体力时的) 平衡方程 $\partial\sigma_{ik}/\partial x_k = 0$, 在所讨论的情形中归结为以下两个方程:

$$\frac{\partial\sigma_{xx}}{\partial x} + \frac{\partial\sigma_{xy}}{\partial y} = 0, \quad \frac{\partial\sigma_{yx}}{\partial x} + \frac{\partial\sigma_{yy}}{\partial y} = 0. \tag{7.9}$$

能满足上述方程的函数 $\sigma_{xx}, \sigma_{xy}, \sigma_{yy}$ 的最一般形式是

$$\sigma_{xx} = \frac{\partial^2\chi}{\partial y^2}, \quad \sigma_{xy} = -\frac{\partial^2\chi}{\partial x\partial y}, \quad \sigma_{yy} = \frac{\partial^2\chi}{\partial x^2}, \tag{7.10}$$

式中的 χ 是 x 与 y 的任意函数. 不难求出这个函数所应满足的方程. 这样的方程肯定存在, 因为实际上这三个量 $\sigma_{xx}, \sigma_{xy}, \sigma_{yy}$ 总可以通过两个量 u_x, u_y 来表示, 因此这三个量并不相互独立. 借助于公式 (5.13), 对于平面应变我们求得

$$\sigma_{xx} + \sigma_{yy} = \frac{E}{(1+\sigma)(1-2\sigma)}(u_{xx} + u_{yy}).$$

但是

$$\sigma_{xx} + \sigma_{yy} = \Delta\chi, \quad u_{xx} + u_{yy} = \frac{\partial u_x}{\partial x} + \frac{\partial u_y}{\partial y} \equiv \nabla\cdot\boldsymbol{u},$$

而根据公式 (7.6), $\nabla\cdot\boldsymbol{u}$ 是调和函数, 这样我们就可以断定, 函数 χ 满足如下方程:

$$\Delta\Delta\chi = 0, \tag{7.11}$$

亦即 χ 是双调和函数. 函数 χ 称为**应力函数**. 在平面问题求解并找到函数 χ 之后, 纵向应力 σ_{zz} 即可直接按如下公式求出:

$$\sigma_{zz} = \frac{\sigma E}{(1+\sigma)(1-2\sigma)}(u_{xx} + u_{yy}) = \sigma(\sigma_{xx} + \sigma_{yy}),$$

或

$$\sigma_{zz} = \sigma\Delta\chi. \tag{7.12}$$

习 题

1. 试确定重力场中竖直放置的长杆 (长度为 l) 的形变.

解: 取 z 轴沿杆轴的方向, 而 xy 平面为杆下端的平面. 平衡方程是

$$\frac{\partial \sigma_{xi}}{\partial x_i} = \frac{\partial \sigma_{yi}}{\partial x_i} = 0, \quad \frac{\partial \sigma_{zi}}{\partial x_i} = \rho g.$$

在杆的侧表面上,除 σ_{zz} 外, σ_{ik} 的所有分量都应当是零,而在其上端 $(z=l)$, $\sigma_{xz} = \sigma_{yz} = \sigma_{zz} = 0$. 满足这些条件的平衡方程的解是:

$$\sigma_{zz} = -\rho g(l-z),$$

其余的所有分量 $\sigma_{ik} = 0$. 我们可由 σ_{ik} 确定 u_{ik} 的表达式:

$$u_{xx} = u_{yy} = \frac{\sigma}{E}\rho g(l-z), \quad u_{zz} = -\frac{\rho g(l-z)}{E}, \quad u_{xy} = u_{xz} = u_{yz} = 0.$$

由此通过积分便得到位移矢量的各分量:

$$u_x = \frac{\sigma}{E}\rho g(l-z)x,$$

$$u_y = \frac{\sigma}{E}\rho g(l-z)y,$$

$$u_z = -\frac{\rho g}{2E}[l^2 - (l-z)^2 - \sigma(x^2 + y^2)].$$

u_z 的表达式仅在杆的下端表面的一个点上满足边界条件 $u_z = 0$. 因此,所得到的解在杆下端面附近不适用.

2. 假定空心球的内部压强为 p_1,外面压强为 p_2,试确定空心球(内、外半径分别为 R_1, R_2)的形变.

解:引进原点位于球心的球坐标. 位移矢量 $\boldsymbol{u}$ 的方向处处沿着半径且只是 r 的函数. 因此, $\nabla \times \boldsymbol{u} = 0$,而方程(7.5)化为

$$\nabla \nabla \cdot \boldsymbol{u} = 0.$$

于是

$$\nabla \cdot \boldsymbol{u} = \frac{1}{r^2}\frac{\mathrm{d}(r^2 u)}{\mathrm{d}r} = \text{const} \equiv 3a,$$

或

$$u = ar + \frac{b}{r^2}.$$

应变张量的分量(见式(1.7)):

$$u_{rr} = a - \frac{2b}{r^3}, \quad u_{\theta\theta} = u_{\varphi\varphi} = a + \frac{b}{r^3}.$$

径向应力:

$$\sigma_{rr} = \frac{E}{(1+\sigma)(1-2\sigma)}[(1-\sigma)u_{rr} + 2\sigma u_{\theta\theta}] = \frac{E}{1-2\sigma}a - \frac{2E}{1+\sigma}\frac{b}{r^3},$$

其中的常数 a,b 由边界条件确定. 边界条件是:当 $r = R_1$ 时 $\sigma_{rr} = -p_1$;当 $r = R_2$ 时 $\sigma_{rr} = -p_2$. 由此得到

$$a = \frac{p_1 R_1^3 - p_2 R_2^3}{R_2^3 - R_1^3} \frac{1 - 2\sigma}{E}, \quad b = \frac{R_1^3 R_2^3 (p_1 - p_2)}{R_2^3 - R_1^3} \frac{1 + \sigma}{2E}.$$

因此，如果球的内部压强 $p_1 = p$，而在外部 $p_2 = 0$，则沿着球厚度的应力分布由如下公式给出：

$$\sigma_{rr} = \frac{p R_1^3}{R_2^3 - R_1^3} \left(1 - \frac{R_2^3}{r^3}\right), \quad \sigma_{\theta\theta} = \sigma_{\varphi\varphi} = \frac{p R_1^3}{R_2^3 - R_1^3} \left(1 + \frac{R_2^3}{2r^3}\right).$$

对于厚度 $h = R_2 - R_1 \ll R$ 的薄球壳，则有近似公式：

$$u = \frac{p R^2 (1 - \sigma)}{2 E h}, \quad \sigma_{\theta\theta} = \sigma_{\varphi\varphi} = \frac{p R}{2h}, \quad \bar{\sigma}_{rr} = \frac{p}{2}$$

($\bar{\sigma}_{rr}$ 为径向应力沿薄壳厚度的平均值).

令 $R_1 = R, R_2 = \infty, p_1 = 0, p_2 = p$ 即可得到具有球腔(半径为 R)的无限弹性介质在承受各向均匀压缩时的应力分布：

$$\sigma_{rr} = -p \left(1 - \frac{R^3}{r^3}\right), \quad \sigma_{\theta\theta} = \sigma_{\varphi\varphi} = -p \left(1 + \frac{R^3}{2r^3}\right).$$

在球腔的边界上，与球腔相切方向的正应力 $\sigma_{\theta\theta} = \sigma_{\varphi\varphi} = -3p/2$，即已超出无限远处的压强.

3. 试确定半径为 R 的实心球在自身引力场作用下的形变.

解：在球体单位质量上作用的引力等于 $-g\mathbf{r}/R$，将该式代入方程(7.3)替换式中的 $\mathbf{g}$，即得如下的径向位移方程：

$$\frac{E(1 - \sigma)}{(1 + \sigma)(1 - 2\sigma)} \frac{\mathrm{d}}{\mathrm{d}r} \left(\frac{1}{r^2} \frac{\mathrm{d}(r^2 u)}{\mathrm{d}r}\right) = \rho g \frac{r}{R}.$$

利用在 $r = 0$ 时解有限并满足 $r = R$ 时 $\sigma_{rr} = 0$ 的条件，求得解为

$$u = -\frac{g \rho R (1 - 2\sigma)(1 + \sigma)}{10 E (1 - \sigma)} r \left[\frac{3 - \sigma}{1 + \sigma} - \frac{r^2}{R^2}\right].$$

注意，在半径为 $R[(3 - \sigma)/3(1 + \sigma)]^{1/2}$ 的球面的内部，材料是受压缩的 ($u_{rr} < 0$)，而在该球面的外部，材料是受拉伸的 ($u_{rr} > 0$). 球心处的压强等于

$$\frac{3 - \sigma}{10(1 - \sigma)} g \rho R.$$

4. 试确定内外半径分别为 R_1 和 R_2 的空心圆柱形管的形变，假定管的内部压强为 p，管的外部没有压强作用[①].

解：引入柱坐标，取圆柱形管的中心轴为 z 轴. 当沿着圆柱形管施加均匀压力时，形变是单纯的径向位移 $u_r = u(r)$. 类似于习题2，现在是

$$\nabla \cdot \mathbf{u} = \frac{1}{r} \frac{\mathrm{d}(ru)}{\mathrm{d}r} = \text{const} \equiv 2a.$$

---

① 在习题4,5,7中都假设圆柱体保持固定长度，因此不存在纵向形变.

由此
$$u = ar + \frac{b}{r}.$$

应变张量不为零的分量(见式(1.8))为
$$u_{rr} = \frac{du}{dr} = a - \frac{b}{r^2}, \quad u_{\varphi\varphi} = \frac{u}{r} = a + \frac{b}{r^2}.$$

由条件 $r = R_2$ 时 $\sigma_{rr} = 0$ 和 $r = R_1$ 时 $\sigma_{rr} = -p$,我们得到
$$a = \frac{pR_1^2}{R_2^2 - R_1^2} \frac{(1+\sigma)(1-2\sigma)}{E}, \quad b = \frac{pR_1^2 R_2^2}{R_2^2 - R_1^2} \frac{1+\sigma}{E}.$$

应力沿管的厚度的分布由下式给出:
$$\sigma_{rr} = \frac{pR_1^2}{R_2^2 - R_1^2}\left(1 - \frac{R_2^2}{r^2}\right), \quad \sigma_{\varphi\varphi} = \frac{pR_1^2}{R_2^2 - R_1^2}\left(1 + \frac{R_2^2}{r^2}\right),$$
$$\sigma_{zz} = 2\sigma \frac{pR_1^2}{R_2^2 - R_1^2}.$$

5. 圆柱体绕柱轴匀速旋转,试确定其形变.

解: 以离心力 $\rho\Omega^2 r$(Ω 为角速度)代替式(7.3)中的重力项,则得到在柱坐标系中位移 $u_r = u(r)$ 的方程:
$$\frac{E(1-\sigma)}{(1+\sigma)(1-2\sigma)} \frac{d}{dr}\left(\frac{1}{r}\frac{d(ru)}{dr}\right) = -\rho\Omega^2 r.$$

在 $r = 0$ 时有限并满足条件 $r = R$ 时 $\sigma_{rr} = 0$ 的解为:
$$u = \frac{\rho\Omega^2(1+\sigma)(1-2\sigma)}{8E(1-\sigma)} r[(3-2\sigma)R^2 - r^2].$$

6. 受到非均匀加热的球体内温度按球对称分布,试确定其形变.

解: 在球坐标中,对于单纯径向形变的情形,方程(7.8)可写为
$$\frac{d}{dr}\left(\frac{1}{r^2}\frac{d(r^2 u)}{dr}\right) = \alpha \frac{1+\sigma}{3(1-\sigma)} \frac{dT}{dr}.$$

在 $r = 0$ 时有限并满足条件 $r = R$ 时 $\sigma_{rr} = 0$ 的解为:
$$u = \alpha \frac{1+\sigma}{3(1-\sigma)} \left\{\frac{1}{r^2}\int_0^r T(r) r^2 dr + \frac{2(1-2\sigma)}{1+\sigma} \frac{r}{R^3} \int_0^R T(r) r^2 dr\right\}.$$

将温度 $T(r)$ 的起算温度定为这样的温度值,使在该温度下已被均匀加热的球体可认为是未形变的. 此处选取球体外表面温度作为这个起算温度,因此 $T(R) = 0$.

7. 试确定具有轴对称温度分布的非均匀受热圆柱体的形变.

解: 在柱坐标系中,用类似的方法可求得:
$$u = \alpha \frac{1+\sigma}{3(1-\sigma)} \left\{\frac{1}{r}\int_0^r T(r) r dr + (1-2\sigma) \frac{r}{R^2} \int_0^R T(r) r dr\right\}.$$

§7 各向同性物体的平衡方程

8. 无限弹性介质具有给定的温度分布 $T(x,y,z)$，在无限远处温度趋于常数值 T_0，且此处介质没有形变. 试确定无限弹性介质的形变.

解：方程(7.8)有一个明显的解，其中

$$\nabla \times \boldsymbol{u} = 0, \quad \nabla \cdot \boldsymbol{u} = \alpha \frac{1+\sigma}{3(1-\sigma)}[T(x,y,z) - T_0].$$

若矢量 $\boldsymbol{u}$ 的散度为定义于整个空间并在无限远处为零的给定函数，而该矢量的旋度恒为零，则由矢量分析可知，$\boldsymbol{u}$ 可写为如下形式：

$$\boldsymbol{u}(x,y,z) = -\frac{1}{4\pi}\nabla\int\frac{\nabla'\cdot\boldsymbol{u}(x',y',z')}{r}\mathrm{d}V',$$

其中 $r = \sqrt{(x-x')^2+(y-y')^2+(z-z')^2}$. 由此得到该问题的一般解形式：

$$\boldsymbol{u} = -\frac{\alpha(1+\sigma)}{12\pi(1-\sigma)}\nabla\int\frac{T'-T_0}{r}\mathrm{d}V', \tag{1}$$

其中 $T' \equiv T(x',y',z')$.

如果在无限介质的很小一部分体积（取在坐标原点）中给以有限热量 q，则温度分布可以写为（C 为介质的热容）：

$$T - T_0 = \frac{q}{C}\delta(x)\delta(y)\delta(z),$$

式中 δ 是 δ 函数. 这时，公式(1)中右端的积分等于 q/Cr，而位移矢量由下式给出：

$$\boldsymbol{u} = \frac{\alpha(1+\sigma)q}{12\pi(1-\sigma)C}\frac{\boldsymbol{r}}{r^3}.$$

9. 试导出用应力张量分量表示的（无体力时）各向同性物体的平衡方程.

解：待求的方程组除了包括三个平衡方程

$$\frac{\partial \sigma_{ik}}{\partial x_k} = 0 \tag{1}$$

外，由于 u_{ik} 的六个不同分量不是独立量的事实，同时还包括一些其它的方程. 为了导出这些方程，首先写出应变张量 u_{ik} 的分量应满足的一组微分关系式. 显然

$$u_{ik} = \frac{1}{2}\left(\frac{\partial u_i}{\partial x_k} + \frac{\partial u_k}{\partial x_i}\right)$$

恒满足关系式

$$\frac{\partial^2 u_{ik}}{\partial x_l \partial x_m} + \frac{\partial^2 u_{lm}}{\partial x_i \partial x_k} = \frac{\partial^2 u_{il}}{\partial x_k \partial x_m} + \frac{\partial^2 u_{km}}{\partial x_i \partial x_l}.$$

这里总共有六个本质上不相同的关系式（分别对应于 i,k,l,m 为 1122,1133,2233,1123,2213,3312），我们保留所有这些关系，将上面的张量等式按指标 l,m 缩并可得

$$\Delta u_{ik} + \frac{\partial^2 u_{ll}}{\partial x_i \partial x_k} = \frac{\partial^2 u_{il}}{\partial x_k \partial x_l} + \frac{\partial^2 u_{kl}}{\partial x_i \partial x_l}. \tag{2}$$

根据式(5.12)将以 σ_{ik} 表示的 u_{ik} 代入上式,并计及式(1),则得到所要求的方程:

$$(1+\sigma)\Delta\sigma_{ik} + \frac{\partial^2 \sigma_{ll}}{\partial x_i \partial x_k} = 0. \tag{3}$$

即使沿整个物体存在着恒定的外体积力,这些方程仍成立.

将方程式(3)按指标 i,k 缩并,得到

$$\Delta\sigma_{ll} = 0,$$

即 σ_{ll} 是调和函数. 现在,对方程(3)作用算子 Δ,则得到

$$\Delta\Delta\sigma_{ik} = 0,$$

即分量 σ_{ik} 是双调和函数. 其实,由于 σ_{ik} 和 u_{ik} 之间的线性关系,这些结论也可以直接由式(7.6)和(7.7)得到.

10. 试用任意的双调和矢量表示(无体力时)平衡方程的通解(伽辽金(Б. Г. Галёркин),1930).

解:我们要寻求的方程(7.4)的解自然具有下面的形式:

$$\boldsymbol{u} = \Delta \boldsymbol{f} + A \nabla\nabla \cdot \boldsymbol{f}.$$

因此,$\nabla \cdot \boldsymbol{u} = (1+A)\nabla \cdot \Delta \boldsymbol{f}$. 将其代入式(7.4),得到

$$(1-2\sigma)\Delta\Delta \boldsymbol{f} + [2(1-\sigma)A + 1]\nabla(\nabla \cdot \Delta \boldsymbol{f}) = 0.$$

由此可见,如果 $\boldsymbol{f}$ 是任意的双调和矢量,即满足

$$\Delta\Delta \boldsymbol{f} = 0,$$

则

$$\boldsymbol{u} = \Delta \boldsymbol{f} - \frac{1}{2(1-\sigma)}\nabla\nabla \cdot \boldsymbol{f}.$$

11. 试在极坐标系 r,φ 中用应力函数的导数表示平面应变时的应力 σ_{rr}, $\sigma_{\varphi\varphi}, \sigma_{r\varphi}$.

解:由于未知的表达式不依赖于极角 φ 初始值的选择,所以式中不会以显式包含 φ. 因此,可以采取以下步骤:将式(7.10)中对笛卡儿坐标的导数代换为对变量 r,φ 的导数. 然后我们注意到,当 $\varphi = 0$ (角 φ 从 x 轴算起)时,有

$$\sigma_{rr} = \sigma_{xx}, \quad \sigma_{\varphi\varphi} = \sigma_{yy}, \quad \sigma_{r\varphi} = \sigma_{xy}.$$

这样一来,就得到:

$$\sigma_{rr} = \frac{1}{r}\frac{\partial \chi}{\partial r} + \frac{1}{r^2}\frac{\partial^2 \chi}{\partial \varphi^2}, \quad \sigma_{\varphi\varphi} = \frac{\partial^2 \chi}{\partial r^2}, \quad \sigma_{r\varphi} = -\frac{\partial}{\partial r}\left(\frac{1}{r}\frac{\partial \chi}{\partial \varphi}\right).$$

12. 带有球形空腔的无限弹性介质在无限远处具有均匀形变,试确定其应力分布.

§7 各向同性物体的平衡方程

解：一般的均匀形变可以表示为各向均匀拉伸（或压缩）和均匀剪切的叠加。各向均匀拉伸（或压缩）已在习题2中研究过了，这样，只需研究均匀剪切形变就够了。

设 $\sigma_{ik}^{(0)}$ 为均匀应力场。它在没有空腔时存在于整个空间。在纯剪切情况，$\sigma_{ii}^{(0)} = 0$，相应的位移矢量用 $\boldsymbol{u}^{(0)}$ 表示。将待求解表示为 $\boldsymbol{u} = \boldsymbol{u}^{(0)} + \boldsymbol{u}^{(1)}$，其中函数 $\boldsymbol{u}^{(1)}$ 为空腔引起的位移，在无限远处为零。

双调和方程的每一个解，都可以写为中心对称解及其对坐标的各阶导数之线性组合。相互独立的中心对称解是 $r^2, r, 1/r, 1$。因此，仅依赖于常值张量 $\sigma_{ik}^{(0)}$ 的分量（作为参量），而且在无限远处趋近于零的双调和矢量 $\boldsymbol{u}^{(1)}$ 的最一般形式为：

$$u_i^{(1)} = A\sigma_{ik}^{(0)}\frac{\partial}{\partial x_k}\frac{1}{r} + B\sigma_{kl}^{(0)}\frac{\partial^3}{\partial x_i \partial x_k \partial x_l}\frac{1}{r} + C\sigma_{kl}^{(0)}\frac{\partial^3}{\partial x_i \partial x_k \partial x_l}r. \tag{1}$$

将此式代入方程(7.4)，得

$$(1-2\sigma)\frac{\partial^2 u_i}{\partial x_l^2} + \frac{\partial}{\partial x_i}\frac{\partial u_l}{\partial x_l} = [2(1-2\sigma)C + (A+2C)]\sigma_{kl}^{(0)}\frac{\partial^3}{\partial x_i \partial x_k \partial x_l}\frac{1}{r} = 0.$$

由此

$$A = -4C(1-\sigma).$$

由空腔的边界条件，

$$\text{当 } r = R \text{ 时}, \quad (\sigma_{ik}^{(0)} + \sigma_{ik}^{(1)})n_k = 0$$

（其中 R 为空腔半径，坐标原点选在空腔中心；$\boldsymbol{n}$ 为 $\boldsymbol{r}$ 方向的单位矢量），还可以得到常数 A, B, C 之间的两个关系。借助于式(1)，经过十分冗长的计算，即可导出下面的值：

$$B = \frac{CR^2}{5}, \quad C = \frac{5R^3(1+\sigma)}{2E(7-5\sigma)}.$$

应力分布的最后表达式为：

$$\sigma_{ik} = \sigma_{ik}^{(0)}\left[1 + \frac{5(1-2\sigma)}{7-5\sigma}\left(\frac{R}{r}\right)^3 + \frac{3}{7-5\sigma}\left(\frac{R}{r}\right)^5\right] +$$

$$+ \frac{15}{7-5\sigma}\left(\frac{R}{r}\right)^3\left[\sigma - \left(\frac{R}{r}\right)^2\right](\sigma_{il}^{(0)}n_k n_l + \sigma_{kl}^{(0)}n_l n_i) +$$

$$+ \frac{15}{2(7-5\sigma)}\left(\frac{R}{r}\right)^3\left[-5 + 7\left(\frac{R}{r}\right)^2\right]\sigma_{lm}^{(0)}n_l n_m n_i n_k +$$

$$+ \frac{15}{2(7-5\sigma)}\left(\frac{R}{r}\right)^3\left[1 - 2\sigma - \left(\frac{R}{r}\right)^2\right]\delta_{ik}\sigma_{lm}^{(0)}n_l n_m.$$

为了求出在任意 $\sigma_{ik}^{(0)}$（而不是纯剪切）的情形中的应力分布，必须用 $\sigma_{ik}^{(0)} - \frac{1}{3}\delta_{ik}\sigma_{ll}^{(0)}$ 代替 $\sigma_{ik}^{(0)}$，并加上对应于无限远处为均匀形变的表达式（与习题2比

较）
$$\frac{1}{3}\sigma_{ll}^{(0)}\left[\delta_{ik} + \frac{R^3}{2r^3}(\delta_{ik} - 3n_i n_k)\right].$$

这里我们写出在一般情形下得到的空腔边界上应力的结果：

$$\sigma_{ik} = \frac{15}{7-5\sigma}\{(1-\sigma)(\sigma_{ik}^{(0)} - \sigma_{il}^{(0)} n_l n_k - \sigma_{kl}^{(0)} n_l n_i) + \sigma_{lm}^{(0)} n_l n_m n_i n_k -$$
$$- \sigma\sigma_{lm}^{(0)} n_l n_m \delta_{ik} + \frac{5\sigma-1}{10}\sigma_{ll}^{(0)}(\delta_{ik} - n_i n_k)\}.$$

孔边附近的应力极大地超过了无限远处的应力，并且这个应力的增加具有明显的局部特性，即随着距离的增加应力急剧衰减（这种特性称为孔边应力集中）. 例如，如果介质承受单一的均匀拉伸（只有 $\sigma_{zz}^{(0)}$ 不为零），则最大应力将出现在空腔的赤道圈上，并且在那里

$$\sigma_{zz} = \frac{27-15\sigma}{2(7-5\sigma)}\sigma_{zz}^{(0)}.$$

§8 以平面为边界的弹性介质的平衡

现在来讨论充满半无限空间的弹性介质，亦即处于无限平面一侧的弹性介质. 我们来确定在作用于介质自由表面上的力影响下介质的形变[①]. 这些力的分布只需满足一个条件：它们在无限远处必须为零，以使在无限远处不发生形变. 在这样的情形下，平衡方程可以在一般形式下积分（布西内斯克（J. Boussinesq），1885）.

在介质占有的整个体积内，平衡方程(7.4)是

$$\nabla\nabla\cdot\boldsymbol{u} + (1-2\sigma)\Delta\boldsymbol{u} = 0. \tag{8.1}$$

我们寻求这一方程如下形式的解：

$$\boldsymbol{u} = \boldsymbol{f} + \nabla\varphi. \tag{8.2}$$

式中 φ 是某个标量函数，而矢量 $\boldsymbol{f}$ 满足拉普拉斯方程，即

$$\Delta\boldsymbol{f} = 0. \tag{8.3}$$

将式(8.2)代入式(8.1)，即得到关于 φ 的方程：

$$2(1-\sigma)\Delta\varphi = -\nabla\cdot\boldsymbol{f}. \tag{8.4}$$

取弹性介质的自由表面为 xy 平面，介质所占的区域对应于 z 的正值. 将函数 f_x 和 f_y 写为函数 g_x 和 g_y 对 z 的导数形式：

$$f_x = \frac{\partial g_x}{\partial z}, \quad f_y = \frac{\partial g_y}{\partial z}. \tag{8.5}$$

[①] 解决所提问题的最直接和最标准的方法是使用傅里叶方法解方程(8.1). 但是，这时必须进行十分复杂的积分计算. 以下讲述的基于一系列人为技巧的方法，计算起来比较简单.

因为 f_x 和 f_y 是调和函数,所以总可以选择函数 g_x, g_y 使其满足拉普拉斯方程

$$\Delta g_x = 0, \quad \Delta g_y = 0. \tag{8.6}$$

方程(8.4)现在具有如下形式:

$$2(1-\sigma)\Delta\varphi = -\frac{\partial}{\partial z}\left(\frac{\partial g_x}{\partial x} + \frac{\partial g_y}{\partial y} + f_z\right).$$

由于 g_x, g_y, f_z 都是调和函数,故不难证实满足这一方程的函数 φ 可以写为

$$\varphi = -\frac{z}{4(1-\sigma)}\left(f_z + \frac{\partial g_x}{\partial x} + \frac{\partial g_y}{\partial y}\right) + \psi, \tag{8.7}$$

式中的 ψ 仍为调和函数:

$$\Delta\psi = 0. \tag{8.8}$$

这样一来,就把确定位移 **u** 的问题,归结为寻求函数 g_x, g_y, f_z 和 ψ 的问题,而这些函数均满足拉普拉斯方程.

现在我们写出在介质自由表面($z=0$ 平面)上必须满足的边界条件.

因为表面外法向单位矢量 **n** 的指向与 z 轴的负方向一致,故根据边界条件的一般公式(2.9),应有 $\sigma_{iz} = -P_i$. 对于 σ_{ik} 利用一般表达式(5.11),并通过辅助量 g_x, g_y, f_z, ψ 表示矢量 **u** 的分量,经过简单计算后即得如下边界条件:

$$\left.\begin{array}{l}
\left.\frac{\partial^2 g_x}{\partial z^2}\right|_{z=0} + \frac{\partial}{\partial x}\left\{\frac{1-2\sigma}{2(1-\sigma)}f_z - \frac{1}{2(1-\sigma)}\left(\frac{\partial g_x}{\partial x} + \frac{\partial g_y}{\partial y}\right) + 2\frac{\partial\psi}{\partial z}\right\}\bigg|_{z=0} \\
= -\frac{2(1+\sigma)}{E}P_x, \\
\left.\frac{\partial^2 g_y}{\partial z^2}\right|_{z=0} + \frac{\partial}{\partial y}\left\{\frac{1-2\sigma}{2(1-\sigma)}f_z - \frac{1}{2(1-\sigma)}\left(\frac{\partial g_x}{\partial x} + \frac{\partial g_y}{\partial y}\right) + 2\frac{\partial\psi}{\partial z}\right\}\bigg|_{z=0} \\
= -\frac{2(1+\sigma)}{E}P_y,
\end{array}\right\} \tag{8.9}$$

$$\frac{\partial}{\partial z}\left\{f_z - \left(\frac{\partial g_x}{\partial x} + \frac{\partial g_y}{\partial y}\right) + 2\frac{\partial\psi}{\partial z}\right\}\bigg|_{z=0} = -\frac{2(1+\sigma)}{E}P_z. \tag{8.10}$$

作用于表面的外力分量 P_x, P_y, P_z 是坐标 x, y 的已知函数,在无限远处这些函数为零.

引入辅助量 g_x, g_y, f_z, ψ 的公式还不能完全单值地确定这些函数,在选择这些函数时仍留有某些任意性.因此,还可以对这些量增加若干任意的补充条件.一个方便的办法是利用令处于方程(8.9)大括号内的量为零作为这样的补充条件[①]:

$$(1-2\sigma)f_z - \left(\frac{\partial g_x}{\partial x} + \frac{\partial g_y}{\partial y}\right) + 4(1-\sigma)\frac{\partial\psi}{\partial z} = 0. \tag{8.11}$$

---

① 这里我们不去证明是否允许补充这样的条件,但从所得结果不存在矛盾,便可以断定这样做的可能性是显然存在的.

于是,条件(8.9)被简化为

$$\left.\frac{\partial^2 g_x}{\partial z^2}\right|_{z=0} = -\frac{2(1+\sigma)}{E}P_x, \quad \left.\frac{\partial^2 g_y}{\partial z^2}\right|_{z=0} = -\frac{2(1+\sigma)}{E}P_y. \quad (8.12)$$

由方程(8.10)—(8.12)足以完全计算出调和函数 g_x, g_y, f_z, ψ.

为了以后书写公式简便,我们来研究在弹性半空间的自由表面上作用有集中力 **F** 的情形,即力作用在表面极小的可以认为是点的区域上. 此力的作用,可以写为按照

$$P = F\delta(x)\delta(y)$$

的规律分布的表面力的作用,式中 δ 是 δ 函数,而坐标原点就选在施力点上. 得到集中力问题的解后,就可以直接构造任意分布力 $P(x,y)$ 问题的解. 即是说,如果

$$u_i = G_{ik}(x,y,z)F_k \quad (8.13)$$

为施加于坐标原点的集中力 **F** 作用下的位移,则在 $P(x,y)$ 作用下的位移可由下面的积分给出①:

$$u_i = \iint G_{ik}(x-x', y-y', z)P_k(x', y')\,\mathrm{d}x'\mathrm{d}y'. \quad (8.14)$$

由势论可知,如调和函数 f 在无限远处为零,且在 $z=0$ 的平面上具有给定的法向导数 $\partial f/\partial z$,则 f 可由如下公式确定:

$$f(x,y,z) = -\frac{1}{2\pi}\iint \left.\frac{\partial f(x',y',z)}{\partial z}\right|_{z=0} \frac{\mathrm{d}x'\mathrm{d}y'}{r},$$

$$r = \sqrt{(x-x')^2 + (y-y')^2 + z^2}.$$

因为 $\partial g_x/\partial z$ 和 $\partial g_y/\partial z$ 以及方程(8.10)大括号内的量均满足拉普拉斯方程,而等式(8.10)和(8.12)刚好确定它们在 $z=0$ 平面上的法向导数,于是有

$$f_z - \left(\frac{\partial g_x}{\partial x} + \frac{\partial g_y}{\partial y}\right) + 2\frac{\partial \psi}{\partial z} = \frac{1+\sigma}{\pi E}\iint \frac{P_z(x',y')}{r}\mathrm{d}x'\mathrm{d}y' = \frac{1+\sigma}{\pi E}\frac{F_z}{r}, \quad (8.15)$$

$$\frac{\partial g_x}{\partial z} = \frac{1+\sigma}{\pi E}\frac{F_x}{r}, \quad \frac{\partial g_y}{\partial z} = \frac{1+\sigma}{\pi E}\frac{F_y}{r}, \quad (8.16)$$

式中 $r = \sqrt{x^2+y^2+z^2}$.

在待求矢量 **u** 的分量表达式中不含 g_x, g_y 本身,而只含有它们对 x,y,z 的导数. 为了计算 $\partial g_x/\partial x, \partial g_y/\partial y$,将等式(8.16)分别对 x 和 y 求导数:

$$\frac{\partial^2 g_x}{\partial x \partial z} = -\frac{1+\sigma}{\pi E}\frac{F_x x}{r^3}, \quad \frac{\partial^2 g_y}{\partial y \partial z} = -\frac{1+\sigma}{\pi E}\frac{F_y y}{r^3}.$$

现在从 ∞ 到 z 对 $\mathrm{d}z$ 积分以上两式,得

---

① 按照数学的术语,G_{ik} 是关于半无限介质平衡方程的格林(Green)张量.

$$\frac{\partial g_x}{\partial x} = \frac{1+\sigma}{\pi E} \frac{F_x x}{r(r+z)}, \quad \frac{\partial g_y}{\partial y} = \frac{1+\sigma}{\pi E} \frac{F_y y}{r(r+z)}. \tag{8.17}$$

这里我们不再进一步去作余下的简单但却十分烦琐的计算. 先从方程 (8.11), (8.15) 和 (8.17) 求出 f_z 和 $\partial\psi/\partial z$. 知道了 $\partial\psi/\partial z$ 后, 先把它对 z 积分, 然后再分别对 x 和 y 求导数, 就很容易计算出 $\partial\psi/\partial x, \partial\psi/\partial y$. 这样就得到了按式 (8.2), (8.5), (8.7) 计算位移矢量时所需要的各个量. 结果得到最终的公式:

$$\begin{aligned}
u_x &= \frac{1+\sigma}{2\pi E} \Bigg\{ \bigg[\frac{xz}{r^3} - \frac{(1-2\sigma)x}{r(r+z)} \bigg] F_z + \frac{2(1-\sigma)r+z}{r(r+z)} F_x + \\
&\quad + \frac{[2r(\sigma r+z)+z^2]x}{r^3(r+z)^2} (xF_x + yF_y) \Bigg\}, \\
u_y &= \frac{1+\sigma}{2\pi E} \Bigg\{ \bigg[\frac{yz}{r^3} - \frac{(1-2\sigma)y}{r(r+z)} \bigg] F_z + \frac{2(1-\sigma)r+z}{r(r+z)} F_y + \\
&\quad + \frac{[2r(\sigma r+z)+z^2]y}{r^3(r+z)^2} (xF_x + yF_y) \Bigg\}, \\
u_z &= \frac{1+\sigma}{2\pi E} \Bigg\{ \bigg[\frac{2(1-\sigma)}{r} + \frac{z^2}{r^3} \bigg] F_z + \bigg[\frac{1-2\sigma}{r(r+z)} + \frac{z}{r^3} \bigg] (xF_x + yF_y) \Bigg\}.
\end{aligned} \tag{8.18}$$

特别是, 令 $z=0$ 时, 可得到在介质自由表面上各点的位移公式:

$$\begin{aligned}
u_x &= \frac{1+\sigma}{2\pi E} \frac{1}{r} \bigg\{ -\frac{(1-2\sigma)x}{r} F_z + 2(1-\sigma)F_x + \frac{2\sigma x}{r^2}(xF_x + yF_y) \bigg\}, \\
u_y &= \frac{1+\sigma}{2\pi E} \frac{1}{r} \bigg\{ -\frac{(1-2\sigma)y}{r} F_z + 2(1-\sigma)F_y + \frac{2\sigma y}{r^2}(xF_x + yF_y) \bigg\}, \\
u_z &= \frac{1+\sigma}{2\pi E} \frac{1}{r} \bigg\{ 2(1-\sigma)F_z + (1-2\sigma)\frac{1}{r}(xF_x + yF_y) \bigg\}.
\end{aligned} \tag{8.19}$$

习 题

无限弹性介质的局部小区域受到作用力 $\boldsymbol{F}$, 试确定介质的形变 (W. 汤姆森 (W. Thomson), 1848)[1].

解: 在研究远大于作用力区域尺度的距离 r 处的形变时, 可以认为力是施加在一个点上的. 平衡方程为 (比较式 (7.2))

$$\Delta\boldsymbol{u} + \frac{1}{1-2\sigma}\nabla\nabla\cdot\boldsymbol{u} = -\frac{2(1+\sigma)}{E}\boldsymbol{F}\delta(\boldsymbol{r}) \tag{1}$$

($\delta(\boldsymbol{r}) \equiv \delta(x)\delta(y)\delta(z)$, 坐标原点选在力的作用点). 设解的形式为 $\boldsymbol{u} = \boldsymbol{u}_0 +$

---

[1] 任意的无限各向异性介质中的类似问题已由 И. 栗弗席兹和 Л. 罗森茨韦格解决 (И. М. Лифшиц, Л. Н. Розенцвейг, 实验物理和理论物理杂志 (ЖЭТФ), 1947, 17:783).

u_1，其中 u_0 满足泊松方程：

$$\Delta u_0 = -\frac{2(1+\sigma)}{E} F\delta(r). \tag{2}$$

相应地得到 u_1 的方程：

$$\nabla\nabla\cdot u_1 + (1-2\sigma)\Delta u_1 = -\nabla\nabla\cdot u_0. \tag{3}$$

方程(2)在无限远处为零的解为

$$u_0 = \frac{1+\sigma}{2\pi E}\frac{F}{r}.$$

对方程(3)应用旋度算子，则得到 $\Delta\nabla\times u_1 = 0$. 在无限远处应有 $\nabla\times u_1 = 0$. 但是，在整个空间内调和且在无限远处为零的函数恒等于零. 于是，$\nabla\times u_1 = 0$，并且相应地可以将 u_1 写为 $u_1 = \nabla\varphi$，由式(3)得到

$$\nabla\{2(1-\sigma)\Delta\varphi + \nabla\cdot u_0\} = 0.$$

由此得出，位于上式大括号里面的量是常量，而且在无限远处它必须为零，所以在全空间里，有

$$\Delta\varphi = -\frac{\nabla\cdot u_0}{2(1-\sigma)} = -\frac{1+\sigma}{4\pi E(1-\sigma)} F\cdot\nabla\frac{1}{r}.$$

如果 ψ 是方程 $\Delta\psi = 1/r$ 的解，则

$$\varphi = -\frac{1+\sigma}{4\pi E(1-\sigma)} F\cdot\nabla\psi.$$

取无奇异性的解 $\psi = r/2$，我们得到

$$u_1 = \nabla\varphi = \frac{1+\sigma}{8\pi E(1-\sigma)}\frac{(F\cdot n)n - F}{r},$$

式中 n 为径矢 r 方向的单位矢量. 最后有

$$u = \frac{1+\sigma}{8\pi E(1-\sigma)}\frac{(3-4\sigma)F + n(n\cdot F)}{r}.$$

将此式代入(8.13)式，得到各向同性无限介质平衡方程的格林张量[①]：

$$G_{ik} = \frac{1+\sigma}{8\pi E(1-\sigma)}[(3-4\sigma)\delta_{ik} + n_i n_k]\frac{1}{r} = \frac{1}{4\pi\mu}\left[\frac{\delta_{ik}}{r} - \frac{1}{4(1-\sigma)}\frac{\partial^2 r}{\partial x_i \partial x_k}\right].$$

§9 固体的接触

设两个固体在一点相互接触，该点不是它们表面上的奇点(图1(a)表示通过接触点 O 附近的两个表面的横截面). 在这个接触点上，两表面具有一个共同

[①] 将齐次性的概念应用于式(1)时，张量 G_{ik} 的分量是坐标 x,y,z 的一次齐次函数这个事实是很显然的，因为式(1)左端是矢量 u 分量的二次导数的线性组合，而右端是三次齐次函数($\delta(ar) = a^{-3}\delta(r)$). 这一性质在一般的任意各向异性介质情形仍然成立.

的切平面，我们把它取作 xy 平面，而 z 轴的正方向对于两个物体是不相同的。我们约定：对于每个物体，z 坐标都以指向物体内部的方向为正，相应地用 z 和 z' 表示。

众所周知，在坐标平面（xy 平面）上的通常切点（接触点）附近，曲面方程可以写为

$$z = \varkappa_{\alpha\beta} x_\alpha x_\beta, \tag{9.1}$$

式中重复指标 α,β 表示按数值 1, 2 求和（$x_1 = x, x_2 = y$），而 $\varkappa_{\alpha\beta}$ 为表征曲面曲率的二阶对称张量（张量 $\varkappa_{\alpha\beta}$ 的主值等于 $1/2R_1$ 和 $1/2R_2$，其中 R_1, R_2 为曲面接触点处的主曲率半径）。对于接触点附近第二个物体的曲面，可以写出类似的关系式：

$$z' = \varkappa'_{\alpha\beta} x_\alpha x_\beta. \tag{9.2}$$

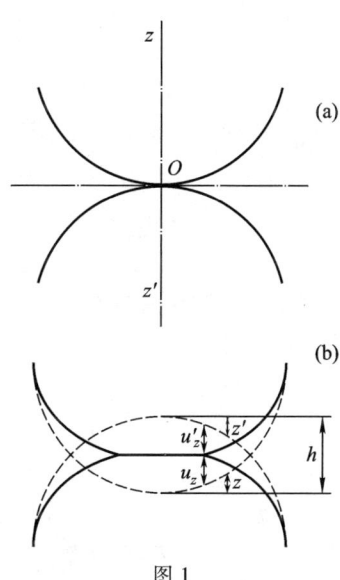

图 1

现在我们假设两个物体因受力而被挤压，结果它们相互接近了某段小距离 h[①]。于是，在物体表面初始接触点的邻近发生凹陷，物体已不再在一个点，而是在表面的某个有限小区域相接触。设 u_z 和 u'_z 分别为挤压时两个物体表面上各点沿 z 轴和 z' 轴的位移矢量的分量。图 1(b) 中的虚线表示没有形变时的物体表面，而实线表示受挤压后物体的表面。字母 z 和 z' 分别表示由等式 (9.1) 和 (9.2) 确定的长度。由图可直接看出，在接触区域的所有点上存在如下的等式：

$$(z + u_z) + (z' + u'_z) = h,$$

或

$$(\varkappa_{\alpha\beta} + \varkappa'_{\alpha\beta}) x_\alpha x_\beta + u_z + u'_z = h. \tag{9.3}$$

在这个区域以外的点，由于两个表面没有接触，有不等式

$$z + z' + u_z + u'_z > h.$$

我们这样来选择 x, y 轴的方向，以使得张量 $\varkappa_{\alpha\beta} + \varkappa'_{\alpha\beta}$ 化为主轴表示。将该张量的主值表示为 A 和 B，则等式 (9.3) 可改写为

$$Ax^2 + By^2 + u_z + u'_z = h. \tag{9.4}$$

不加推导，我们直接引入量 A, B 与两个表面的曲率半径 R_1, R_2 和 R'_1, R'_2 之间关系的公式：

$$2(A + B) = \frac{1}{R_1} + \frac{1}{R_2} + \frac{1}{R'_1} + \frac{1}{R'_2},$$

[①] 弹性理论接触问题是由赫兹（H. Hertz, 1882）首先解决的。

$$4(A-B)^2 = \left(\frac{1}{R_1} - \frac{1}{R_2}\right)^2 + \left(\frac{1}{R_1'} - \frac{1}{R_2'}\right)^2 + 2\cos 2\varphi \left(\frac{1}{R_1} - \frac{1}{R_2}\right)\left(\frac{1}{R_1'} - \frac{1}{R_2'}\right),$$

式中 φ 是曲率半径分别为 R_1 和 R_1' 的两个法截面之间的夹角. 曲率半径的符号为: 如果曲率中心位于相应物体的内部, 设其为正, 反之为负.

用 $P_z(x,y)$ 表示在接触点上两个受挤压物体之间的压强 (在接触区域之外, 自然有 $P_z = 0$). 在确定 P_z 和位移 u_z, u_z' 之间关系时, 可以足够精确地把物体表面作为平面来考虑, 并且能够利用前一节得到的公式. 按照式 (8.19) 的第三个公式 (同时顾及式 (8.14)), 由于法向力 $P_z(x,y)$ 的影响, 位移 u_z, u_z' 可由下面的表达式确定:

$$\left.\begin{array}{l} u_z = \dfrac{1-\sigma^2}{\pi E} \displaystyle\iint \dfrac{P_z(x',y')}{r} \mathrm{d}x'\mathrm{d}y', \\[2mm] u_z' = \dfrac{1-\sigma'^2}{\pi E'} \displaystyle\iint \dfrac{P_z(x',y')}{r} \mathrm{d}x'\mathrm{d}y' \end{array}\right\} \quad (9.5)$$

(σ, σ' 和 E, E' 分别为两个物体的泊松比和拉伸模量); 因为在接触区域之外 $P_z = 0$, 所以这里的积分可以只在接触区域内进行. 注意, 由这些公式得到的位移比 u_z/u_z' 为常数, 并等于

$$\frac{u_z}{u_z'} = \frac{(1-\sigma^2)E'}{(1-\sigma'^2)E}. \quad (9.6)$$

关系式 (9.4) 和 (9.6) 一起直接确定了接触区域内的形变, 亦即位移 u_z, u_z' 的分布 (自然, 公式 (9.5) 和 (9.6) 也适用于接触区域以外的点).

将表达式 (9.5) 代入式 (9.4), 得到

$$\frac{1}{\pi}\left(\frac{1-\sigma^2}{E} + \frac{1-\sigma'^2}{E'}\right) \iint \frac{P_z(x',y')}{r} \mathrm{d}x'\mathrm{d}y' = h - Ax^2 - By^2. \quad (9.7)$$

这个积分方程确定接触压强 P_z 在接触区域上的分布. 它的解可从与下述熟知的势论关系式的类比得到. 促使我们利用这一类比的想法源于如下事实: 其一, 方程式 (9.7) 左端的积分与势论中用以确定某种电荷分布产生的电势的积分属于同一积分类型; 其二, 均匀带电椭球内部的静电势是坐标的二次函数.

如果在三轴椭球

$$\frac{x^2}{a^2} + \frac{y^2}{b^2} + \frac{z^2}{c^2} = 1$$

内电荷按体积均匀分布 (体密度 ρ 为常数), 则椭球内部的静电势由如下表达式确定:

$$\varphi(x,y,z) = \pi \rho abc \int_0^\infty \left\{1 - \frac{x^2}{a^2+\xi} - \frac{y^2}{b^2+\xi} - \frac{z^2}{c^2+\xi}\right\} \frac{\mathrm{d}\xi}{\sqrt{(a^2+\xi)(b^2+\xi)(c^2+\xi)}}.$$

在 z 轴方向变为极扁的椭球的极限情形, 相当于令 $c \to 0$, 由此得到

$$\varphi(x,y) = \pi\rho abc \int_0^\infty \left\{ 1 - \frac{x^2}{a^2+\xi} - \frac{y^2}{b^2+\xi} \right\} \frac{\mathrm{d}\xi}{\sqrt{(a^2+\xi)(b^2+\xi)\xi}}$$

(自然,在取 $c\to 0$ 的极限时,同时也应令椭球内部点的 z 坐标等于零). 另一方面,势 $\varphi(x,y,z)$ 可以写为下面的积分形式:

$$\varphi(x,y,z) = \iiint \frac{\rho \mathrm{d}x'\mathrm{d}y'\mathrm{d}z'}{\sqrt{(x-x')^2 + (y-y')^2 + (z-z')^2}},$$

式中的积分是对椭球体积进行的. 这里,在取 $c\to 0$ 的极限时,应该令根式内的 $z = z' = 0$,在 $\pm c\left(1 - \frac{x'^2}{a^2} - \frac{y'^2}{b^2}\right)^{1/2}$ 限制的区间内对 $\mathrm{d}z'$ 进行积分,得到

$$\varphi(x,y) = 2\rho c \iint \frac{\mathrm{d}x'\mathrm{d}y'}{r} \sqrt{1 - \frac{x'^2}{a^2} - \frac{y'^2}{b^2}} \quad (r = \sqrt{(x-x')^2 + (y-y')^2}),$$

式中的积分是对椭圆 $x'^2/a^2 + y'^2/b^2 = 1$ 内部的面积进行的. 使上面给出的 $\varphi(x,y)$ 的两个表达式相等,则得到下面的恒等式:

$$\iint \frac{\mathrm{d}x'\mathrm{d}y'}{r}\sqrt{1 - \frac{x'^2}{a^2} - \frac{y'^2}{b^2}} = \frac{\pi ab}{2}\int_0^\infty \left(1 - \frac{x^2}{a^2+\xi} - \frac{y^2}{b^2+\xi}\right)\frac{\mathrm{d}\xi}{\sqrt{(a^2+\xi)(b^2+\xi)\xi}}. \tag{9.8}$$

将以上关系式与(9.7)式比较,我们看到:它们的右端是同一类型的 x 与 y 的二次函数,而在它们的左端则是同样类型的积分. 由此可以立即得出结论:物体接触区域(即式(9.7)中的积分区域)处于椭圆

$$\frac{x^2}{a^2} + \frac{y^2}{b^2} = 1 \tag{9.9}$$

内部,而且函数 $P_z(x,y)$ 应具有如下形式:

$$P_z(x,y) = \text{const} \cdot \sqrt{1 - \frac{x^2}{a^2} - \frac{y^2}{b^2}}.$$

选择常数 const,使在接触区域上的积分 $\iint P_z \mathrm{d}x\mathrm{d}y$ 等于给定的使两个物体相互挤压的合力 F,我们就得到

$$P_z(x,y) = \frac{3F}{2\pi ab}\sqrt{1 - \frac{x^2}{a^2} - \frac{y^2}{b^2}}. \tag{9.10}$$

此式给出了压强在接触区域面上的分布规律. 注意,在接触区域中心的压强为平均压强 $F/\pi ab$ 的 1.5 倍.

将式(9.10)代入方程(9.7),并将其中所得的积分以(9.8)的表达式代换,可得

$$\frac{FD}{\pi}\int_0^\infty \left(1 - \frac{x^2}{a^2+\xi} - \frac{y^2}{b^2+\xi}\right)\frac{\mathrm{d}\xi}{\sqrt{(a^2+\xi)(b^2+\xi)\xi}} = h - Ax^2 - By^2,$$

其中

$$D = \frac{3}{4}\left(\frac{1-\sigma^2}{E} + \frac{1-\sigma'^2}{E'}\right).$$

对于椭圆(9.9)内的所有 x,y 值,这个等式恒成立. 所以,等式两端 x 和 y 前面的系数以及自由项都应该分别相等. 由此求得下面的关系式:

$$h = \frac{FD}{\pi}\int_0^\infty \frac{\mathrm{d}\xi}{\sqrt{(a^2+\xi)(b^2+\xi)\xi}}, \tag{9.11}$$

$$\left.\begin{aligned} A &= \frac{FD}{\pi}\int_0^\infty \frac{\mathrm{d}\xi}{(a^2+\xi)\sqrt{(a^2+\xi)(b^2+\xi)\xi}}, \\ B &= \frac{FD}{\pi}\int_0^\infty \frac{\mathrm{d}\xi}{(b^2+\xi)\sqrt{(a^2+\xi)(b^2+\xi)\xi}}. \end{aligned}\right\} \tag{9.12}$$

方程(9.12)根据所给的力 F 确定了接触区域的半轴 a 和 b(对于给定的物体,A 和 B 是已知的). 然后,由关系式(9.11)确定力 F 和因它而引起的物体靠近距离 h 之间的关系. 位于这些方程右端的积分都是椭圆积分.

至此,关于物体接触的问题就可以认为是完全解决了. 物体在接触区域以外的表面形状(即位移 u_z, u_z')也由公式(9.5),(9.10)确定,而且积分值可以立即求出,其出发点还是利用与带电椭球体势场的类比. 不过,这一次是在椭球体的外部. 最后,用前节的公式同样可以确定沿物体体积的形变分布(不过,只限于在远小于物体尺度的距离上).

现在我们将所得到的公式应用于半径分别为 R, R' 的两个球体的接触问题上. 在这里

$$A = B = \frac{1}{2}\left(\frac{1}{R} + \frac{1}{R'}\right).$$

从对称性考虑,很明显,将有 $a = b$,亦即接触区域是圆. 由式(9.12)得到接触区域半径 a 的值:

$$a = F^{1/3}\left(D\frac{RR'}{R+R'}\right)^{1/3}. \tag{9.13}$$

在现在的情形下,h 是 $R + R'$ 与两球心距离之差. 由式(9.10)得到 F 和 h 之间的关系:

$$h = F^{2/3}\left[D^2\left(\frac{1}{R} + \frac{1}{R'}\right)\right]^{1/3}. \tag{9.14}$$

注意,h 与幂 $F^{2/3}$(挤压力的 2/3 次方)成正比,反过来,力 F 与幂 $h^{3/2}$(由挤压力引起的物体靠近距离的 3/2 次方)成正比. 我们还可以写出两球体接触的势能 U. 注意,令 $-F = -\partial U/\partial h$,即得到:

$$U = h^{5/2}\frac{2}{5D}\left(\frac{RR'}{R+R'}\right)^{1/2}. \tag{9.15}$$

最后,我们指出,形式为
$$h = \text{const} \cdot F^{2/3}, \quad F = \text{const} \cdot h^{3/2}$$
的关系不仅对于球体成立,而且在其它有限尺度的物体接触时也成立. 这点从相似性来考虑很容易断定. 如果进行代换:
$$a^2 \to \alpha a^2, \quad b^2 \to \alpha b^2, \quad F \to \alpha^{3/2} F,$$
(其中 α 为任意常数),则方程(9.12)保持不变,而在方程(9.11)的右端乘上了个 α,为了保持方程不变,必须用 αh 代替 h,由此得到,F 必须正比于 $h^{3/2}$.

习 题

1. 试确定两个弹性球相互碰撞时的接触时间.

解:两个球的惯性中心处于静止参考系中,碰撞之前球的能量等于相对运动的动能 $\mu v^2/2$,其中 v 为两球相互碰撞时的相对速度,而 $\mu = m_1 m_2/(m_1 + m_2)$ 为它们的约化质量. 当两球碰撞时,总能量等于动能与势能之和,动能可以写为 $\mu \dot{h}^2/2$,而势能为式(9.15). 根据能量守恒定律,有
$$\mu \left(\frac{dh}{dt}\right)^2 + k h^{5/2} = \mu v^2, \quad k = \frac{4}{5D}\left(\frac{RR'}{R+R'}\right)^{1/2}.$$

设两球最大靠近距离为 h_0,它对应于两球相对速度 $\dot{h}$ 变为零的时刻,并等于
$$h_0 = \left(\frac{\mu}{k}\right)^{2/5} v^{4/5}.$$

两球碰撞持续的时间 τ(亦即,h 先从 0 变到 h_0,再返回到 0 的时间)等于
$$\tau = 2\int_0^{h_0} \frac{dh}{(v^2 - k h^{5/2}/\mu)^{1/2}} = 2\left(\frac{\mu^2}{k^2 v}\right)^{1/5} \int_0^1 \frac{dx}{\sqrt{1 - x^{2/5}}},$$
或
$$\tau = \frac{4\sqrt{\pi}}{5} \frac{\Gamma(2/5)}{\Gamma(9/10)} \left(\frac{\mu^2}{k^2 v}\right)^{1/5} = 2.94 \left(\frac{\mu^2}{k^2 v}\right)^{1/5}.$$

在求解这一问题时,我们用到了正文中所得的静力学公式,从而忽略了碰撞时球所产生的弹性振动. 允许这种忽略的条件是与声速相比速度 v 要足够小. 不过,事实上早在碰撞产生的形变超过材料弹性极限时,这个理论的适用性已受到限制.

2. 试确定半径分别为 R 和 R' 的两个圆柱在沿着它们的母线挤压时,接触区域的大小和压强分布.

解:在这种情形下,接触区域是沿圆柱长度的狭长条. 它的宽度为 $2a$,而在其上的压强分布可以从本节得到的公式中,用 $b/a \to \infty$ 取极限的方法求出. 压强分布为如下形式的函数:

$$P_z(x) = \text{const} \cdot \sqrt{1 - \frac{x^2}{a^2}},$$

(x 是接触狭长条沿宽度方向的坐标). 设沿圆柱单位长度上的挤压力为 F, 我们得到

$$P_z(x) = \frac{2F}{\pi a}\sqrt{1 - \frac{x^2}{a^2}}.$$

将此表达式代入式(9.7), 并借助于式(9.8)进行积分, 即得

$$A = \frac{4DF}{3\pi}\int_0^\infty \frac{\mathrm{d}\xi}{(a^2+\xi)^{3/2}\xi} = \frac{8DF}{3\pi a^2}.$$

圆柱表面的一个曲率半径是无穷大, 而另一个与圆柱半径相同. 由此, 在给定情形下有

$$A = \frac{1}{2}\left(\frac{1}{R} + \frac{1}{R'}\right), \quad B = 0.$$

最后, 求出接触狭长条的宽度:

$$a = \sqrt{\frac{16DF}{3\pi}\frac{RR'}{R+R'}}.$$

§10 晶体的弹性性质

晶体在等温压缩时, 自由能的变化与各向同性物体一样, 也是应变张量的二次函数. 而与各向同性物体不同的是, 现在这个函数所包含的独立系数不再是两个, 而是多个.

形变晶体自由能的一般形式为

$$F = \frac{1}{2}\lambda_{iklm}u_{ik}u_{lm}, \tag{10.1}$$

式中 λ_{iklm} 是四阶张量, 称为**弹性模量张量**. 由于应变张量的对称性, 所以在交换指标 i 与 k, l 与 m, 或交换指标对 i,k 与 l,m 时, 积 $u_{ik}u_{lm}$ 不变. 因此, 张量 λ_{iklm} 显然可以这样来确定, 即对于指标交换, 它也具有对称性质:

$$\lambda_{iklm} = \lambda_{kilm} = \lambda_{ikml} = \lambda_{lmik}. \tag{10.2}$$

通过简单的计算可以证实, 具有这种对称性质的四阶张量的不同分量的个数在一般情形下等于 21.

根据自由能表达式 (10.1), 应力张量与应变张量的关系在晶体中的形式 (与本节最后一个脚注比较) 为

$$\sigma_{ik} = \frac{\partial F}{\partial u_{ik}} = \lambda_{iklm}u_{lm}. \tag{10.3}$$

由于晶体存在着各种各样的对称性, 导致张量 λ_{iklm} 的确不同分量之间出现

了相互依存的关系,使它们独立分量的数目小于 21[①].

现在,我们针对晶体宏观对称性的所有可能类型,即按结晶系列顺序排列的全部晶体种类(参见本教程第五卷§130,§131)来研究张量 λ_{iklm} 各分量之间的相互依存关系.

1. 三斜晶系 三斜对称性(C_1 和 C_i 类)没有对张量 λ_{iklm} 的分量加任何约束,从对称性的观点来说,坐标系的选择完全是任意的. 这时,独立的不为零的弹性模量共有 21 个. 但是,坐标系选择的任意性对张量 λ_{iklm} 的分量增加了附加条件. 因为坐标系相对于物体的取向是由三个量(旋转角)来确定的,所以这样的条件可以有三个;例如,可以认为分量中有三个等于零. 由此,表征晶体弹性性质的独立量是 18 个不为零的弹性模量和确定晶轴取向的 3 个角.

2. 单斜晶系 考虑 C_s 类;我们选择坐标系使其 xy 平面与对称面重合. 当对该平面作镜面反射时产生坐标变换: $x \to x, y \to y, z \to -z$. 张量分量的变换与相应坐标乘积的变换是一样的. 因此,很明显,在进行上述的坐标变换时,张量 λ_{iklm} 的所有分量中,凡是指标中含有奇数(1 或 3)次 z 指标的分量都改变了自己的符号,而其余的分量均保持不变. 另一方面,由于晶体的对称性,在相对于对称面作镜面反射时,所有表征晶体性质的量(其中包括 λ_{iklm} 的所有分量在内)必须保持不变. 因此,很明显,所有具有奇数个 z 指标的分量必须等于零. 所以,单斜晶系的晶体弹性自由能的一般表达式为

$$F = \frac{1}{2}\lambda_{xxxx}u_{xx}^2 + \frac{1}{2}\lambda_{yyyy}u_{yy}^2 + \frac{1}{2}\lambda_{zzzz}u_{zz}^2 + \lambda_{xxyy}u_{xx}u_{yy} +$$
$$+ \lambda_{xxzz}u_{xx}u_{zz} + \lambda_{yyzz}u_{yy}u_{zz} + 2\lambda_{xyxy}u_{xy}^2 + 2\lambda_{xzxz}u_{xz}^2 + 2\lambda_{yzyz}u_{yz}^2 +$$
$$+ 2\lambda_{xxxy}u_{xx}u_{xy} + 2\lambda_{yyyx}u_{yy}u_{yx} + 2\lambda_{xyzz}u_{xy}u_{zz} + 4\lambda_{xzyz}u_{xz}u_{yz}. \quad (10.4)$$

在这个表达式中共有 13 个独立系数. 对于 C_2 类以及将两个对称元素(C_2 和 σ_h)包含在一起的 C_{2h} 类,也可以得到同样的表达式. 不过,上面的论述中只选定了一个坐标轴(z)的方向,而在与之垂直的平面上,x 轴和 y 轴仍然是任意的. 可以利用这个任意性适当地选择坐标轴使其中的一个分量,比如说 λ_{xyzz},化为零. 因此,表征晶体弹性性质的 13 个量是 12 个不为零的弹性模量和一个在 xy 平面上确定坐标轴取向的角.

3. 正交晶系 对于这一晶系中的所有各类(C_{2v}, D_2, D_{2h}),坐标轴的选择都是由对称性决定的,其自由能表达式都具有相同的形式. 例如,我们来考虑 D_{2h} 类,把这类晶体的三个对称面选为坐标平面. 对其中每一个对称面进行镜面反射都是一次坐标变换,使得一个坐标改变了符号而其它两个坐标不改变符号.

---

① 在一些文献中,也使用这样的记号,即将四阶张量 λ_{iklm} 的分量写为带有两个指标的量 $\lambda_{\alpha\beta}$,指标遍及 1,2,3,4,5,6 取值,其中数字分别对应于指标对 xx, yy, zz, yz, zx, xy.

所以,很明显,张量 λ_{iklm} 的所有分量中,只有当指标 x,y 和 z 中的任何一个出现偶数次时这个分量才不为零,剩下的所有分量对任意一个对称平面的镜面反射都应改变符号. 这样一来,在正交晶系中,自由能的一般表达式具有如下形式:

$$F = \frac{1}{2}\lambda_{xxxx}u_{xx}^2 + \frac{1}{2}\lambda_{yyyy}u_{yy}^2 + \frac{1}{2}\lambda_{zzzz}u_{zz}^2 + \lambda_{xxyy}u_{xx}u_{yy} +$$
$$+ \lambda_{xxzz}u_{xx}u_{zz} + \lambda_{yyzz}u_{yy}u_{zz} + 2\lambda_{xyxy}u_{xy}^2 + 2\lambda_{xzxz}u_{xz}^2 + 2\lambda_{yzyz}u_{yz}^2. \quad (10.5)$$

它总共包含 9 个弹性模量.

4. 四方晶系 考虑 C_{4v} 类. 坐标选取为,用 C_4 轴作 z 轴,而 x 轴和 y 轴垂直于竖直对称平面中的两个. 对这两个对称平面作镜面反射,对应的变换为 $x \to -x, y \to y, z \to z$ 和 $x \to x, y \to -y, z \to z$. 因此,张量 λ_{iklm} 中具有奇数个相同指标的分量全都等于零. 其次,再绕 C_4 轴旋转 $\pi/4$ 角,即作变换:$x \to y, y \to -x, z \to z$,并由此推断出如下关系:

$$\lambda_{xxxx} = \lambda_{yyyy}, \quad \lambda_{xxzz} = \lambda_{yyzz}, \quad \lambda_{xzxz} = \lambda_{yzyz}.$$

C_{4v} 类中包含的其余的变换都不会再增加任何条件. 这样一来,四方晶系的自由能表达式具有如下形式:

$$F = \frac{1}{2}\lambda_{xxxx}(u_{xx}^2 + u_{yy}^2) + \frac{1}{2}\lambda_{zzzz}u_{zz}^2 + \lambda_{xxzz}(u_{xx}u_{zz} + u_{yy}u_{zz}) +$$
$$+ \lambda_{xxyy}u_{xx}u_{yy} + 2\lambda_{xyxy}u_{xy}^2 + 2\lambda_{xzxz}(u_{xz}^2 + u_{yz}^2). \quad (10.6)$$

它包含有 6 个弹性模量.

对于四方晶系的其它各类也可以得到同样的结果. 在这里,坐标轴的选取自然是由对称性 (D_{2d}, D_4, D_{4h}) 指定的. 而对于 C_4, S_4, C_{4h} 类,只有唯一的一个选择,就是轴 (z) 沿着 C_4 或 S_4 轴. 这时,根据对称性要求,除了在式 (10.6) 中出现的分量以外,还允许存在下面的分量:

$$\lambda_{xxxy} = -\lambda_{yyyx}.$$

适当地选择 x 和 y 轴的方向能够使上述这些分量化为零,这时 F 又重新回到式 (10.6) 的形式.

5. 三方晶系 考虑 C_{3v} 类. 选取坐标系时,取 z 轴沿着三重轴,而 y 轴垂直于竖直对称面中的一个. 为了便于说明由于 C_3 轴的存在而施加于张量 λ_{iklm} 分量上的限制,我们引入复数"坐标" ξ, η 来做形式上的变换. 这个变换是:

$$\xi = x + iy, \quad \eta = x - iy, \quad (10.7)$$

坐标 z 仍保持不变. 我们把张量 λ_{iklm} 变换到这些新坐标上,张量分量的指标现在用 ξ, η, z 表示. 显而易见,在绕 z 轴旋转 $2\pi/3$ 时,新变量的变换为:

$$\xi \to \xi e^{2\pi i/3}, \quad \eta \to \eta e^{-2\pi i/3}, \quad z \to z.$$

由于晶体的对称性,λ_{iklm} 的分量中不为零的只有在作上述变换时不变化的那些分量. 显然,具有这一性质的分量是指标 ξ 或 η 重复三次出现(注意到 $(e^{2\pi i/3})^3$

$= \mathrm{e}^{2\pi\mathrm{i}} = 1$)的分量,或者指标 ξ 和 η 出现同样次数(因为 $\mathrm{e}^{2\pi\mathrm{i}/3}\mathrm{e}^{-2\pi\mathrm{i}/3} = 1$)的分量. 这样的分量是:

$$\lambda_{zzzz}, \quad \lambda_{\xi\eta\xi\eta}, \quad \lambda_{\xi\xi\eta\eta}, \quad \lambda_{\xi\eta zz}, \quad \lambda_{\xi z\eta z}, \quad \lambda_{\xi\xi\xi z}, \quad \lambda_{\eta\eta\eta z}.$$

其次,对垂直于 y 轴的对称平面作镜面反射,所得变换为 $x\to x, y\to -y, z\to z$,或对于 ξ, η 来说是 $\xi\to \eta, \eta\to \xi$. 因为这一变换将 $\lambda_{\xi\xi\xi z}$ 变为 $\lambda_{\eta\eta\eta z}$,故这两个分量应该彼此相等. 这样一来,三方晶系的晶体总共有 6 个弹性模量. 为了写出自由能表达式,需要组成和式 $\frac{1}{2}\lambda_{iklm}u_{ik}u_{lm}$,并将和式的指标通过 ξ, η, z 表示. 因为 F 是由应变张量的分量(通过坐标 x, y, z)表示的,因此我们必须把这些分量也用"坐标" ξ, η, z 来表示. 这并不难做到,只需利用张量 u_{ik} 的分量的变换与两个坐标乘积对应这一事实. 比如,由

$$\xi^2 = (x + \mathrm{i}y)^2 = x^2 - y^2 + 2\mathrm{i}xy$$

得到

$$u_{\xi\xi} = u_{xx} - u_{yy} + 2\mathrm{i}u_{xy}.$$

最后,我们得到 F 的表达式如下:

$$F = \frac{1}{2}\lambda_{zzzz}u_{zz}^2 + 2\lambda_{\xi\eta\xi\eta}(u_{xx} + u_{yy})^2 + \lambda_{\xi\xi\eta\eta}[(u_{xx} - u_{yy})^2 + 4u_{xy}^2] +$$
$$+ 2\lambda_{\xi\eta zz}(u_{xx} + u_{yy})u_{zz} + 4\lambda_{\xi z\eta z}(u_{xz}^2 + u_{yz}^2) +$$
$$+ 4\lambda_{\xi\xi\xi z}[(u_{xx} - u_{yy})u_{xz} - 2u_{xy}u_{yz}]. \tag{10.8}$$

它含有 6 个独立系数. 对于 $\boldsymbol{D}_3$ 和 $\boldsymbol{D}_{3d}$ 类也可以得到同样的结果. 在 $\boldsymbol{C}_3$ 和 $\boldsymbol{S}_6$ 类的情形下,x, y 轴的选取是任意的,对称性的要求允许差式

$$\lambda_{\xi\xi\xi z} - \lambda_{\eta\eta\eta z}$$

不为零. 但是,若适当选择 x, y 轴,可以使它化为零.

6. 六方晶系 考虑 $\boldsymbol{C}_6$ 类,在选择坐标系时使 z 轴沿晶体的六重轴. 再一次引入式(10.7)所确定的坐标,当绕 z 轴旋转 $2\pi/6$ 时,得到如下变换:

$$\xi \to \xi\mathrm{e}^{2\pi\mathrm{i}/6}, \quad \eta \to \eta\mathrm{e}^{-2\pi\mathrm{i}/6}.$$

由此可见,张量 λ_{iklm} 不为零的分量,只有指标 ξ 和 η 相遇次数相同的那些项. 这样的分量是:

$$\lambda_{zzzz}, \quad \lambda_{\xi\eta\xi\eta}, \quad \lambda_{\xi\xi\eta\eta}, \quad \lambda_{\xi\eta zz}, \quad \lambda_{\xi z\eta z}.$$

六方晶系其它可能的对称元素对这些分量没有增加任何限制. 这样一来,总共有五个弹性模量. 自由能具有如下形式:

$$F = \frac{1}{2}\lambda_{zzzz}u_{zz}^2 + 2\lambda_{\xi\eta\xi\eta}(u_{xx} + u_{yy})^2 + \lambda_{\xi\xi\eta\eta}[(u_{xx} - u_{yy})^2 + 4u_{xy}^2] +$$
$$+ 2\lambda_{\xi\eta zz}u_{zz}(u_{xx} + u_{yy}) + 4\lambda_{\xi z\eta z}(u_{xz}^2 + u_{yz}^2). \tag{10.9}$$

应当指出,在 xy 平面内的形变(u_{xx}, u_{yy}, u_{xy} 不为零的形变),就像在各向同性物

体中一样,总共取决于两个弹性模量.换句话说,在与六重轴垂直的平面内,六方晶体的弹性性质是各向同性的.因此,在该平面内坐标轴方向的选择一般并不重要且对 F 的形式没有任何影响.因此,表达式(10.9)适用于六方晶系的各晶类.

7. 立方晶系 将立方晶系的三个四重轴分别取作 x,y,z 轴.四方对称性(使四重轴沿着 z 轴)的存在已将张量 λ_{iklm} 不同分量的数目限制为以下六个:

$$\lambda_{xxxx},\quad \lambda_{zzzz},\quad \lambda_{xxzz},\quad \lambda_{xxyy},\quad \lambda_{xyxy},\quad \lambda_{xzxz}.$$

绕 x 轴和 y 轴旋转 $90°$,分别给出变换 $x\to x,y\to -z,z\to y$ 和 $x\to z,y\to y,z\to -x$. 由此,在所写出的六个分量中,第一和第二,第三和第四,第五和第六分别相等. 于是,总共剩下三个不同的弹性模量. 立方晶系晶体自由能的形式为①:

$$F = \frac{1}{2}\lambda_{xxxx}(u_{xx}^2+u_{yy}^2+u_{zz}^2)+\lambda_{xxyy}(u_{xx}u_{yy}+u_{xx}u_{zz}+u_{yy}u_{zz})+$$
$$+2\lambda_{xyxy}(u_{xy}^2+u_{xz}^2+u_{yz}^2). \tag{10.10}$$

现在,我们再一次写出各类晶系独立参量(弹性模量或确定各类晶系晶体轴方向的角度)的数目:

三斜晶系 …………………………………………… 21
单斜晶系 …………………………………………… 13
正交晶系 …………………………………………… 9
四方晶系(C_4,S_4,C_{4h}) ………………………… 7
四方晶系(C_{4v},D_{2d},D_4,D_{4h}) ……………… 6
三方晶系(C_3,S_6) ……………………………… 7
三方晶系(C_{3v},D_3,D_{3d}) ……………………… 6
六方晶系 …………………………………………… 5
立方晶系 …………………………………………… 3

对于所有各类晶系,同样可以通过适当的坐标轴选择得到不为零的模量的最小数目:

三斜晶系 …………………………………………… 18
单斜晶系 …………………………………………… 12
正交晶系 …………………………………………… 9
四方晶系 …………………………………………… 6
三方晶系 …………………………………………… 6
六方晶系 …………………………………………… 5
立方晶系 …………………………………………… 3

---

① 立方晶系 T 和 T_d 没有四重轴.但在这种情形下,用研究三重轴的方法可以得到同样的结果,即绕三重轴的旋转可将 x,y,z 轴相互转化.

自然,上面所有的叙述都是对于单晶体的.至于多晶体,当组成它们的微晶的尺寸足够小时,可以作为各向同性物体来考虑(因为我们所关心的形变区域远大于微晶的尺寸).像所有各向同性物体一样,多晶体总共由两个弹性模量来表征.骤然看来,可能认为这两个模量可以通过简单平均的手段由各个微晶的弹性模量得到.但事实上并非如此.如果把多晶体的形变看作包含在其内部的微晶形变的结果,原则上应该在考虑微晶分界面上相应的边界条件情形下,求解所有这些微晶的平衡方程.由此可见,在整体上研究微晶的弹性性质和由它组成的物体的弹性性质之间的关系,取决于微晶的具体形状,也取决于微晶相互取向之间的关联.因此,多晶体的弹性模量与同样物质的单晶体的弹性模量之间不存在普遍关系.

若用单晶体的弹性模量来计算各向同性多晶体的弹性模量,只有在单晶体的弹性性质为弱各向异性情形时,才有可能达到的较高的精确度[1].作为多晶体弹性模量的初级近似,可以简单地取其等于单晶体弹性模量的"各向同性部分".于是在下一级近似中,会出现单晶体模量的弱"各向异性部分"的二次项,已发现这些修正项既不取决于微晶的形状,也不取决于微晶间取向的关联,并能用一般形式计算出来[2].

最后,让我们来研究晶体的热膨胀.在各向同性物体中,沿着所有方向发生的热膨胀都是相同的.因而,在自由热膨胀时,应变张量具有如下形式(见§6):

$$u_{ik} = \frac{1}{3}\alpha(T - T_0)\delta_{ik},$$

式中 α 是热膨胀系数.在晶体中应变张量必须写成

$$u_{ik} = \frac{\alpha_{ik}}{3}(T - T_0), \tag{10.11}$$

式中 α_{ik} 是某一关于指标 i,k 对称的二阶张量.现在我们来阐明,各种晶系晶体的张量 α_{ik} 应有多少个不同的独立分量.为此,最简单的方法就是利用张量代数已有的结果,即所有的二阶对称张量都能对应于某个张量椭球[3].若直接从对称性考虑,很明显在三斜晶系、单斜晶系和正交晶系的情形下,一般来说,张量椭球是三轴椭球(亦即它们的三个轴长都是不相同的).而在四方晶系,三方晶系和六方晶系的情形下,则应该是旋转对称椭球(相应的旋转轴沿着 C_4, C_3 或 C_6 对称轴).最后,立方晶系的对称关系使椭球退化为球.三轴椭球由三个独立的量(轴的长度)确定,旋转椭球由两个轴长确定,而球总共只由一个量(半径)即

---

[1] 比如,立方晶体弹性性质各向异性的量度是差 $\lambda_{xxxx} - \lambda_{xxyy} - 2\lambda_{xyxy}$,如果这个值等于零,则表达式(10.10)退化为各向同性物体的弹性能表达式(4.3).

[2] 见:栗弗席兹(И. М. Лифшиц),罗森茨韦格(Л. Н. Розенцвейг),实验物理和理论物理杂志(ЖЭТФ),1946,16:967.

[3] 张量椭球由方程 $\alpha_{ik}x_ix_k = 1$ 确定.

可确定.这样一来,在不同系列的晶体中,张量 α_{ik} 的独立分量的个数分别为:

三斜晶系,单斜晶系,正交晶系 ·················· 3
四方晶系,三方晶系,六方晶系 ·················· 2
立方晶系 ······································ 1

上面第一行的三类晶系称为双轴晶系,而第二行的三类晶系称为单轴晶系.我们注意到,立方晶系晶体的热膨胀总共只需一个量即可确定,亦即在热膨胀性质方面,它们的行为和各向同性物体的热膨胀是一样的.

习 题

1. 试借助弹性模量 λ_{iklm} 用坐标 x,y,z 表示六方晶体的弹性能(取 x 轴沿着晶体的六重轴).

解:在任意(非正交的)坐标变换时,必须区分矢量和张量的分量是逆变的还是协变的;前者(通常用上标表示)的变换应和坐标的微分 dx^i 的变换一样,而后者(用下标表示)的变换和微分算子 $\partial/\partial x^i$ 的变换一样. 这时, 标量式(10.1)应写为

$$F = \frac{1}{2}\lambda_{iklm}u^{ik}u^{lm}.$$

在表达式(10.8),(10.9)中,分量 u_{ik} 以逆变方式变换.因此,为了建立在 ξ,η,z 和 x,y,z 两种坐标中的张量 λ_{iklm} 的分量之间的关系,必须把它们看作协变分量(自然,在直角坐标系中,逆变分量和协变分量是一样的).对于变换(10.7),我们有

$$\frac{\partial}{\partial x} = \frac{\partial}{\partial \xi} + \frac{\partial}{\partial \eta}, \quad \frac{\partial}{\partial y} = i\left(\frac{\partial}{\partial \xi} - \frac{\partial}{\partial \eta}\right).$$

将分量 λ_{iklm} 作为这些算子的乘积进行变换,得到

$$\lambda_{xxxx} = \lambda_{yyyy} = 4\lambda_{\xi\eta\xi\eta} + 2\lambda_{\xi\xi\eta\eta}, \quad \lambda_{xyxy} = 2\lambda_{\xi\xi\eta\eta},$$
$$\lambda_{xxyy} = 4\lambda_{\xi\eta\xi\eta} - 2\lambda_{\xi\xi\eta\eta}, \quad \lambda_{xxzz} = \lambda_{yyzz} = 2\lambda_{\xi\eta zz},$$
$$\lambda_{xzxz} = \lambda_{yzyz} = 2\lambda_{\xi\eta\eta z}.$$

因此,自由能表达式(10.9)可以通过这些模量表示为如下形式:

$$F = \frac{1}{2}\lambda_{xxxx}(u_{xx}+u_{yy})^2 + \frac{1}{2}\lambda_{zzzz}u_{zz}^2 + \lambda_{xxzz}(u_{xx}+u_{yy})u_{zz} +$$
$$+ 2\lambda_{xzxz}(u_{xz}^2 + u_{yz}^2) + (\lambda_{xxxx} - \lambda_{xxyy})(u_{xy}^2 - u_{xx}u_{yy}).$$

2. 试求出立方晶体的弹性能为正的条件.

解:式(10.10)的前两项构成三个独立变量 u_{xx},u_{yy},u_{zz} 的一个二次型.这个二次型为正的条件是其系数行列式、它的一个子式和系数 λ_{xxxx} 均为正.此外,式(10.10)的第三项也必须为正.由这些条件得出如下不等式

$$\lambda_1 > 0, \quad \lambda_3 > 0, \quad -\frac{\lambda_1}{2} < \lambda_2 < \lambda_1,$$

式中记号为：$\lambda_1 = \lambda_{xxxx}, \lambda_2 = \lambda_{xxyy}, \lambda_3 = \lambda_{xyxy}$.

3. 试确定立方晶体的拉伸模量与其方向之间的关系.

解：把坐标轴取在立方晶体的棱边上. 假设从晶体上切取的杆的轴沿单位矢量 $\boldsymbol{n}$ 方向. 当拉伸杆时，应力张量必须满足如下的条件：$\sigma_{ik} n_k = p n_i$，其中 p 为作用在杆两端单位面积上的拉力（杆端面条件）；对于垂直于 $\boldsymbol{n}$ 的 $\boldsymbol{t}$ 方向，必须有 $\sigma_{ik} t_k = 0$（杆侧面条件）. 这样的张量必然具有 $\sigma_{ik} = p n_i n_k$ 的形式. 对表达式 (10.10) 取导数计算出分量 σ_{ik}①，并将它们与表达式 $\sigma_{ik} = p n_i n_k$ 相比较，得到应变张量分量的表达式

$$u_{xx} = p\frac{(\lambda_1 + 2\lambda_2) n_x^2 - \lambda_2}{(\lambda_1 - \lambda_2)(\lambda_1 + 2\lambda_2)}, \quad u_{xy} = p\frac{n_x n_y}{2\lambda_3},$$

以及与此类似的其余分量.

细杆纵向的相对伸长为 $u = \dfrac{\mathrm{d}l' - \mathrm{d}l}{\mathrm{d}l}$，其中 $\mathrm{d}l'$ 由公式 (1.2) 和 $\dfrac{\mathrm{d}x_i}{\mathrm{d}l} = n_i$ 给出. 这就给出了小形变 $u = u_{ik} n_i n_k$. 杨氏模量由等式 $p = Eu$ 中的比例系数定义，我们求得

$$\frac{1}{E} = \frac{\lambda_1 + \lambda_2}{(\lambda_1 + 2\lambda_2)(\lambda_1 - \lambda_2)} + \left(\frac{1}{\lambda_3} - \frac{2}{\lambda_1 - \lambda_2}\right)(n_x^2 n_y^2 + n_x^2 n_z^2 + n_y^2 n_z^2).$$

杨氏模量在棱边（轴 x, y, z）方向和立方体空间对角线方向上取极值. 在沿着立方体棱边的方向上

$$E = (\lambda_1 + 2\lambda_2)\frac{\lambda_1 - \lambda_2}{\lambda_1 + \lambda_2}.$$

这时，细杆的横向压缩 $u_{xx} = u_{yy} = -\sigma u_{zz} = -\sigma u$，其中 $\sigma = \lambda_2/(\lambda_1 + \lambda_2)$ 起着泊松比的作用. 根据前一习题中得到的不等式，有 $-1 < \sigma < 1/2$.

---

① 如果不直接用公式 $\sigma_{ik} = \lambda_{iklm} u_{lm}$ 计算 σ_{ik}，而是通过对 F 的具体表达式作微分计算 σ_{ik}，则对 u_{ik} 的导数在 $i \neq k$ 时给出二倍于 σ_{ik} 的值. 这是因为公式 $\sigma_{ik} = \partial F/\partial u_{ik}$ 实质上只对表示 $\mathrm{d}F = \sigma_{ik} \mathrm{d}u_{ik}$ 这一事实有意义，含对称张量 u_{ik} 每一 $i \neq k$ 分量的微分 $\mathrm{d}u_{ik}$ 的项均在和式 $\sigma_{ik} \mathrm{d}u_{ik}$ 中出现了两次.

第二章

杆和板的平衡

§11 弯曲板的能量

在这一章我们将研究形变体平衡的某些特殊情形,首先从研究薄板的形变开始.我们所说的薄板,指的是板厚度比起其它两个方向的尺寸为小.如前所述,我们仍然假定形变是小的.这里小形变的标准是板上各点的位移均小于板的厚度.

一般的平衡方程在应用于薄板时被极大地简化了.但是,最方便的不是直接由一般方程导出这些简化的方程,而是重新计算弯曲板的自由能,然后对这个能量求变分.

板弯曲时,板内的一些地方发生拉伸,另一些地方发生压缩.显然,在板的凸面发生拉伸,随着向板内深入,拉伸逐渐地减小,最终达到了零,在后面的板层,压缩逐渐增加.因而,在板的内部存在着一个**中性面**.在中性面上根本不存在拉伸或压缩,而在中性面的两边,形变具有相反的符号.很明显,这个中性面位于板厚的中间.

选取坐标系,取中性面上任一点为坐标原点,z 轴指向中性面的法线方向,而 xy 平面与未形变的板面重合.我们用字母 ζ 表示中性面上点的垂直位移,即它们的 z 坐标(图 2).至于这些点在 xy 平面内的位移分量,则很明显,与 ζ 相比它们是二阶小量,因此可以假设它们等于零.这样一来,中性面上点的位移矢量为

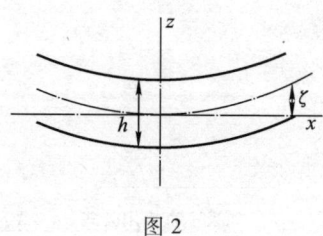

图 2

$$u_x^{(0)} = u_y^{(0)} = 0, \quad u_z^{(0)} = \zeta(x,y). \tag{11.1}$$

为了更进一步的计算,必须对形变板内作用的应力作以下说明. 因为是薄板,故为了使它弯曲,只需对它的表面作用不大的力. 在任何情况下,这些力与形变板内部因其各部分发生拉伸和压缩所引起的内应力相比是很小的. 因此,在边界条件(2.9)中可忽略力 P_i,只剩下 $\sigma_{ik}n_k = 0$. 因板的弯曲小,故可假设法向矢量 $\boldsymbol{n}$ 沿 z 轴方向. 这样一来,在板的两个表面上应有

$$\sigma_{xz} = \sigma_{yz} = \sigma_{zz} = 0.$$

因为板的厚度小,在板的两个侧表面上这些量都等于零,所以它们在板的内部也应该是小的. 因而我们可以得出结论:在整个板内, σ_{xz}, σ_{yz}, σ_{zz} 远小于应力张量的其余分量. 据此,我们可以假定它们都等于零. 并且根据这些条件来确定应变张量的分量.

根据一般公式(5.13),我们有

$$\left.\begin{array}{l} \sigma_{zx} = \dfrac{E}{1+\sigma} u_{zx}, \quad \sigma_{zy} = \dfrac{E}{1+\sigma} u_{zy}, \\[2mm] \sigma_{zz} = \dfrac{E}{(1+\sigma)(1-2\sigma)} [(1-\sigma)u_{zz} + \sigma(u_{xx} + u_{yy})]. \end{array}\right\} \tag{11.2}$$

令这些表达式等于零,求出

$$\frac{\partial u_x}{\partial z} = -\frac{\partial u_z}{\partial x}, \quad \frac{\partial u_y}{\partial z} = -\frac{\partial u_z}{\partial y}, \quad u_{zz} = -\frac{\sigma}{1-\sigma}(u_{xx} + u_{yy}).$$

在前两个方程中,用 $\zeta(x,y)$ 代换 u_z 已足够精确:

$$\frac{\partial u_x}{\partial z} = -\frac{\partial \zeta}{\partial x}, \quad \frac{\partial u_y}{\partial z} = -\frac{\partial \zeta}{\partial y}.$$

由此

$$u_x = -z\frac{\partial \zeta}{\partial x}, \quad u_y = -z\frac{\partial \zeta}{\partial y}. \tag{11.3}$$

上式中置积分常数等于零,是因为当 $z=0$ 时,有 $u_x = u_y = 0$. 知道 u_x, u_y 后,就可以确定应变张量的所有分量:

$$u_{xx} = -z\frac{\partial^2 \zeta}{\partial x^2}, \quad u_{yy} = -z\frac{\partial^2 \zeta}{\partial y^2}, \quad u_{xy} = -z\frac{\partial^2 \zeta}{\partial x \partial y},$$

$$u_{xz} = u_{yz} = 0, \quad u_{zz} = \frac{\sigma}{1-\sigma} z\left(\frac{\partial^2 \zeta}{\partial x^2} + \frac{\partial^2 \zeta}{\partial y^2}\right). \tag{11.4}$$

现在可以利用一般公式(5.10)计算板的体积自由能 F. 经过简单计算,得到它的表达式为

$$F = z^2 \frac{E}{1+\sigma}\left\{\frac{1}{2(1-\sigma)}\left(\frac{\partial^2 \zeta}{\partial x^2} + \frac{\partial^2 \zeta}{\partial y^2}\right)^2 + \left[\left(\frac{\partial^2 \zeta}{\partial x \partial y}\right)^2 - \frac{\partial^2 \zeta}{\partial x^2}\frac{\partial^2 \zeta}{\partial y^2}\right]\right\}. \tag{11.5}$$

取上式在板的整个体积上积分上,可得板的总自由能. 沿 z 积分时,积分限由

$-h/2$ 到 $+h/2$，其中 h 为板的厚度；而沿 x 和 y 积分时，积分域是整个板面. 最后求出形变板的总自由能 $F_{pl} = \int F dV$ 的形式：

$$F_{pl} = \frac{Eh^3}{24(1-\sigma^2)} \iint \left\{ \left(\frac{\partial^2 \zeta}{\partial x^2} + \frac{\partial^2 \zeta}{\partial y^2} \right)^2 + 2(1-\sigma) \left[\left(\frac{\partial^2 \zeta}{\partial x \partial y} \right)^2 - \frac{\partial^2 \zeta}{\partial x^2} \frac{\partial^2 \zeta}{\partial y^2} \right] \right\} dx dy$$
(11.6)

(鉴于形变是小量，将面元简写为 $dxdy$ 已足够精确).

因为我们关心的只是在作用力影响下板的形状而不是板内形变的分布，在得到自由能表达式之后，就可把板当作没有厚度的几何面来研究. 量 ζ 是作为曲面的板弯曲时其上各点的位移.

§12 板的平衡方程

我们从自由能取极小值的条件来推导板的平衡方程. 为此需要计算表达式 (11.6) 的变分.

将式 (11.6) 中的积分分为两个积分之和，分别对其中的每一个取变分. 第一个积分可以写为

$$\int (\Delta \zeta)^2 df,$$

式中 $df = dxdy$ 为面元，而 $\Delta = \partial^2/\partial x^2 + \partial^2/\partial y^2$ 在这里（以及 §12 – §14 各处）表示二维拉普拉斯算子. 此一积分的变分为

$$\delta \frac{1}{2} \int (\Delta \zeta)^2 df = \int \Delta \zeta \Delta \delta \zeta df = \int \Delta \zeta \nabla \cdot \nabla \delta \zeta df =$$

$$= \int \nabla \cdot (\Delta \zeta \nabla \delta \zeta) df - \int (\nabla \delta \zeta) \cdot \nabla \Delta \zeta df.$$

自然，这里所有的矢量运算都是在二维坐标系 xy 内进行的. 将上式右边的第一个积分变换为环绕板面的封闭周线的积分[①]：

$$\int \nabla \cdot (\Delta \zeta \nabla \delta \zeta) df = \oint \Delta \zeta (\boldsymbol{n} \cdot \nabla \delta \zeta) dl = \oint \Delta \zeta \frac{\partial \delta \zeta}{\partial n} dl,$$

式中 $\partial/\partial n$ 表示沿边界外法线方向的导数. 对第二个积分作同样的变换，我们得到

$$\int \nabla \delta \zeta \cdot \nabla \Delta \zeta df = \int \nabla \cdot (\delta \zeta \nabla \Delta \zeta) df - \int \delta \zeta \Delta^2 \zeta df =$$

$$= \oint \delta \zeta (\boldsymbol{n} \cdot \nabla) \Delta \zeta dl - \int \delta \zeta \Delta^2 \zeta df = \oint \delta \zeta \frac{\partial \Delta \zeta}{\partial n} dl - \int \delta \zeta \Delta^2 \zeta df.$$

[①] 二维积分公式的变换与三维公式变换完全类似. 体元 dV 现在换成面元 df（看作标量），而面元 df 换成周线上的长度元 dl 乘以周线外法向矢量 $\boldsymbol{n}$. 把按 df 的积分变换为按 dl 的积分是通过用 $n_i dl$ 代换 $df \partial/\partial x_i$ 实现的. 这样，如果 φ 是某个标量，则 $\int \nabla \varphi df = \oint \varphi \boldsymbol{n} dl$.

§12 板的平衡方程

将所得结果代入原式即得到

$$\delta \frac{1}{2}\int (\Delta\zeta)^2 df = \int \delta\zeta \Delta^2\zeta df - \oint \delta\zeta \frac{\partial \Delta\zeta}{\partial n} dl + \oint \Delta\zeta \frac{\partial \delta\zeta}{\partial n} dl. \qquad (12.1)$$

式(11.6)中第二个积分的变分变换颇为冗长. 为了方便,我们不用矢量形式而用分量形式来推导这个变换. 于是有

$$\delta \int \left\{\left(\frac{\partial^2 \zeta}{\partial x \partial y}\right)^2 - \frac{\partial^2 \zeta}{\partial x^2}\frac{\partial^2 \zeta}{\partial y^2}\right\} df = \int \left\{2\frac{\partial^2 \zeta}{\partial x \partial y}\frac{\partial^2 \delta\zeta}{\partial x \partial y} - \frac{\partial^2 \zeta}{\partial x^2}\frac{\partial^2 \delta\zeta}{\partial y^2} - \frac{\partial^2 \delta\zeta}{\partial x^2}\frac{\partial^2 \zeta}{\partial y^2}\right\} df.$$

式中被积函数表达式可写为

$$\frac{\partial}{\partial x}\left(\frac{\partial \delta\zeta}{\partial y}\frac{\partial^2 \zeta}{\partial x \partial y} - \frac{\partial \delta\zeta}{\partial x}\frac{\partial^2 \zeta}{\partial y^2}\right) + \frac{\partial}{\partial y}\left(\frac{\partial \delta\zeta}{\partial x}\frac{\partial^2 \zeta}{\partial x \partial y} - \frac{\partial \delta\zeta}{\partial y}\frac{\partial^2 \zeta}{\partial x^2}\right),$$

此式具有某个矢量的二维散度形式. 因此,我们能够把变分重新写为封闭回路的积分:

$$\delta \int \left\{\left(\frac{\partial^2 \zeta}{\partial x \partial y}\right)^2 - \frac{\partial^2 \zeta}{\partial x^2}\frac{\partial^2 \zeta}{\partial y^2}\right\} df = \oint dl \sin\theta \left\{\frac{\partial \delta\zeta}{\partial x}\frac{\partial^2 \zeta}{\partial x \partial y} - \frac{\partial \delta\zeta}{\partial y}\frac{\partial^2 \zeta}{\partial x^2}\right\} +$$
$$+ \oint dl \cos\theta \left\{\frac{\partial \delta\zeta}{\partial y}\frac{\partial^2 \zeta}{\partial x \partial y} - \frac{\partial \delta\zeta}{\partial x}\frac{\partial^2 \zeta}{\partial y^2}\right\}. \qquad (12.2)$$

式中 θ 是 x 轴与周线外法线矢量 **n** 之间的夹角(图3).

根据公式

$$\frac{\partial}{\partial x} = \cos\theta \frac{\partial}{\partial n} - \sin\theta \frac{\partial}{\partial l},$$
$$\frac{\partial}{\partial y} = \sin\theta \frac{\partial}{\partial n} + \cos\theta \frac{\partial}{\partial l},$$

将 $\delta\zeta$ 对 x 和 y 的导数,用对边界的法向 **n** 的导数和切向 **l** 的导数表示. 于是,公式(12.2)中的积分具有以下形式:

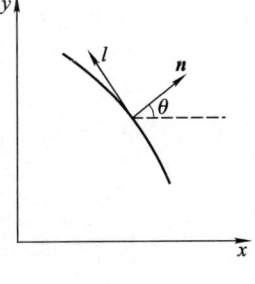

图3

$$\delta \int \left\{\left(\frac{\partial^2 \zeta}{\partial x \partial y}\right)^2 - \frac{\partial^2 \zeta}{\partial x^2}\frac{\partial^2 \zeta}{\partial y^2}\right\} df =$$
$$= \oint dl \frac{\partial \delta\zeta}{\partial n}\left\{2\sin\theta\cos\theta \frac{\partial^2 \zeta}{\partial x \partial y} - \sin^2\theta \frac{\partial^2 \zeta}{\partial x^2} - \cos^2\theta \frac{\partial^2 \zeta}{\partial y^2}\right\} +$$
$$+ \oint dl \frac{\partial \delta\zeta}{\partial l}\left\{\sin\theta\cos\theta\left(\frac{\partial^2 \zeta}{\partial y^2} - \frac{\partial^2 \zeta}{\partial x^2}\right) + (\cos^2\theta - \sin^2\theta)\frac{\partial^2 \zeta}{\partial x \partial y}\right\}.$$

上式右端第二个积分可通过分部积分算出. 因为是沿封闭回路取积分,积分限在同一点上重合,因此我们直接得到:

$$-\oint dl \delta\zeta \frac{\partial}{\partial l}\left\{\sin\theta\cos\theta\left(\frac{\partial^2 \zeta}{\partial y^2} - \frac{\partial^2 \zeta}{\partial x^2}\right) + (\cos^2\theta - \sin^2\theta)\frac{\partial^2 \zeta}{\partial x \partial y}\right\}.$$

把以上所得的几个表达式综合在一起,并按公式(11.6)写出系数,最终得到下面的自由能变分表达式:

$$\delta F_{pl} = D \left(\int \Delta^2 \zeta \delta \zeta df - \right.$$
$$- \oint \delta \zeta dl \left[\frac{\partial \Delta \zeta}{\partial n} + (1-\sigma) \frac{\partial}{\partial l} \left\{ \sin\theta\cos\theta \left(\frac{\partial^2 \zeta}{\partial y^2} - \frac{\partial^2 \zeta}{\partial x^2} \right) + (\cos^2\theta - \sin^2\theta) \frac{\partial^2 \zeta}{\partial x \partial y} \right\} \right] +$$
$$\left. + \oint \frac{\partial \delta \zeta}{\partial n} dl \left\{ \Delta \zeta + (1-\sigma) \left(2\sin\theta\cos\theta \frac{\partial^2 \zeta}{\partial x \partial y} - \sin^2\theta \frac{\partial^2 \zeta}{\partial x^2} - \cos^2\theta \frac{\partial^2 \zeta}{\partial y^2} \right) \right\} \right), \quad (12.3)$$

式中

$$D = \frac{Eh^3}{12(1-\sigma^2)}. \quad (12.4)$$

为了由此得出板的平衡方程,必须使变分 δF 与板的势能变分 δU 之和等于零,而板的势能与作用在板上的外力有关. 后一个变分等于板位移时的外力所作功的负值. 设 P 是作用于板表面单位面积上的外力[①],其方向与板面垂直. 于是,力所作的功为力乘以板上各点位移 $\delta \zeta$,等于

$$\int P \delta \zeta df.$$

这样,便得出板的总自由能为极小值的条件方程:

$$\delta F_{pl} - \int P \delta \zeta df = 0.$$

这个等式左端既有面积分又有封闭回路积分. 面积分为

$$\int \{ D\Delta^2 \zeta - P \} \delta \zeta df.$$

这个积分中变分 $\delta \zeta$ 是任意的. 因此要积分等于零,只有 $\delta \zeta$ 前面的系数为零,故

$$D\Delta^2 \zeta = P. \quad (12.5)$$

这就是在外力作用下弯曲板的平衡方程. 方程左端的系数 D 称为板的**抗弯刚度**或**柱面刚度**.

上面这个方程的边界条件可以由式(12.3)中的闭路周线积分等于零得出,这里我们来研究几种不同的特殊情况.

假设板边缘的一部分是自由的,亦即没有任何外力作用于这部分. 故在边缘的这部分变分 $\delta \zeta$ 和 $\delta(\partial \zeta/\partial n)$ 都是任意的,于是闭路周线积分中在这两个变分前边的系数必须等于零. 这便得到两个方程:

$$-\frac{\partial \Delta \zeta}{\partial n} + (1-\sigma) \frac{\partial}{\partial l} \left\{ \cos\theta\sin\theta \left(\frac{\partial^2 \zeta}{\partial x^2} - \frac{\partial^2 \zeta}{\partial y^2} \right) + (\sin^2\theta - \cos^2\theta) \frac{\partial^2 \zeta}{\partial x \partial y} \right\} = 0,$$
$$(12.6)$$

---

① 这里力 P 可以是体力(如重力)作用的结果,其值等于体力沿板厚度的积分.

$$\Delta\zeta + (1-\sigma)\left\{2\sin\theta\cos\theta\frac{\partial^2\zeta}{\partial x\partial y} - \sin^2\theta\frac{\partial^2\zeta}{\partial x^2} - \cos^2\theta\frac{\partial^2\zeta}{\partial y^2}\right\} = 0. \quad (12.7)$$

在板的所有自由边界上这两个方程都必须成立.

边界条件(12.6),(12.7)极为复杂. 特别简单的情形是板的边缘为"**固支**"或"**简支**". 如果板的边缘是固支的(图4(a)),则其不能有任何垂直的位移,此外,这些边缘的方向同样也不能改变. 在板边缘的这部分上,相对于初始位置转过的角度等于(在 ζ 是小位移时)导数 $\partial\zeta/\partial n$. 这样一来,在板的固支边上,变分 $\delta\zeta$ 和 $\delta(\partial\zeta/\partial n)$ 等于零. 于是,式(12.3)中的闭路周线积分恒为零,在这种情形下,边界条件具有如下简单形式:

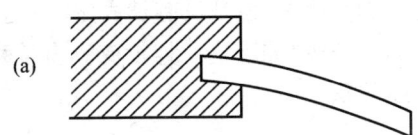
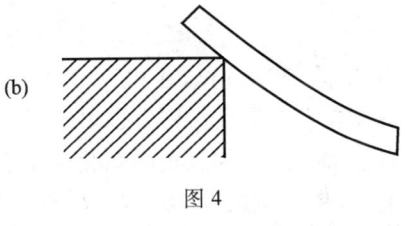

图4

$$\zeta = 0, \quad \frac{\partial\zeta}{\partial n} = 0. \quad (12.8)$$

上面的第一式实际上表示形变时板的边缘根本就不能有垂直位移;而第二式则表示板边缘方向仍保持水平.

不难确定固定支点处支座作用在板上的反作用力. 这些力与板对支座作用力的大小相等,方向相反. 从力学已知,某个方向的作用力等于能量沿该方向对坐标的导数. 例如,板对支座作用的力由能量对板边缘位移 ζ 的导数取负号确定;而反作用力则等于同样的导数取正号. 这个导数不是别的,正是式(12.3)中第二个积分 $\delta\zeta$ 前面的系数. 这样一来,相对于单位长度边界的反作用力等于方程(12.6)左面的表达式(现在当然不等于零)乘以 D. 类似的,反作用力矩由方程(12.7)左面的表达式乘以同样的系数 D 确定. 这一结果源于力学中熟知的结论:力矩等于能量对物体旋转角的导数. 板边缘处的旋转角等于导数 $\partial\zeta/\partial n$,于是,相应的力矩由式(12.3)内第三个积分中 $\partial\delta\zeta/\partial n$ 前面的系数确定. 在这种情况下,力和力矩的这两个表达式由于条件(12.8)得到极大地简化. 就是说,由于沿板边缘的整个周线 ζ 和 $\partial\zeta/\partial n$ 处处等于零,所以沿切线 l 方向其各阶导数也都恒等于零. 考虑到这一情况,在式(12.6)和(12.7)中,将关于 x 和 y 的导数换成关于 n 和 l 方向的导数,即得到支座的反作用力 F 和反作用力矩 M 的如下简单表达式:

$$F = -D\left[\frac{\partial^3\zeta}{\partial n^3} + \frac{d\theta}{dl}\frac{\partial^2\zeta}{\partial n^2}\right], \quad (12.9)$$

$$M = D\frac{\partial^2 \zeta}{\partial n^2}. \tag{12.10}$$

另一个重要的情形就是简支板(图4(b)),简支板的边缘仅支撑在固定不动的支座上,但是没有被固定. 在这样的情形下,板的周边(也就是支座支撑板的那条线)如前述一样没有垂直位移,但方向可变. 据此,在式(12.3)沿闭路周线的积分中

$$\delta\zeta = 0,$$

但是

$$\frac{\partial \delta\zeta}{\partial n} \neq 0.$$

因此,式(12.6)和式(12.7)这两个条件只剩下了第二个. 和前面的情形一样,板的支撑点上的反作用力也由式(12.6)左端的表达式确定(这些力的力矩在平衡时也等于零). 如果把导数化为沿着 n 和 l 方向的导数,并考虑到因在整个周边上 $\zeta = 0$,导数 $\partial\zeta/\partial l$ 和 $\partial^2\zeta/\partial l^2$ 也等于零,则边界条件(12.7)将被简化,最后得到如下形式的边界条件:

$$\zeta = 0, \quad \frac{\partial^2 \zeta}{\partial n^2} + \sigma \frac{d\theta}{dl}\frac{\partial \zeta}{\partial n} = 0. \tag{12.11}$$

习 题

1. 试确定半径为 R 的边界固支圆板在重力场中水平放置时的形变.

解:取极坐标,原点置于板的中心. 作用在板面单位面积上的力为 $P = \rho h g$,方程(12.5)具有如下形式:

$$\Delta^2 \zeta = 64\beta, \quad \beta = \frac{3\rho g(1-\sigma)}{16h^2 E}$$

(ζ 的正值对应于重力作用方向的位移). 因为 ζ 只是 r 的函数,故在极坐标中 Δ 应写为 $\Delta = \frac{1}{r}\frac{d}{dr}\left(r\frac{d}{dr}\right)$. 这个方程的通解是

$$\zeta = \beta r^4 + ar^2 + b + cr^2\ln\frac{r}{R} + d\ln\frac{r}{R}.$$

在本题的情形,因为在 $r = 0$ 时, $\ln\frac{r}{R}$ 变为无穷大,故必须置 $d = 0$;同样 $c = 0$,因为该项使 $\Delta\zeta$ 在 $r = 0$ 出现奇点(相当于力作用在板的中心,见习题3). 常数 a 和 b 由边界条件 $r = R$ 时 $\zeta = 0, d\zeta/dr = 0$ 确定. 最后得到

$$\zeta = \beta(R^2 - r^2)^2.$$

2. 同习题1,对简支边圆板求解.

解:在圆板情形下,边界条件(12.11)具有如下形式:

$$\zeta = 0, \quad \frac{d^2\zeta}{dr^2} + \frac{\sigma}{r}\frac{d\zeta}{dr} = 0.$$

类似于习题 1 的解法,可导出下面的结果:

$$\zeta = \beta(R^2 - r^2)\left(\frac{5+\sigma}{1+\sigma}R^2 - r^2\right).$$

3. 在固支边圆板的中心施加作用力 f,试确定圆板的形变.

解:除坐标原点外,方程

$$\Delta^2 \zeta = 0$$

处处成立,积分后得到

$$\zeta = ar^2 + b + cr^2 \ln\frac{r}{R}$$

(式中删去了带 $\ln r$ 的项).作用在板上的总力等于作用于板中心的力 f,因此 $\Delta^2\zeta$ 遍及板面的积分应为

$$2\pi\int_0^R r\Delta^2\zeta\,\mathrm{d}r = \frac{f}{D}.$$

由此得到 $c = f/(8\pi D)$.常数 a 和 b 由边界条件确定,最后得到:

$$\zeta = \frac{f}{8\pi D}\left[\frac{1}{2}(R^2 - r^2) - r^2\ln\frac{R}{r}\right].$$

4. 同习题 3,对简支边圆板求解.

答案:
$$\zeta = \frac{f}{16\pi D}\left[\frac{3+\sigma}{1+\sigma}(R^2 - r^2) - 2r^2\ln\frac{R}{r}\right].$$

5. 试确定中心悬挂在重力场中的圆板的形变.

解:ζ 的方程和它的通解与习题 1 一样,因为板中心的位移 $\zeta = 0$,故 $c = 0$. 常数 a 和 b 由边界条件 (12.6) 和 (12.7) 确定. 在圆对称时有:

$$\frac{d\Delta\zeta}{dr} = \frac{d}{dr}\left(\frac{d^2\zeta}{dr^2} + \frac{1}{r}\frac{d\zeta}{dr}\right) = 0, \quad \frac{d^2\zeta}{dr^2} + \frac{\sigma}{r}\frac{d\zeta}{dr} = 0.$$

最后得到

$$\zeta = \beta r^2\left[r^2 + 8R^2\ln\frac{R}{r} + 2R^2\frac{3+\sigma}{1+\sigma}\right].$$

6. 外力克服表面张力从物体上撕裂一厚度为 h 的薄层. 在给定的外力下,当撕裂表面具有一定大小,撕裂的板面具有一定形状时处于平衡(图 5). 试推出联系表面张力大小与撕裂层形状的公式[①].

解:将撕裂层考虑为一个边(撕裂的线缝处)被夹紧的固支薄板. 作用在这个边上的弯矩由公式 (12.10) 确定. 当撕裂部分伸长 δx 时,该弯矩所作的

---

① 这一问题是奥布列伊莫夫(И. В. Обреимов(1930))提出云母表面张力测量方法时首先讨论的. 他按此方法所作的测量是对固体表面张力的首次直接测量.

功为

$$M\frac{\partial \delta\zeta}{\partial x} = M\delta x \frac{\partial^2 \zeta}{\partial x^2} = D\left(\frac{\partial^2 \zeta}{\partial x^2}\right)^2 \delta x \tag{1}$$

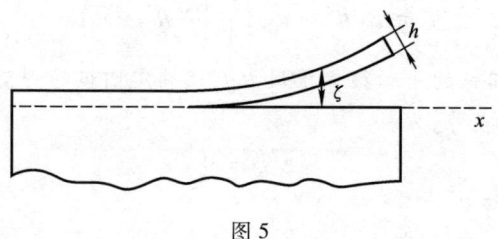

图 5

(弯曲力 F 作的功是二阶小量).平衡条件是弯矩所作的功等于系统能量的改变.系统能量的改变由两部分组成:表面能的改变和撕裂层弹性能的改变,后者是由于层弯曲部分的伸长引起的.第一部分等于 $2\alpha\delta x$,其中 α 为表面张力系数,因子 2 是考虑到撕裂时产生了两个自由表面.而第二部分等于

$$\left[\frac{Eh^3}{24(1-\sigma^2)}\right]\left(\frac{\partial^2 \zeta}{\partial x^2}\right)^2 \delta x$$

(将能量式(11.6)应用于板的长度 δx 上),亦即由式(1)中功的一半组成.于是得到:

$$\alpha = \frac{D}{4}\left(\frac{\partial^2 \zeta}{\partial x^2}\right)^2.$$

§13 板的纵向形变

纵向形变是薄板形变的一种特殊形式,形变发生在板平面内,没有弯曲伴随.现在我们来推导描述这种形变的平衡方程.

如果板足够薄,则沿着板厚度的形变可以认为是均匀的.这时应变张量只是 x 和 y 的函数(取板平面为 xy 平面)而与 z 无关.板的纵向形变通常由作用在板边缘上的力或由板平面内作用的体力引起.此时在板的两个表面上的边界条件为:$\sigma_{ik}n_k = 0$.又由于法向矢量与 z 轴方向相同,故有 $\sigma_{iz} = 0$,即

$$\sigma_{xz} = \sigma_{yz} = \sigma_{zz} = 0.$$

应当指出,在以下的近似理论中,即使拉伸外力直接作用于板的表面上,上述条件仍然有效,这是因为这些力与板内的纵向应力($\sigma_{xx}, \sigma_{yy}, \sigma_{xy}$)相比全部都是小量.由于 $\sigma_{xz}, \sigma_{yz}, \sigma_{zz}$ 在边界上等于零,故在整个板的小厚度上,它们也将是小量.因此我们可以近似地认为在板的整个体积内这些量都等于零.

令表达式(11.2)等于零,得到如下关系:

$$u_{zz} = -\frac{\sigma}{1-\sigma}(u_{xx} + u_{yy}), \quad u_{xz} = u_{yz} = 0. \tag{13.1}$$

将它们代入一般公式(5.13),即得应力张量中异于零的分量为

$$\left.\begin{aligned}\sigma_{xx} &= \frac{E}{1-\sigma^2}(u_{xx} + \sigma u_{yy}), \\ \sigma_{yy} &= \frac{E}{1-\sigma^2}(u_{yy} + \sigma u_{xx}), \\ \sigma_{xy} &= \frac{E}{1+\sigma}u_{xy}.\end{aligned}\right\} \tag{13.2}$$

应当注意,借助于形式代换

$$E \to \frac{E}{1-\sigma^2}, \quad \sigma \to \frac{\sigma}{1-\sigma}, \tag{13.3}$$

上述表达式即转换为平面形变时(公式(5.13)中令 $u_{zz}=0$)确定应力 $\sigma_{xx}, \sigma_{xy}, \sigma_{yy}$ 和形变 u_{xx}, u_{yy}, u_{zz} 之间关系的表达式.

通过这种方式把位移 u_z 完全消去后,我们可简单地把板视为无厚度的二维介质(**弹性平面**)来研究,或者说,位移矢量 $\boldsymbol{u}$ 是只有两个分量 u_x 和 u_y 的二维矢量. 如果 P_x 和 P_y 是作用于板的单位面积上的体积力的分量,则一般平衡方程为

$$h\left(\frac{\partial \sigma_{xx}}{\partial x} + \frac{\partial \sigma_{xy}}{\partial y}\right) + P_x = 0,$$

$$h\left(\frac{\partial \sigma_{yx}}{\partial x} + \frac{\partial \sigma_{yy}}{\partial y}\right) + P_y = 0.$$

将表达式(13.2)代入上式,即得到如下形式的平衡方程:

$$\left.\begin{aligned}Eh\left[\frac{1}{1-\sigma^2}\frac{\partial^2 u_x}{\partial x^2} + \frac{1}{2(1+\sigma)}\frac{\partial^2 u_x}{\partial y^2} + \frac{1}{2(1-\sigma)}\frac{\partial^2 u_y}{\partial x \partial y}\right] + P_x = 0, \\ Eh\left[\frac{1}{1-\sigma^2}\frac{\partial^2 u_y}{\partial y^2} + \frac{1}{2(1+\sigma)}\frac{\partial^2 u_y}{\partial x^2} + \frac{1}{2(1-\sigma)}\frac{\partial^2 u_x}{\partial x \partial y}\right] + P_y = 0.\end{aligned}\right\} \tag{13.4}$$

这组方程可以写为二维矢量形式:

$$\nabla\nabla \cdot \boldsymbol{u} - \frac{1-\sigma}{2}\nabla \times \nabla \times \boldsymbol{u} = -\boldsymbol{P}\frac{1-\sigma^2}{Eh}, \tag{13.5}$$

式中所有的矢量算子都应理解为二维算子.

特别是,不存在体力时平衡方程为

$$\nabla\nabla \cdot \boldsymbol{u} - \frac{1-\sigma}{2}\nabla \times \nabla \times \boldsymbol{u} = 0. \tag{13.6}$$

上述方程与沿 z 轴方向无限的物体的平面形变平衡方程(§7)[①]的区别,仅仅在于系数值不同(按 (13.3) 式代换). 像对平面形变一样,这里也可引入由如下关系定义的**应力函数**:

$$\sigma_{xx} = \frac{\partial^2 \chi}{\partial y^2}, \quad \sigma_{xy} = -\frac{\partial^2 \chi}{\partial x \partial y}, \quad \sigma_{yy} = \frac{\partial^2 \chi}{\partial x^2}, \quad (13.7)$$

它们自动满足如下形式的平衡方程:

$$\frac{\partial \sigma_{xx}}{\partial x} + \frac{\partial \sigma_{xy}}{\partial y} = 0, \quad \frac{\partial \sigma_{yx}}{\partial x} + \frac{\partial \sigma_{yy}}{\partial y} = 0.$$

应力函数如前一样满足双调和方程,这是因为对于 $\Delta \chi$ 有关系式:

$$\Delta \chi = \sigma_{xx} + \sigma_{yy} = \frac{E}{1-\sigma}(u_{xx} + u_{yy}) = \frac{E}{1-\sigma} \nabla \cdot \boldsymbol{u}.$$

它与已有的平面形变关系式的区别只是式中的系数不同.

在此我们要指出以下事实:当板受作用于边缘的已知力产生形变时,板内的应力分布与材料的弹性常量无关. 实际上,弹性常量既没有包含在应力函数满足的双调和方程中,也没有包含在由应力函数确定应力分量 σ_{ik} 的公式 (13.7) 中(因此也没有包含在板边缘的边界条件中).

习 题

1. 平面圆盘绕通过盘中心并垂直于盘面的轴作匀速旋转,试确定其形变.

解:待求的解与§7 习题 5 得到的旋转圆柱体平面应变解的区别只是常系数的值不同. 径向位移 $u_r = u(r)$ 由下式给出:

$$u = \frac{\rho \Omega^2 (1-\sigma^2)}{8E} r \left(\frac{3+\sigma}{1+\sigma} R^2 - r^2 \right).$$

该表达式是§7 习题 5 所得公式按式(13.3)作代换得到的.

2. 半无限大平板具有直线边界,试确定在板平面内对板边缘一点施加集中力影响下板的形变.

解:引入极坐标,极角 φ 从施加力的作用方向算起,它的取值范围是从 $-(\pi/2 + \alpha)$ 到 $\pi/2 - \alpha$,其中 α 是作用力方向与板边缘法线间的夹角(图 6). 在自由边界上,除了外力作用点(坐标原点)外,所有的点都应满足条件 $\sigma_{\varphi\varphi} = \sigma_{r\varphi} = 0$. 利用§7 习题 11 得到的应力

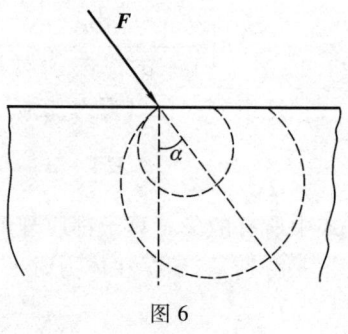

图 6

[①] 沿 z 轴的均匀形变,即在整个物体内 $\sigma_{zx} = \sigma_{zy} = \sigma_{zz} = 0$,有时也称为**平面应力状态**,以区别于整个物体内 $u_{zx} = u_{zy} = u_{zz} = 0$ 的平面形变.

$\sigma_{\varphi\varphi}$ 和 $\sigma_{r\varphi}$ 的表达式,得出这些应力函数必须满足的条件为:

$$\frac{\partial \chi}{\partial r} = \text{const}, \quad \frac{1}{r}\frac{\partial \chi}{\partial \varphi} = \text{const} \quad \left(\varphi = \mp \frac{\pi}{2} - \alpha\right).$$

如果 $\chi = rf(\varphi)$,上面这两个条件都能满足. 把它代入双调和方程

$$\left[\frac{1}{r}\frac{\partial}{\partial r}\left(r\frac{\partial}{\partial r}\right) + \frac{\partial^2}{r^2 \partial \varphi^2}\right]^2 \chi = 0,$$

即得 $f(\varphi)$ 的形为 $\sin\varphi, \cos\varphi, \varphi\sin\varphi, \varphi\cos\varphi$ 的解,其中前两个函数是非真实解,因为由它们推得的应力恒等于零. 能给出作用于坐标原点的力的正确值的解为

$$\chi = -\frac{F}{\pi}r\varphi\sin\varphi, \quad \sigma_{rr} = -\frac{2F}{\pi}\frac{\cos\varphi}{r}, \quad \sigma_{r\varphi} = \sigma_{\varphi\varphi} = 0 \qquad (1)$$

(F 是在板单位厚度上作用的外力的大小). 实际上,沿着以坐标原点为中心的小半圆周将应力在平行和垂直于力 $\boldsymbol{F}$ 方向上的分量积分(之后想象小圆的半径趋于零),即可得到:

$$\int \sigma_{rr} r \cos\varphi \, \mathrm{d}\varphi = -F, \quad \int \sigma_{rr} r \sin\varphi \, \mathrm{d}\varphi = 0,$$

就是说,这个积分值恰好与施加于坐标原点的外力相抵.

公式(1)确定了待求应力的分布. 它们是纯径向的: 在任何一个垂直于半径的小面积上只作用有径向压力. 等应力线是通过坐标原点的 $r = d\cos\varphi$ 的圆周,这些圆周的圆心则在力 $\boldsymbol{F}$ 的作用线上(图6).

应变张量的分量为

$$u_{rr} = \frac{\sigma_{rr}}{E}, \quad u_{\varphi\varphi} = -\frac{\sigma}{E}\sigma_{rr}, \quad u_{r\varphi} = 0.$$

由此借助对分量 u_{ik} 极坐标表达式(1.8)的积分,即可求出位移矢量:

$$u_r = -\frac{2F}{\pi E}\cos\varphi \ln\frac{r}{a} - \frac{(1-\sigma)F}{\pi E}\varphi\sin\varphi,$$

$$u_\varphi = \frac{2\sigma F}{\pi E}\sin\varphi + \frac{2F}{\pi E}\ln\frac{r}{a}\sin\varphi + \frac{(1-\sigma)F}{\pi E}(\sin\varphi - \varphi\cos\varphi).$$

这里,积分常数的选择方法为: 在力的作用线上距离坐标原点 a 处选取一点并假定其没有位移,以消除板的整体位移(平移或转动).

借助于所得到的解,可以构造在板边缘上作用有任意分布力的问题的解(与§8比较). 当然,在坐标原点的附近它们是不适用的.

3. 作用力施加在无限楔形板(顶角 2α)的顶部,试确定板的形变.

解: 确定应力分布的公式与习题2所得结果只有规范上的差异. 如果力沿着楔形板的中间线作用(图7上的力 F_1),则有

$$\sigma_{rr} = -\frac{F_1\cos\varphi}{r\left(\alpha + \frac{1}{2}\sin 2\alpha\right)}, \quad \sigma_{r\varphi} = \sigma_{\varphi\varphi} = 0.$$

如果力作用于中间线的垂直方向上(图7上的力 F_2),则

$$\sigma_{rr} = -\frac{F_2 \cos\varphi}{r\left(\alpha - \frac{1}{2}\sin 2\alpha\right)}.$$

上述两种情形中,角 φ 都是从相应力的作用方向起算的.

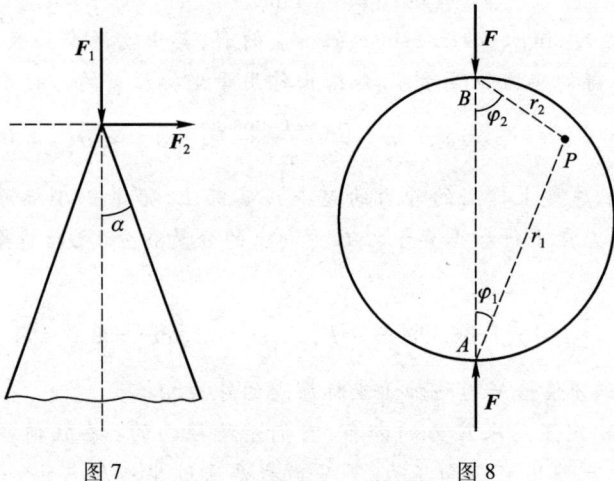

图7　　　　　　　图8

4. 半径为 R 的圆盘受到在其直径两端施加的一对大小相等、方向相反的力 F 的压缩,试确定圆盘的形变(图8).

解:这个问题的解可由三个分布内应力的叠加求得.其中两个分布应力是

$$\sigma^{(1)}_{r_1 r_1} = -\frac{2F}{\pi}\frac{\cos\varphi_1}{r_1}, \quad \sigma^{(1)}_{r_1\varphi_1} = \sigma^{(1)}_{\varphi_1\varphi_1} = 0,$$

$$\sigma^{(2)}_{r_2 r_2} = -\frac{2F}{\pi}\frac{\cos\varphi_2}{r_2}, \quad \sigma^{(2)}_{r_2\varphi_2} = \sigma^{(2)}_{\varphi_2\varphi_2} = 0,$$

式中的 r_1, φ_1 和 r_2, φ_2 是任意一点 P 分别对应于以 A 和 B 为原点的极坐标(上述这些应力是由施加于半平面边界一点上的法向力 F 产生的,见习题2). 第三个分布应力是给定强度的均匀拉伸:

$$\sigma^{(3)}_{ik} = \frac{F}{\pi R}\delta_{ik}.$$

实际上,如 P 点位于圆板的周线上,则对于该点 $r_1 = 2R\cos\varphi_1$, $r_2 = 2R\cos\varphi_2$, 于是

$$\sigma^{(1)}_{r_1 r_1} = \sigma^{(2)}_{r_2 r_2} = -\frac{F}{\pi R}.$$

因为在该点 r_1 和 r_2 的方向相互垂直,我们看到,前面两组应力在圆盘的边缘上是均匀压缩,这些力正好抵消第三组应力的均匀拉伸.于是圆盘的边缘理所当然地成为无应力的自由边界.

5. 试确定带有圆孔(半径为 R)的无限板承受均匀拉伸时的应力分布.

解:无孔连续板的均匀拉伸对应的应力是 $\sigma_{xx}^{(0)} = T, \sigma_{yy}^{(0)} = \sigma_{xy}^{(0)} = 0$,其中 T 为拉伸力. 它们相应的应力函数为

$$\chi^{(0)} = \frac{T}{2}y^2 = \frac{T}{2}r^2\sin^2\varphi = \frac{1}{4}Tr^2(1-\cos 2\varphi).$$

存在圆孔(圆心在极坐标 r,φ 的原点)时,我们寻求形为下式的应力函数:

$$\chi = \chi^{(0)} + \chi^{(1)}, \quad \chi^{(1)} = f(r) + F(r)\cos 2\varphi.$$

双调和方程与 φ 无关的解为

$$f(r) = ar^2\ln r + br^2 + c\ln r.$$

而在与 $\cos 2\varphi$ 成正比的解中,有

$$F(r) = dr^2 + er^4 + \frac{g}{r^2}.$$

这里引入的常数由以下条件确定:当 $r = \infty$ 时,$\sigma_{ik}^{(1)} = 0$;当 $r = R$ 时,$\sigma_{rr} = \sigma_{r\varphi} = 0$. 最后得到

$$\chi^{(1)} = \frac{TR^2}{2}\left[-\ln r + \left(1 - \frac{R^2}{2r^2}\right)\cos 2\varphi\right].$$

而应力分布由下式确定:

$$\sigma_{rr} = \frac{T}{2}\left(1 - \frac{R^2}{r^2}\right)\left[1 + \left(1 - \frac{3R^2}{r^2}\right)\cos 2\varphi\right],$$

$$\sigma_{\varphi\varphi} = \frac{T}{2}\left[1 + \frac{R^2}{r^2} - \left(1 + \frac{3R^4}{r^4}\right)\cos 2\varphi\right],$$

$$\sigma_{r\varphi} = -\frac{T}{2}\left[1 + \frac{2R^2}{r^2} - \frac{3R^4}{r^4}\right]\sin 2\varphi.$$

特别是,在孔边 $\sigma_{\varphi\varphi} = T(1 - 2\cos 2\varphi)$,而在 $\varphi = \pm\pi/2$ 时,$\sigma_{\varphi\varphi} = 3T$,即孔边应力是无限远处应力的 3 倍(比较 §7 习题 12).

§14 板的大挠度弯曲

§11—§13 讲述的薄板弯曲理论只适用于弯曲足够小的情形. 我们曾预先指出,这个理论的适用条件是挠度 ζ 远小于板的厚度 h. 现在我们来推导大弯曲板的平衡方程. 此时,在与 h 相比较时不能假设挠度 ζ 是小量. 但应当强调的是,和前面一样,形变本身必须是小的,即应变张量必须是小的. 实际上,通常要求 $\zeta \ll l$,即挠度必须远小于板的尺寸 l.

一般来说,板弯曲时通常伴随有总体拉伸发生[1]. 在小挠度情形下这种拉伸可以忽略,而在大挠度弯曲时绝不能作这样的忽略,因为此时板内根本不存在

---

[1] 例如,平板弯曲成柱形曲面就是个例外.

任何的"中性面". 弯曲时伴随有拉伸存在是板不同于细杆的特性, 细杆可以在遭受很大的弯曲时不经受总体拉伸. 板的这一特点是纯粹的几何特性. 例如, 将平面圆板弯曲成球冠面时, 如果所作的弯曲使圆周的长度保持不变, 则必然要拉长圆板的直径; 如果板的直径没有拉长, 则必然要压缩它的圆周.

在§11中算出的能量(11.6)可以称为纯弯曲能, 它只是板的总能量的一部分, 这部分能量是在板没有任何总体拉伸时, 由沿着板厚度的非均匀拉伸和压缩决定的. 除了这部分能量外, 在总能量里面还应包括恰好是由这个总体拉伸的存在决定的另一部分, 可以把它称为拉伸能.

纯弯曲和纯拉伸的形变已经分别在§11, §12和§13中研究过了. 因此, 现在我们可以直接利用已经得到的结果. 这时, 没有必要沿着板的厚度来考虑它的结构, 我们可以从一开始就把板当作没有厚度的二维曲面来研究.

首先要推导的是: 当同时受到弯曲和在自身平面内的拉伸作用时, 确定拉伸板(作为曲面考虑)的应变张量表达式. 设 u 是纯拉伸时的二维位移矢量(分量为 u_x, u_y), 和从前一样, ζ 表示弯曲时的横向位移. 于是, 未形变时板的长度元

$$\mathrm{d}l = \sqrt{\mathrm{d}x^2 + \mathrm{d}y^2}$$

形变后变为新长度元 $\mathrm{d}l'$, 它的平方为

$$\mathrm{d}l'^2 = (\mathrm{d}x + \mathrm{d}u_x)^2 + (\mathrm{d}y + \mathrm{d}u_y)^2 + \mathrm{d}\zeta^2.$$

这里, 记 $\mathrm{d}u_x = \frac{\partial u_x}{\partial x}\mathrm{d}x + \frac{\partial u_x}{\partial y}\mathrm{d}y$, 对于 $\mathrm{d}u_y$ 和 $\mathrm{d}\zeta$ 采用类似的记法, 我们得到含更高阶项的 $\mathrm{d}l'^2$:

$$\mathrm{d}l'^2 = \mathrm{d}l^2 + 2u_{\alpha\beta}\mathrm{d}x_\alpha \mathrm{d}x_\beta.$$

式中的二维应变张量定义为

$$u_{\alpha\beta} = \frac{1}{2}\left(\frac{\partial u_\alpha}{\partial x_\beta} + \frac{\partial u_\beta}{\partial x_\alpha}\right) + \frac{1}{2}\frac{\partial \zeta}{\partial x_\alpha}\frac{\partial \zeta}{\partial x_\beta} \tag{14.1}$$

(本节和下节我们都将用希腊字母表示指标, 它总共只取 x 和 y 两个值; 两个重复指标照例表示求和). 这里忽略了 u_α 导数的平方项. 当然, 关于 ζ 的导数不能作同样的忽略, 因为它们一般没有一次项.

由公式(13.2)可确定与板拉伸有关的应力张量 $\sigma_{\alpha\beta}$. 式中的 $u_{\alpha\beta}$ 必须用由公式(14.1)给出的总应变张量代替. 纯弯曲能由公式(11.6)确定, 可以写为

$$\int \Psi_1(\zeta)\mathrm{d}x\mathrm{d}y,$$

式中的 $\Psi_1(\zeta)$ 代表式(11.6)积分号内的全部表达式. 根据一般公式, 板的体积拉伸能为 $u_{\alpha\beta}\sigma_{\alpha\beta}/2$, 此式乘以 h 即得到单位表面的能量, 所以总的拉伸能就可以写为

$$\int \Psi_2(u_{\alpha\beta})\mathrm{d}f,$$

式中

$$\Psi_2 = h\frac{u_{\alpha\beta}\sigma_{\alpha\beta}}{2}. \tag{14.2}$$

这样一来，板在大挠度弯曲时的总自由能为

$$F_{pl} = \int [\Psi_1(\zeta) + \Psi_2(u_{\alpha\beta})]\mathrm{d}f. \tag{14.3}$$

在推导平衡方程之前，我们先估计一下这两部分能量。ζ 的一阶导数是 ζ/l 的数量级，其中 l 为板的尺寸；而二阶导数是 ζ/l^2 的数量级．因此，由式（11.6）可见，$\Psi_1 \sim Eh^3\zeta^2/l^4$．张量 $u_{\alpha\beta}$ 的数量级是 ζ^2/l^2，因此 $\Psi_2 \sim Eh\zeta^4/l^4$．比较这两个表达式显见，在板弯曲的近似理论中，只有在 $\zeta^2 \ll h^2$ 的条件下，忽略 Ψ_2 项才是合理的．

能量取极小值的条件是：$\delta F + \delta U = 0$，其中，U 是外力场的势能．我们将认为，与弯曲力的作用相比较，拉伸外力（如果存在的话）的作用可以忽略（只要拉伸力不是太大总可以作这样的忽略，因为薄板承受弯曲比承受拉伸容易得多）．因此，对于 δU 我们有 §12 中的表达式：

$$\delta U = -\int P\delta\zeta\mathrm{d}f,$$

式中 P 是单位面积板面所受外力．积分 $\int \Psi_1 \mathrm{d}f$ 的变分已经在 §12 中算过，为

$$\delta\int \Psi_1 \mathrm{d}f = D\int \Delta^2\zeta\delta\zeta\mathrm{d}f.$$

我们没有写出公式（12.3）中所含的闭合周线积分，因为它所确定的不是平衡方程本身而只是方程的边界条件，但边界条件此时还不是我们所关心的问题．

最后，我们来计算积分 $\int \Psi_2 \mathrm{d}f$ 的变分．这里既要对位移矢量 $\boldsymbol{u}$ 的分量作变分，也要对 ζ 作变分．我们有

$$\delta\int \Psi_2 \mathrm{d}f = \int \frac{\partial \Psi_2}{\partial u_{\alpha\beta}}\delta u_{\alpha\beta}\mathrm{d}f.$$

体积自由能对 $u_{\alpha\beta}$ 的导数等于 $\sigma_{\alpha\beta}$，因此 $\partial \Psi_2/\partial u_{\alpha\beta} = h\sigma_{\alpha\beta}$．同时，用表达式（14.1）代换 $u_{\alpha\beta}$，即得到

$$\delta\int \Psi_2 \mathrm{d}f = h\int \sigma_{\alpha\beta}\delta u_{\alpha\beta}\mathrm{d}f = \frac{h}{2}\int \sigma_{\alpha\beta}\left\{\frac{\partial\delta u_\alpha}{\partial x_\beta} + \frac{\partial\delta u_\beta}{\partial x_\alpha} + \frac{\partial\zeta}{\partial x_\alpha}\frac{\partial\delta\zeta}{\partial x_\beta} + \frac{\partial\delta\zeta}{\partial x_\alpha}\frac{\partial\zeta}{\partial x_\beta}\right\}\mathrm{d}f,$$

或者，由于 $\sigma_{\alpha\beta}$ 的对称性，

$$\delta\int \Psi_2 \mathrm{d}f = h\int \sigma_{\alpha\beta}\left\{\frac{\partial\delta u_\alpha}{\partial x_\beta} + \frac{\partial\delta\zeta}{\partial x_\beta}\frac{\partial\zeta}{\partial x_\alpha}\right\}\mathrm{d}f.$$

利用分部积分，我们得到

$$\delta \int \Psi_2 \mathrm{d}f = -h \int \left[\frac{\partial \sigma_{\alpha\beta}}{\partial x_\beta} \delta u_\alpha + \frac{\partial}{\partial x_\beta} \left(\sigma_{\alpha\beta} \frac{\partial \zeta}{\partial x_\alpha} \right) \delta \zeta \right] \mathrm{d}f.$$

这里出于同样考虑,我们又没有写出环绕板面的闭路周线积分.

把所得的表达式归结在一起,我们有

$$\delta F_{\mathrm{pl}} + \delta U = \int \left\{ \left[D\Delta^2 \zeta - h \frac{\partial}{\partial x_\beta} \left(\sigma_{\alpha\beta} \frac{\partial \zeta}{\partial x_\alpha} \right) - P \right] \delta \zeta - h \frac{\partial \sigma_{\alpha\beta}}{\partial x_\beta} \delta u_\alpha \right\} \mathrm{d}f = 0.$$

为了使上述关系式恒等,$\delta \zeta$ 的系数和 δu_α 的系数必须分别等于零. 于是,得到如下的方程组:

$$D\Delta^2 \zeta - h \frac{\partial}{\partial x_\beta} \left(\sigma_{\alpha\beta} \frac{\partial \zeta}{\partial x_\alpha} \right) = P, \tag{14.4}$$

$$\frac{\partial \sigma_{\alpha\beta}}{\partial x_\beta} = 0. \tag{14.5}$$

这组方程包含三个未知函数:位移矢量 $\boldsymbol{u}$ 的两个分量 u_x, u_y 和横向位移 ζ. 方程组的解同时给出弯曲板的形状(即函数 $\zeta(x,y)$)和由弯曲引起的伸长. 借助于引入以关系式(13.7)与 $\sigma_{\alpha\beta}$ 联系的函数 χ,方程(14.4)和(14.5)可得到某些简化. 将式(13.7)代入方程(14.4)后,式(14.4)变为如下形式:

$$D\Delta^2 \zeta - h \left(\frac{\partial^2 \chi}{\partial y^2} \frac{\partial^2 \zeta}{\partial x^2} + \frac{\partial^2 \chi}{\partial x^2} \frac{\partial^2 \zeta}{\partial y^2} - 2 \frac{\partial^2 \chi}{\partial x \partial y} \frac{\partial^2 \zeta}{\partial x \partial y} \right) = P. \tag{14.6}$$

方程(14.5)自然满足表达式(13.7). 因此必须再引进一个方程,这个方程可由关系式(13.7)和(13.2)消去 u_α 得到.

为此,我们按以下步骤进行. 首先通过 $\sigma_{\alpha\beta}$ 表示 $u_{\alpha\beta}$,由式(13.2)我们得到

$$u_{xx} = \frac{1}{E}(\sigma_{xx} - \sigma \sigma_{yy}), \quad u_{yy} = \frac{1}{E}(\sigma_{yy} - \sigma \sigma_{xx}), \quad u_{xy} = \frac{1+\sigma}{E} \sigma_{xy}.$$

将 $u_{\alpha\beta}$ 用表达式(14.1)代入,而 $\sigma_{\alpha\beta}$ 用表达式(13.7)代入,即得到以下的等式:

$$\frac{\partial u_x}{\partial x} + \frac{1}{2} \left(\frac{\partial \zeta}{\partial x} \right)^2 = \frac{1}{E} \left(\frac{\partial^2 \chi}{\partial y^2} - \sigma \frac{\partial^2 \chi}{\partial x^2} \right),$$

$$\frac{\partial u_y}{\partial y} + \frac{1}{2} \left(\frac{\partial \zeta}{\partial y} \right)^2 = \frac{1}{E} \left(\frac{\partial^2 \chi}{\partial x^2} - \sigma \frac{\partial^2 \chi}{\partial y^2} \right),$$

$$\frac{\partial u_x}{\partial x} + \frac{\partial u_y}{\partial y} + \frac{\partial \zeta}{\partial x} \frac{\partial \zeta}{\partial y} = -\frac{2(1+\sigma)}{E} \frac{\partial^2 \chi}{\partial x \partial y}.$$

对第一个等式作用算子 $\partial^2/\partial y^2$,对第二个等式作用 $\partial^2/\partial x^2$,对第三个等式作用 $\partial^2/\partial x \partial y$,然后将第一与第二两个等式相加,并减去第三个等式. 这样,含有 u_x 和 u_y 的项彼此相消,我们就得到如下的方程:

$$\Delta^2 \chi + E \left\{ \frac{\partial^2 \zeta}{\partial x^2} \frac{\partial^2 \zeta}{\partial y^2} - \left(\frac{\partial^2 \zeta}{\partial x \partial y} \right)^2 \right\} = 0. \tag{14.7}$$

方程(14.6)和(14.7)是关于大挠度弯曲薄板的完备方程组(佛泊尔(A.

Föppl),1907). 这组方程极其复杂,即使在最简单的情形下也无法精确求解. 我们注意到这组方程是非线性的.

这里我们简略地提一下薄板形变的一种特殊情形,即所谓的膜的问题. 所谓膜,指的是那些遭受在其边缘上外加强拉伸力拉伸的薄板. 在这种情形下,可以忽略由于板弯曲产生的附加纵向应力. 因此可以认为应力张量 $\sigma_{\alpha\beta}$ 的分量就等于不变的外加拉伸应力. 此时将方程(14.4)中的第一项与第二项比较,前者可以忽略,于是我们得到平衡方程

$$h\sigma_{\alpha\beta} \frac{\partial^2 \zeta}{\partial x_\alpha \partial x_\beta} + P = 0. \tag{14.8}$$

边界条件为:在薄膜的边缘周线上,$\zeta = 0$. 以上方程是线性方程. 特别简单的情形是各向均匀拉伸. 这时各个方向上的膜应力都是相同的. 设 T 是施加于板边缘单位长度上的拉力的绝对值. 于是,$h\sigma_{\alpha\beta} = T\delta_{\alpha\beta}$,我们得到如下形式的平衡方程:

$$T\Delta\zeta + P = 0. \tag{14.9}$$

习 题

1. 当弯曲程度大到 $\zeta \gg h$ 时,试确定板的挠度与作用在板上的力的关系.

解:对方程(14.7)各项的估计表明,$\chi \sim E\zeta^2$. 当 $\zeta \gg h$ 时,式(14.6)中的第一项远较第二项为小,后者的数量级为 $h\zeta\chi/l^4 \sim Eh\zeta^3/l^4$($l$ 为板的尺寸). 令其与外力 P 相等,得

$$\zeta \sim \left(\frac{l^4 P}{Eh}\right)^{1/3}.$$

由此可见,ζ 与作用力的立方根成正比.

2. 试确定半径为 R 的圆形膜在重力场中水平放置时的形变.

解:已知 $P = \rho g h$,在极坐标中,式(14.9)具有以下形式:

$$\frac{1}{r}\frac{d}{dr}\left(r\frac{\partial \zeta}{\partial r}\right) = -\frac{\rho g h}{T}.$$

由 $r=0$ 时解有限和 $r=R$ 时 $\zeta=0$ 的条件,得到

$$\zeta = \frac{\rho g h}{4T}(R^2 - r^2).$$

§15 薄壳的形变

迄今为止在有关薄板形变的讨论中,我们都认为板的未形变状态是平面. 其实,自然状态为弯曲形状的板(这样的板称为壳)的形变所呈现的特征,与平板的形变有本质上的不同.

伴随平板弯曲引起的拉伸与板自身的挠度值相比是二阶小量效应. 这表现

在,例如,确定拉伸的应变张量(14.1)是 ζ 的二次幂. 壳发生形变时情形完全不同: 此时拉伸是一阶效应, 因此, 即使在小弯曲时也很重要. 说明这一性质的一个最简单的例子是球壳的均匀拉伸. 设令球壳上所有的点都有同样的径向位移 ζ, 则赤道长度的增加等于 $2\pi\zeta$, 相对伸长为 $2\pi\zeta/(2\pi R) = \zeta/R$. 因此, 应变张量与 ζ 的一次幂成正比. 当 $R\to\infty$, 即曲率趋于零时, 这个效应也趋于零, 因而它是与壳的曲率有关的特殊性质.

设 R 是壳曲率半径的数量级, 它通常与壳尺寸的数量级相同. 于是, 伴随弯曲引起拉伸的应变张量是 ζ/R 的数量级, 相应的应力张量是 $E\zeta/R$ 的数量级, 而(单位面积上的)形变能, 根据式(14.2), 是 $Eh(\zeta/R)^2$ 的数量级. 纯弯曲能的数量级仍然是 $Eh^3\zeta^2/R^4$. 我们看到, 第一式与第二式之比的数量级为 $(R/h)^2$, 亦即二者的数量级相差很大. 我们强调指出, 不管挠度 ζ 与厚度 h 之间的关系如何, 上面的结果都是成立的, 而在平板弯曲情形下, 仅当 $\zeta \sim h$ 时拉伸才开始起作用.

在某些情形下, 壳有可能存在不发生任何拉伸的特殊类型的弯曲. 例如两端开口的柱壳, 如果在弯曲时使柱壳的所有母线彼此保持平行(即沿着任一母线挤压柱壳时), 就可能存在没有拉伸的形变. 如果壳具有自由(即不闭合的)边界, 或者如果壳是闭合的, 但它的曲率在不同的位置取不同的符号, 这种没有拉伸的形变在几何上是可能的. 例如, 闭合球壳不可能存在没有拉伸的弯曲, 但是如果在球壳上开个孔(并且不将孔的边缘固定), 则这样的形变就成为可能的了. 因为纯弯曲能远比拉伸能小, 很明显, 如果给定的壳允许做无拉伸形变, 则一般来说, 壳在任意外力作用下就会实际出现这样的形变. 要求弯曲时无拉伸给可能的位移 u_α 施加了很大的限制. 这些条件是纯几何性质的, 并能够用微分方程的形式表示出来, 它们应该包含在关于这种形变的总平衡方程组里面. 此处我们不再继续讨论这个问题.

如果壳的形变伴随有拉伸, 则一般来说拉伸应力比弯曲应力大得多, 并且可以忽略弯曲应力(建立在忽略弯曲应力基础上的壳体理论, 称为壳体的薄膜理论).

壳的拉伸能可用遍及壳面的积分计算:

$$F_{\text{pl}} = \frac{h}{2}\int u_{\alpha\beta}\sigma_{\alpha\beta}\mathrm{d}f, \qquad (15.1)$$

式中 $u_{\alpha\beta}$ 是相对于曲线坐标的二维($\alpha,\beta = 1,2$)应变张量, 而应力张量 $\sigma_{\alpha\beta}$ 与 $u_{\alpha\beta}$ 的关系式(13.2)现在可以用二维张量记号写为

$$\sigma_{\alpha\beta} = \frac{E}{1-\sigma^2}[(1-\sigma)u_{\alpha\beta} + \sigma\delta_{\alpha\beta}u_{\gamma\gamma}]. \qquad (15.2)$$

特别需要研究的情形是壳承受横向集中力的作用. 这样的集中力可以来自

支座的固定点(或线)作用在壳上的反作用力. 集中力使壳在力的作用点周围不大的区域内产生弯曲. 设 d 具有力 f 作用点区域的数量级(所以它的面积与 d^2 同数量级). 因为在 d 的长度范围内, 挠度 ζ 的改变相当大, 故单位面积上的弯曲能的数量级是 $Eh^3\zeta^2/d^4$, 而在数量级为 d^2 的面积上的总弯曲能的量级为 $Eh^3\zeta^2/d^2$. 拉伸应变张量仍为 $\sim \zeta/R$, 而由集中力引起的总拉伸能 $\sim Eh(\zeta/R)^2 d^2$. 由于随着 d 的减小, 弯曲能增加而拉伸能下降, 所以很明显在确定集中力作用点附近的形变时, 这两部分能量都必须考虑. 弯曲区域大小 d 的数量级由这两部分能量之和取极小值的条件确定, 于是

$$d \sim \sqrt{hR}, \tag{15.3}$$

此时, 能量的数量级是 $Eh^2\zeta^2/R$. 将能量对 ζ 变分并令其与力 f 所作的功相等, 即求出挠度 $\zeta \sim fR/Eh^2$.

但是如果作用在壳上的力足够大, 则壳就会出现塌陷, 其形状发生相当大的改变. 在这种特殊情形下, 确定形变与作用载荷的关系需要作专门研究①.

设具有保证其几何上为刚性的固定边界的凸壳受到一个沿表面内法线方向的较大集中力 f 的作用. 为简单计, 我们假设壳是半径为 R 的球壳的一部分, 塌陷部分是个球冠, 它近似于初始形状的镜面反射(图9表示壳的一个子午截面). 现在的问题是确定挠曲尺寸与力大小之间的关系.

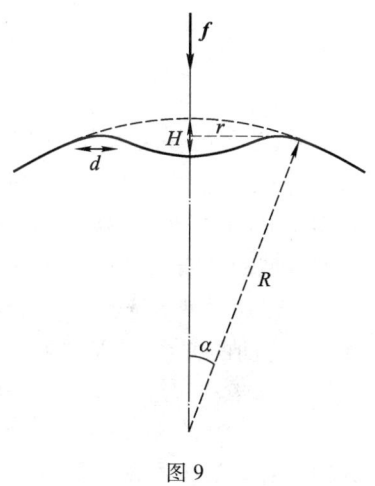

图 9

弹性能的主要部分集中在塌陷区域边缘近旁的使壳体受到较大弯曲的狭条内(把它称为弯曲狭条, 用 d 表示它的宽度). 我们估计一下这个能量, 假设挠曲部分的尺寸(半径) $r \ll R$, 这时角 $\alpha \ll 1$ (见图9). 此时, $r = R\sin\alpha \sim R\alpha$, 而挠曲深度 $H = 2R(1 - \cos\alpha) \sim R\alpha^2$. 用 ζ 表示在弯曲狭条内壳上各点的位移. 和前面所做过的完全一样, 我们得到单位表面面积上沿着子午线的弯曲能和沿着纬线的拉伸能②, 相应的数量级分别等于

---

① 本文下面叙述的结果是波格列洛夫(A. B. Погорелов(1960))取得的. 有关该问题更精确的分析以及其它类似的问题可参见他的著作: Теория оболочек при закритических деформациях(超临界形变的壳体理论). Москва: Наука, 1965.

② 在一级近似下沿子午线的曲率不影响壳体弯曲, 就像平板的柱形弯曲一样, 壳体弯曲时沿子午线没有发生总体拉伸.

$$\frac{Eh^3\zeta^2}{d^4} \quad \text{和} \quad \frac{Eh\zeta^2}{R^2},$$

在给定情况下,从几何上确定位移 ζ 的数量级:在宽度 d 上的子午线方向改变了一个角 $\sim \alpha$,由此,$\zeta \sim \alpha d \sim rd/R$. 将上述两个能量密度乘以弯曲狭条的面积 ($\sim rd$),我们得到能量

$$\frac{Eh^3 r^3}{R^2 d} \quad \text{和} \quad \frac{Ehd^3 r^3}{R^4},$$

由它们之和的极小值条件,我们重新求出弯曲狭条宽度 $d \sim (hR)^{1/2}$,而这时总弹性能 $\sim Er^3(h/R)^{5/2}$,或换成另一种形式①:

$$\text{const} \cdot Eh^{5/2} \frac{H^{3/2}}{R}, \tag{15.4}$$

在进行推导时我们已经假定了 $d \ll r$,因此,公式(15.4)在满足下面的条件时是正确的:

$$\frac{Rh}{r^2} \ll 1. \tag{15.5}$$

塌陷时,球冠的外层变为内层并相应地受到压缩,而内层变为外层并受到拉伸. 相对伸长(或缩短)为 $\sim h/R$. 所以,与它们相关联的塌陷区域的总能量 $\sim E(h/R)^2 hr^2$. 在式(15.5)的条件下与弯曲狭条的能量表达式(15.4)相比较,塌陷区域的总能量确实是小的.

可以通过使 f 与能量式(15.4)对 H 的导数相等得到待求塌陷深度 H 与施加力 f 之间的关系. 于是我们得到

$$H \sim \frac{f^2 R^2}{E^2 h^5}, \tag{15.6}$$

我们注意到这一依赖关系的非线性特性.

最后,假设壳的(塌陷)形变是在均匀外部压强 p 的作用下发生的. 在这种情形下,外力所作的功等于 $p\Delta V$,其中 $\Delta V \sim Hr^2 \sim H^2 R$ 是塌陷时受限壳体积的变化. 令总自由能(亦即弹性能(15.4)减去上述的功)对 H 的导数等于零,得到

$$H \sim \frac{h^5 E^2}{R^4 p^2}. \tag{15.7}$$

此一关系的特性(在 p 减小时,H 增加)表明,在这种情形下,塌陷状态是不稳定的. 由公式(15.7)确定的 H 值对应于在给定 p 下的不稳定平衡:具有较大 H 值的塌陷自发地增长,而具有较小 H 值的塌陷自发地减小(容易验证,式(15.7)所对应的是总自由能的极大值而不是极小值). 外载荷存在这样一个临界值 $p = p_c$,超过这个临界值后,壳形状发生任何一点小变化也会自发增长. 可以将这个

---

① 更精确的计算给出式子前面的常系数值为:$\text{const} = 1.2(1-\sigma^2)^{-3/4}$.

§15 薄壳的形变

临界值估计为公式(15.7)给出 $H \sim h$ 时的 p 值:

$$p_c \sim \frac{Eh^2}{R^2}. \tag{15.8}$$

这里,我们对壳的理论讲述只限于上述简短的导论和在本节后面习题中讨论的若干简单例子.

习 题

1. 试导出半径为 R 的球壳对称形变的平衡方程,设对称轴通过球壳中心.

解: 利用球坐标系(坐标原点位于球壳中心,而极轴沿着形变壳的对称轴)的角 θ, φ 作为壳面上的二维坐标.

设 P_r 为作用于壳面单位面积上的径向外力,该力必须与作用在壳元上的切向应力的径向合力相抵.相应的条件记为:

$$\frac{h}{R}(\sigma_{\varphi\varphi} + \sigma_{\theta\theta}) = P_r. \tag{1}$$

此方程与熟知的另一个拉普拉斯方程完全类似,这个拉普拉斯方程是用来确定与分界面上表面张力有关的两种介质间压强差的.

进而,设 $Q_z(\theta)$ 是在 $\theta = \text{const}$ 的纬线圆周以上球壳部分上作用的沿极轴(z轴)方向的等效总外力.该力必须与作用在壳面同一纬线圆截面 $2\pi Rh\sin\theta$ 上的应力在 z 轴方向的投影 $2\pi Rh\sigma_{\theta\theta}\sin\theta$ 相抵.由此

$$2\pi Rh\sigma_{\theta\theta}\sin^2\theta = Q_z(\theta). \tag{2}$$

由方程(1)和(2)可确定应力分布,然后按如下公式得到应变张量:

$$u_{\theta\theta} = \frac{1}{E}(\sigma_{\theta\theta} - \sigma\sigma_{\varphi\varphi}), \quad u_{\varphi\varphi} = \frac{1}{E}(\sigma_{\varphi\varphi} - \sigma\sigma_{\theta\theta}), \quad u_{\theta\varphi} = 0. \tag{3}$$

最后,位移矢量可借助于下面的方程求出:

$$u_{\theta\theta} = \frac{1}{R}\left(\frac{du_\theta}{d\theta} + u_r\right), \quad \varphi_{\varphi\varphi} = \frac{1}{R}(u_\theta\cot\theta + u_r). \tag{4}$$

2. 试确定圆顶向上放置的半球壳在自重影响下的形变,设圆顶的边缘可沿水平支座自由移动(图10).

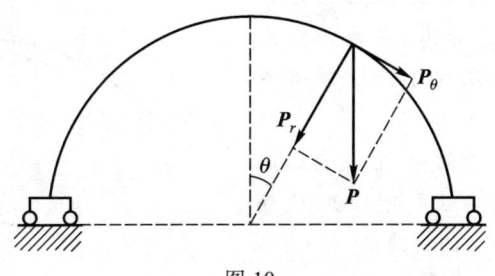

图10

解：我们有

$$P_r = -\rho gh\cos\theta, \qquad Q_z = -2\pi R^2 \rho gh(1-\cos\theta)$$

(Q_z 为 $\theta = \text{const}$ 的圆周以上那部分壳的总重). 由式(1)和(2)求出

$$\sigma_{\theta\theta} = -\frac{R\rho g}{1+\cos\theta}, \qquad \sigma_{\varphi\varphi} = R\rho g\left(\frac{1}{1+\cos\theta} - \cos\theta\right).$$

按式(3)计算 $u_{\varphi\varphi}$ 和 $u_{\theta\theta}$，然后由方程(4)计算 u_θ 和 u_r（积分第一个方程时出现的常数，要用 $\theta = \pi/2$ 时 $u_\theta = 0$ 的条件来确定），结果得到：

$$u_\theta = \frac{R^2\rho g(1+\sigma)}{E}\left[\frac{\cos\theta}{1+\cos\theta} + \ln(1+\cos\theta)\right]\sin\theta,$$

$$u_r = \frac{R^2\rho g(1+\sigma)}{E}\left[1 - \frac{2+\sigma}{1+\sigma}\cos\theta - \cos\theta\ln(1+\cos\theta)\right].$$

在 $\theta = \pi/2$ 时，u_r 给出支座的水平位移值.

3. 试确定边缘固定、圆顶朝下放置的半球壳的形变；设壳内装满液体（图11），与液体的重量相比壳体自重可以忽略.

解：我们有

$$P_r = \rho_0 gR\cos\theta, \quad P_\theta = 0.$$

$$Q_z = 2\pi R^2 \int_0^\theta P_r\cos\theta\sin\theta d\theta =$$

$$= \frac{2\pi R^3 \rho_0 g}{3}(1-\cos^3\theta)$$

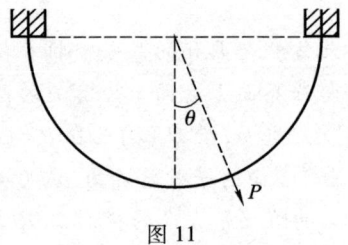

图 11

(ρ_0 是液体密度). 其次，用公式(1)和(2)求出

$$\sigma_{\theta\theta} = \frac{R^2\rho_0 g}{3h}\frac{(1-\cos^3\theta)}{\sin^2\theta}, \qquad \sigma_{\varphi\varphi} = \frac{R^2\rho_0 g}{3h}\frac{(-1+3\cos\theta-2\cos^3\theta)}{\sin^2\theta}.$$

对于位移，得：

$$u_\theta = -\frac{R^3\rho_0 g(1+\sigma)}{3Eh}\sin\theta\left[\frac{\cos\theta}{1+\cos\theta} + \ln(1+\cos\theta)\right],$$

$$u_r = \frac{R^3\rho_0 g(1+\sigma)}{3Eh}\left[\cos\theta\ln(1+\cos\theta) - 1 + \frac{3\cos\theta}{1+\sigma}\right].$$

在 $\theta = \pi/2$ 时，u_r 为有限值，它应当是零但没有为零. 这就意味着，在壳体的固定边缘附近实际上发生了使所得解不再适用的大弯曲.

4. 有一形如球冠的壳，它的自由边缘支放在固定的支台上（图12），试确定在自重 Q 作用下壳的挠度.

解：主要形变发生在外翻的边缘附

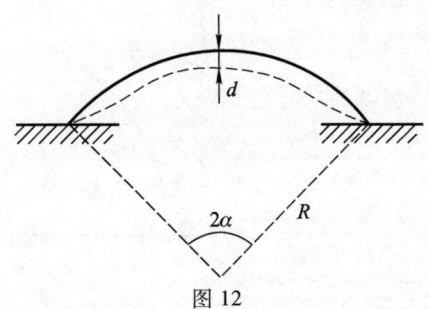

图 12

近(图12上的虚线).此时,位移 u_θ 远小于径向位移 $u_r \equiv \zeta$.因为 ζ 随着离开支撑线的程度而迅速减小,于是产生的形变就可以当作长度为 $2\pi R\sin\alpha$ 的长平板的形变来研究.此一形变由板的弯曲形变和拉伸形变相加而成.板上每一点的相对伸长等于 ζ/R(R 是壳的半径),因此体积拉伸能为 $E\zeta^2/2R^2$.引入距支撑线的距离 x 作为自变量,则总拉伸能为

$$F_{1\text{pl}} = 2\pi R\sin\alpha \frac{hE}{2R^2}\int \zeta^2 dx,$$

而弯曲能为

$$F_{2\text{pl}} = 2\pi R\sin\alpha \frac{h^3 E}{24(1-\sigma^2)}\int \left(\frac{d^2\zeta}{dx^2}\right)^2 dx.$$

将和 $F_{\text{pl}} = F_{1\text{pl}} + F_{2\text{pl}}$ 对 ζ 取变分,得到方程

$$\frac{d^4\zeta}{dx^4} + \frac{12(1-\sigma^2)}{h^2 R^2}\zeta = 0.$$

当 $x \to \infty$ 时,ζ 应趋近于零;而当 $x = 0$ 时,必须满足力矩为零的边界条件 $\zeta'' = 0$,以及弯曲时壳面的法向力与相应的重力分量相等的条件

$$2\pi R\sin\alpha \frac{h^3 E}{12(1-\sigma^2)}\zeta''' = Q\cos\alpha.$$

满足上述这些条件的解为

$$\zeta = Ae^{-\varkappa x}\cos\varkappa x,$$

式中

$$\varkappa = \left[\frac{3(1-\sigma^2)}{h^2 R^2}\right]^{1/4}, \quad A = \frac{Q\cot\alpha}{Eh}\left[\frac{3R^2(1-\sigma^2)}{8\pi h^2}\right]^{1/4}.$$

壳的挠度为

$$d = \zeta(0)\cos\alpha = A\cos\alpha.$$

§16 杆的扭转

现在我们来研究细杆的形变.这种情形与前面所研究过的各种问题的不同之处在于:即使应变很小(即应变张量 u_{ik} 很小),位移矢量 u 也可能很大[①].譬如,细长杆在小弯曲时,尽管杆内相邻点的相对位移很小,但杆的两端却能在空间上有相当大的移动.

杆的个别部分能够作较大位移的形变有两种类型:其一是杆的弯曲,其二是杆的扭转.我们首先研究第二种情形.

扭转形变指的是这样的形变:即形变时杆依然是直杆,但是杆的每一层横

---

① 只有不改变杆形状的简单拉伸是个例外,即在小的拉伸时,除了张量 u_{ik} 总是小量外,矢量 u 同样也是小量.

截面相对于位于其下的横截面转动了某个角度. 如果杆很长,则在小扭转时相隔足够远的两个截面彼此之间也能够转过大的角度. 杆侧表面上的母线形变前与杆轴平行,在扭转时变成了螺旋线的形状.

我们来研究任意截面的细直杆. 取坐标系使 z 轴沿着杆轴,坐标原点可以取在杆内的任何一点. 引入**扭转角** τ 作为杆在单位长度上的旋转角. 这就是说,处于距离为 dz 的两个无限接近的横截面,彼此的相对旋转角为 $d\varphi = \tau dz$(于是 $\tau = d\varphi/dz$). 我们假设扭转形变本身很小,亦即杆上相邻部分的相对位移很小. 实现这一点的条件是:当两个横截面沿杆长方向的距离与杆的横截面尺寸 R 数量级相同时,它们之间的相对旋转角很小,亦即

$$\tau R \ll 1. \tag{16.1}$$

现在我们来考察杆在坐标原点附近不长的一段并确定其中各点的位移 ***u***. 选取在坐标平面 xy 上的横截面作为没有位移的面. 众所周知,在径矢 ***r*** 旋转一个小角 $\delta\varphi$ 时,其端点的位移由如下公式确定:

$$\delta \boldsymbol{r} = \delta \boldsymbol{\varphi} \times \boldsymbol{r} \tag{16.2}$$

式中 $\delta\boldsymbol{\varphi}$ 是一矢量,其绝对值等于旋转角,方向与旋转轴相同. 现在的情形是绕 z 轴旋转,并且坐标为 z 的那些点相对于坐标平面 xy 的旋转角等于 τz(在坐标原点附近的区域内,角 τ 可以视为常量). 现在,由公式(16.2)给出位移矢量的分量 u_x、u_y:

$$u_x = -\tau z y, \quad u_y = \tau z x. \tag{16.3}$$

一般来说扭转时杆上的点也产生沿着 z 轴的位移. 因为 $\tau = 0$ 时不存在这种位移,所以在小的 τ 时,可以认为沿 z 轴的位移与 τ 成正比. 于是

$$u_z = \tau \psi(x, y), \tag{16.4}$$

式中 $\psi(x,y)$ 是 x 和 y 的函数,称为**扭转函数**. 因而由公式(16.3)和(16.4)描述的形变是这样的形变,即杆的每一个横截面在绕 z 轴旋转的同时,还发生了翘曲,而不再保持是平面. 必须指出,按一定方式在 xy 平面选择了坐标原点,就相当于把杆截面上的一个确定点"固定"住了,所以它就不能在这个平面内移动(但是,可以沿着 z 轴移动). 自然,改变坐标原点的选择不会影响扭转形变本身,而只是引起了一个无关重要的整体位移.

知道了 ***u*** 之后就可以求出应变张量的分量. 因为在所研究的区域内 ***u*** 很小,所以可以利用公式

$$u_{ik} = \frac{1}{2}\left(\frac{\partial u_i}{\partial x_k} + \frac{\partial u_k}{\partial x_i}\right),$$

最后得到:

$$u_{xx} = u_{yy} = u_{xy} = u_{zz} = 0,$$

$$u_{xz} = \frac{\tau}{2}\left(\frac{\partial \psi}{\partial y} - y\right), \quad u_{yz} = \frac{\tau}{2}\left(\frac{\partial \psi}{\partial y} + x\right). \tag{16.5}$$

我们注意到 $u_{ll}=0$，换句话说，扭转并不伴随体积的改变，亦即扭转是纯剪切形变.

关于应力张量的分量，我们得到：

$$\sigma_{xx} = \sigma_{yy} = \sigma_{zz} = \sigma_{xy} = 0,$$

$$\sigma_{xz} = 2\mu u_{xz} = \mu\tau\left(\frac{\partial \psi}{\partial x} - y\right), \quad \sigma_{yz} = 2\mu u_{yz} = \mu\tau\left(\frac{\partial \psi}{\partial y} + x\right) \tag{16.6}$$

（这里利用剪切模量 μ 来代替 E 和 σ 比较方便）. 因为只有 σ_{xz} 和 σ_{yz} 不为零，所以一般平衡方程 $\partial\sigma_{ik}/\partial x_k=0$ 现在归结为方程

$$\frac{\partial \sigma_{zx}}{\partial x} + \frac{\partial \sigma_{zy}}{\partial y} = 0. \tag{16.7}$$

将式（16.6）代入上式，我们得到扭转函数应该满足的方程：

$$\Delta \psi = 0, \tag{16.8}$$

式中 Δ 是二维拉普拉斯算子.

但是，更为方便的是引进另一个辅助函数 $\chi(x,y)$，其定义由以下等式给出

$$\sigma_{xz} = 2\mu\tau\frac{\partial \chi}{\partial y}, \quad \sigma_{yz} = -2\mu\tau\frac{\partial \chi}{\partial x}. \tag{16.9}$$

在杆截面的周线上这个函数满足更方便的边界条件（详见后述）. 比较式（16.9）和（16.6），得到

$$\frac{\partial \psi}{\partial x} = y + 2\frac{\partial \chi}{\partial y}, \quad \frac{\partial \psi}{\partial y} = -x - 2\frac{\partial \chi}{\partial x}. \tag{16.10}$$

将第一个等式对 y 求导数，第二个等式对 x 求导数，然后相减，即得到关于函数 χ 的方程：

$$\Delta \chi = -1. \tag{16.11}$$

为了确定杆表面的边界条件，我们注意到，因为杆很细，故作用于其侧表面的外力远小于杆内发生的内应力，因而在求边界条件时可以令外力等于零. 这与我们在研究薄板弯曲时的情形完全类似. 这样一来，在杆的侧表面上应有 $\sigma_{ik}n_k=0$. 由于 z 轴方向与杆轴一致，所以法向矢量 $\boldsymbol{n}$ 只有分量 n_x, n_y. 因而这个等式归结为如下条件：

$$\sigma_{zx}n_x + \sigma_{zy}n_y = 0.$$

将式（16.9）代入上式，得到

$$\frac{\partial \chi}{\partial y}n_x - \frac{\partial \chi}{\partial x}n_y = 0.$$

但是，杆的截平面边界线之法向矢量的分量为

$$n_x = -\frac{\mathrm{d}y}{\mathrm{d}l}, \quad n_y = \frac{\mathrm{d}x}{\mathrm{d}l},$$

式中 x,y 是边界点的坐标,dl 为弧元. 于是我们得到

$$\frac{\partial \chi}{\partial x}dx + \frac{\partial \chi}{\partial y}dy = d\chi = 0,$$

由此 $\chi = \text{const}$, 亦即在截面的边界上 χ 是常数. 因为在式(16.9)的定义中只引入了函数 χ 的导数, 显然对于这个函数可以附加任意常数. 因而, 如果截面的边界是单连通的, 不失一般性, 可以令

$$\chi = 0 \tag{16.12}$$

作为方程(16.11)的边界条件①.

对于多连通的边界, 在构成截面边界的每一条闭合曲线上, χ 具有不同的常数值. 因此, 只能在其中的一条边界曲线上, 例如在外边的边界(图13上的 C_0)上, 令 χ 等于零. 在其它的边界上, χ 的值由作为坐标函数的位移 $u_z = \tau\psi(x,y)$ 的单值性条件来确定. 正因为扭转函数 $\psi(x,y)$ 的单值性, 其微分 $d\psi$ 在闭路周线上的积分必须等于零. 因此, 借助于关系式(16.10), 我们有

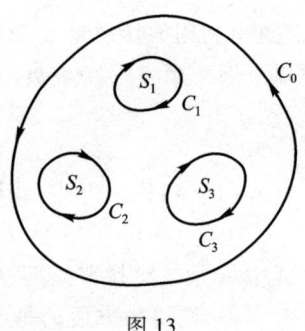

图 13

$$\oint d\psi = \oint \left(\frac{\partial \psi}{\partial x}dx + \frac{\partial \psi}{\partial y}dy\right) =$$

$$= -2\oint\left(\frac{\partial \chi}{\partial x}dy - \frac{\partial \chi}{\partial y}dx\right) - \oint(xdy - ydx) = 0,$$

或

$$\oint \frac{\partial \chi}{\partial n}dl = -S, \tag{16.13}$$

式中 $\partial \chi/\partial n$ 是函数 χ 沿边界外法线方向的导数, 而 S 为该边界线所包围的面积. 将式(16.13)应用于每一个闭合曲线 $C_1, C_2, \cdots$, 我们即得到待求的条件.

我们现在来确定受扭转杆的自由能. 体积自由能等于

$$F = \frac{\sigma_{ik}u_{ik}}{2} = \sigma_{xz}u_{xz} + \sigma_{yz}u_{yz} = \frac{1}{2\mu}(\sigma_{xz}^2 + \sigma_{yz}^2).$$

将式(16.9)代入, 得

$$F = 2\mu\tau^2\left[\left(\frac{\partial \chi}{\partial x}\right)^2 + \left(\frac{\partial \chi}{\partial y}\right)^2\right] \equiv 2\mu\tau^2(\nabla \chi)^2,$$

式中符号 ∇ 表示二维梯度. 单位长度杆的扭转能, 可由上式遍及横截面面积的积

---

① 用方程(16.11)和边界条件(16.12)确定扭转形变的问题与用方程(14.9)确定均匀荷载下平面薄膜的弯曲形状问题在形式上是相同的.

指出这一问题的流体力学类比不无裨益:黏性流体在管截面的速度分布 $v(x,y)$ 是由形如(16.11)的方程确定的, 在静止管壁上 $v = 0$ 则相当于边界条件(16.12)(参看本教程第六卷§17).

§16 杆的扭转

分求出,结果等于 $C\tau^2/2$,其中系数 C 为

$$C = 4\mu \int (\nabla \chi)^2 \mathrm{d}f,$$

我们将 C 称为杆的**扭转刚度**. 杆的总弹性能等于沿其长度的积分

$$F_{\mathrm{rod}} = \frac{1}{2} \int C\tau^2 \mathrm{d}z. \tag{16.14}$$

写出

$$(\nabla \chi)^2 = \nabla \cdot (\chi \nabla \chi) - \chi \Delta \chi = \nabla \cdot (\chi \nabla \chi) + \chi,$$

并将第一项的积分变换为沿杆截面的周线积分,则得到

$$C = 4\mu \oint \chi \frac{\partial \chi}{\partial n} \mathrm{d}l + 4\mu \int \chi \mathrm{d}f. \tag{16.15}$$

如果截面的边界是单连通的,则边界条件 $\chi = 0$ 使第一项为零,上式变为

$$C = 4\mu \int \chi \mathrm{d}x \mathrm{d}y. \tag{16.16}$$

对于多连通的边界(见图 13),在外边的边界 C_0 上置 $\chi = 0$,并通过 χ_k 表示内部边界 C_k 上 χ 的常数值,借助于式(16.13)我们得到

$$C = 4\mu \sum_k \chi_k S_k + 4\mu \int \chi \mathrm{d}x \mathrm{d}y \tag{16.17}$$

(应当记住式(16.15)中的第一项积分在边界 C_0 上按正向积分,而在边界 C_k 上按反向积分).

现在我们研究扭转中最通常的情形,亦即杆的一端固定不动而外力仅作用于另一端表面的情形,这些外力只使杆产生扭转,而没有任何其它的形变(例如弯曲形变). 换句话说,它们组成了某个环绕固定杆杆轴的力偶,该力偶矩用 M 表示.

自然会预料到,在这种情形下,单位长度杆长上的扭转角 τ 为常数. 例如,从平衡时杆的总自由能为极小值的条件即可证实这一点. 形变杆的总能量等于 $F_{\mathrm{rod}} + U$,其中 U 为由外力作用引起的势能. 将 $\tau = \mathrm{d}\varphi/\mathrm{d}z$ 代入式(16.14),并对角度 φ 取变分,求得

$$\delta \frac{1}{2} \int C \left(\frac{\mathrm{d}\varphi}{\mathrm{d}z} \right)^2 \mathrm{d}z + \delta U = \int C \frac{\mathrm{d}\varphi}{\mathrm{d}z} \frac{\mathrm{d}\delta\varphi}{\mathrm{d}z} \mathrm{d}z + \delta U = 0,$$

或者进行分部积分,得

$$-\int C \frac{\mathrm{d}\tau}{\mathrm{d}z} \delta\varphi \mathrm{d}z + \delta U + C\tau \delta\varphi = 0.$$

上式左端的最后一项是在积分上下限处(即杆的两端面处)的差值. 杆的一端,比如说下端固定,因而在那里 $\delta\varphi = 0$. 至于说到势能的变分 δU,将它取相反符号后便是外力转过角 $\delta\varphi$ 时作的功. 由力学已知,旋转时力偶所作的功等于旋转角与力偶矩之积 $M\delta\varphi$. 因为没有任何其它的外力,所以 $\delta U = -M\delta\varphi$,于是我们得

到

$$\int C\frac{\mathrm{d}\tau}{\mathrm{d}z}\delta\varphi\mathrm{d}z + \delta\varphi(-M + C\tau) = 0. \tag{16.18}$$

上式左端第二项的取值为在积分上限处的值. 在对 $\mathrm{d}z$ 的积分中, 变分 $\delta\varphi$ 是任意的, 因而必须使 $C\mathrm{d}\tau/\mathrm{d}z = 0$, 亦即

$$\tau = \text{const}. \tag{16.19}$$

于是, 沿着杆的整个长度, 单位长度上的扭转角是一常值. 所以上端面相对于下端面的总旋转角等于扭转角 τ 与杆长 l 之积 τl.

方程(16.18)中的第二项也必须等于零, 由此得到恒定扭转角的表达式:

$$\tau = \frac{M}{C}. \tag{16.20}$$

习 题

1. 试确定半径为 R 的圆截面杆的扭转刚度.

解: 习题 1—4 的解形式上与黏性流体沿同样截面的管内运动问题的解是一样的(参见本节最后一个脚注). 流体通过管截面的流量 Q 对应这里的 C.

对于圆截面杆(坐标原点在截面中心)我们有

$$\chi = \frac{1}{4}(R^2 - x^2 - y^2).$$

扭转刚度

$$C = \frac{\pi\mu R^4}{2}.$$

对于函数 ψ, 由式(16.10)得 $\psi = \text{const}$. 但根据式(16.4), 常数 ψ 相当于杆整体沿 z 轴的简单位移, 因此可以认为 $\psi = 0$. 所以圆杆的横截面在扭转时仍然保持为平面.

2. 同习题 1, 但截面改为椭圆(半轴为 a 和 b).

解: 扭转刚度

$$C = \pi\mu\frac{a^3 b^3}{a^2 + b^2}.$$

纵向位移分布由扭转函数给出如下:

$$\psi = \frac{b^2 - a^2}{b^2 + a^2}xy$$

(坐标轴沿椭圆轴方向).

3. 同习题 1, 但截面改为等边三角形(边长为 a).

解: 扭转刚度

$$C = \frac{\sqrt{3}}{80}\mu a^4.$$

扭转函数

$$\psi = \frac{1}{6a}y(x\sqrt{3} + y)(x\sqrt{3} - y).$$

此时,坐标原点选在三角形的中心,而 x 轴与三角形中的一个高重合.

4. 同习题 1,但杆改为一长条形薄板(宽为 d,厚为 h,且 $h \ll d$).

解:这一问题相当于黏性流体在两个平行壁板之间的流动问题. 结果:

$$C = \frac{\mu d h^3}{3}.$$

5. 同习题 1,但杆改为一圆管(内外半径分别为 R_1 和 R_2).

解:在极坐标中,函数

$$\chi = \frac{1}{4}(R_2^2 - r^2)$$

在圆管截面的内外边界上满足条件(16.13). 根据公式(16.17),求出

$$C = \frac{\pi}{2}\mu(R_2^4 - R_1^4).$$

6. 同习题 1,但杆改为任意截面的薄壁管.

解:由于管壁薄,可以认为沿着壁厚 h,函数 χ 按线性规律 $\chi = \chi_1 y/h$(y 为沿壁厚的坐标)从一侧的零变到另一侧的 χ_1. 于是,由条件(16.13)给出 $\chi_1 L/h = S$,其中 L 是管截面边界线的长度,而 S 是边界线包围的面积. 在表达式(16.17)中,第二项远小于第一项,于是我们得到

$$C = \frac{4hS^2\mu}{L}.$$

若把管沿它的一条母线纵向剪开,则扭转刚度急剧下降,变为(根据习题 4 的结果) $C = \mu L h^3/3$.

§17 杆的弯曲

在弯曲的杆内,一些地方受拉伸,另外一些地方受压缩. 在弯曲杆凸起的一侧线条拉长了,而在内凹的一侧线条缩短了. 如同薄板的情形一样,在杆的内部沿着杆长存在一个其上既不发生拉伸也不发生压缩的"中性面",它把压缩区域和拉伸区域分开.

我们先从研究一小段杆的弯曲形变开始,可以认为它是小弯曲. 这里我们将小弯曲理解为不仅应变张量是小量,而且杆上各点位移的绝对值也是小量. 我们这样选择坐标系,令坐标原点位于所研究那段杆的中性面上,z 轴平行于(未形变的)杆轴;设弯曲发生在 zx 平面内. 杆发生小弯曲时可认为弯曲仅发生

在一个平面内,这与微分几何中的一个熟知的事实有关,即弱弯曲曲线对于平面的偏离(称为曲线的挠率)与该曲线的曲率相比是高阶小量.

与板弯曲和杆扭转的情形类似,在细杆弯曲时,作用在杆侧表面上的外力与发生在杆内部的应力相比是个小量,故在确定边界条件时,可以认为这个侧表面上的外力等于零. 于是,在杆的全部侧表面有 $\sigma_{ik}n_k = 0$,又因为 $n_z = 0$,所以
$$\sigma_{xx}n_x + \sigma_{xy}n_y = 0,$$
令 $i = y, z$ 同样可得出两个等式. 在杆的横截面的边界线上选择这样的点,该点的法向矢量 n 平行于 x 轴. 边界线上相对边的某处必也存在另一个这样的点. 在这两个点上,因 $n_y = 0$,故由前面写出的等式得 $\sigma_{xx} = 0$. 但因假设杆本身很细,如果在截面的两边上 σ_{xx} 为零,则它沿整个截面也是小量,所以可以在整个杆中设 $\sigma_{xx} = 0$. 类似分析方式使我们确信,应力张量的所有分量除了 σ_{zz} 外全都等于零. 换句话说,在细杆弯曲时,内应力张量的分量中只有拉伸(或压缩)的分量是大量. 只有应力张量分量 σ_{zz} 不为零的形变不是别的,正是单纯拉伸或单纯压缩的形变(§5). 这样一来,在弯曲杆的每一个体元内发生的形变都是单纯拉伸(或压缩). 当然,在杆的每一个横截面内的不同点上,拉伸量本身的大小并不一样,因此整个杆会发生弯曲.

不难确定杆内每一点的相对伸长量. 我们考虑坐标原点附近平行于杆轴方向的任一长度元 dz. 当杆弯曲时,dz 的长度有所改变,设它等于 dz',只有位于中性面内的长度元保持不变. 设 R 为坐标原点附近中性面的曲率半径. 长度元 dz 和 dz' 的长度,可以看作是半径分别为 R 和 $R + x$ 的圆周的弧元的长度,其中 x 是长度元 dz' 所在点的 x 坐标值. 因此
$$dz' = \frac{R+x}{R}dz = \left(1 + \frac{x}{R}\right)dz,$$
于是,相对伸长等于
$$\frac{dz' - dz}{dz} = \frac{x}{R}.$$

另一方面,长度元 dz 的相对伸长等于应变张量的分量 u_{zz}. 因此
$$u_{zz} = \frac{x}{R}. \tag{17.1}$$

现在,我们可以直接利用简单拉伸时的关系式 $\sigma_{zz} = Eu_{zz}$ 写出 σ_{zz},故
$$\sigma_{zz} = \frac{x}{R}E. \tag{17.2}$$

至此,弯曲杆中性面的位置尚未确定. 它可以由所研究的形变必须是既无总的拉伸也无总的压缩的纯弯曲条件确定. 因此,作用于杆横截面的内应力之合力必须等于零,也就是遍及横截面面积取的积分

必须等于零. 因此,用 σ_{zz} 的表达式(17.2),得出条件:

$$\int x \mathrm{d}f = 0. \tag{17.3}$$

另一方面,可以引入杆截面惯性中心(亦即同一形状的均匀平板的惯性中心)的概念. 惯性中心的坐标为:

$$\frac{\int x \mathrm{d}f}{\int \mathrm{d}f}, \quad \frac{\int y \mathrm{d}f}{\int \mathrm{d}f}.$$

这样一来,条件(17.3)就表示:在原点位于中性面的坐标系中,杆截面惯性中心的 x 坐标等于零. 换句话说,中性面通过杆横截面的惯性中心.

应变张量的分量除了 u_{zz} 不等于零外,还有两个分量也不等于零,因为简单拉伸时有 $u_{xx} = u_{yy} = -\sigma u_{zz}$. 知道了应变张量,就不难求出位移. 我们写出

$$u_{zz} = \frac{\partial u_z}{\partial z} = \frac{x}{R}, \quad \frac{\partial u_x}{\partial x} = \frac{\partial u_y}{\partial y} = -\frac{\sigma x}{R},$$

$$\frac{\partial u_x}{\partial z} + \frac{\partial u_z}{\partial x} = 0, \quad \frac{\partial u_x}{\partial y} + \frac{\partial u_y}{\partial x} = 0, \quad \frac{\partial u_y}{\partial z} + \frac{\partial u_z}{\partial y} = 0.$$

积分这组方程可得位移矢量分量的如下表达式:

$$u_x = -\frac{1}{2R}[z^2 + \sigma(x^2 - y^2)], \quad u_y = -\sigma \frac{xy}{R}, \quad u_z = \frac{xz}{R}. \tag{17.4}$$

式中已置积分常数等于零;这就是说,我们把坐标原点在空间固定下来了.

由公式(17.4)可见,位于横截面 $z = \text{const} \equiv z_0$ 上的点,弯曲后都处在下式给出的面上:

$$z = z_0 + u_z = z_0\left(1 + \frac{x}{R}\right).$$

我们看到,在所考虑的近似程度内,弯曲后的截面仍然保持为平面,只是相对于原来的初始位置旋转了某个角度,但截面的形状已经改变,比如矩形(设边长为 a 和 b)截面杆,截面边界的两个侧边($y = \pm b/2$)在弯曲后的位置分别是:

$$y = \pm \frac{b}{2} + u_y = \pm \frac{b}{2}\left(1 - \frac{\sigma x}{R}\right),$$

亦即它们有所倾斜,但仍然是直线. 而边界的上下边($x = \pm a/2$)却弯成了抛物线(图 14):

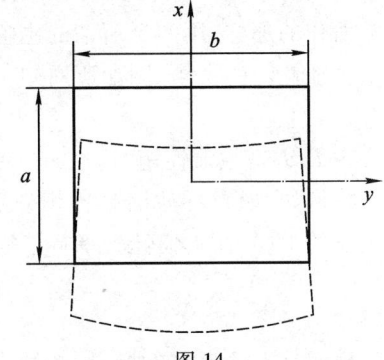

图 14

$$x = \pm \frac{a}{2} + u_x = \pm \frac{a}{2} - \frac{1}{2R}\left[z_0^2 + \sigma\left(\frac{a^2}{4} - y^2\right)\right].$$

杆的体积自由能为

$$\frac{\sigma_{ik}u_{ik}}{2} = \frac{\sigma_{zz}u_{zz}}{2} = \frac{Ex^2}{2R^2},$$

将其沿整个横截面积分,得

$$\frac{E}{2R^2}\int x^2 \mathrm{d}f, \tag{17.5}$$

此式即是单位长度弯曲杆的自由能. 式中的曲率半径 R 是中性面的曲率半径. 但由于杆细长,在同样的精度下,这里可以把弯曲杆本身看作是一条没有粗细的曲线(通常称为**弹性曲线**),并直接认为 R 就是弹性曲线的曲率半径.

在表达式(17.5)中,引入杆的横截面惯性矩的概念是比较方便的. 定义截面所在平面上关于 y 轴的截面惯性矩为积分

$$I_y = \int x^2 \mathrm{d}f. \tag{17.6}$$

这个概念与转动惯量类似,二者的区别仅在于这里用面元 $\mathrm{d}f$ 代替了质量元. 于是单位长度杆的自由能可以写为

$$\frac{E}{2R^2}I_y. \tag{17.7}$$

现在我们再来确定作用在杆的给定截面上的内应力之力矩(该力矩称为**弯矩**). 作用于截面面元 $\mathrm{d}f$ 上的力为 $\sigma_{zz}\mathrm{d}f = \frac{x}{R}E\mathrm{d}f$,方向沿 z 轴. 它关于 y 轴的矩为 $x\sigma_{zz}\mathrm{d}f$. 因此,关于 y 轴的总力矩为

$$M_y = \frac{E}{R}\int x^2 \mathrm{d}f = \frac{EI_y}{R}. \tag{17.8}$$

故弹性曲线的曲率 $1/R$ 与作用于所在截面上的弯矩成正比.

惯性矩 I_y 与 y 轴在截平面上的方向有关. 比较方便的办法是像在力学中通常所作的那样,用两个所谓的主惯性矩来表示 I_y. 如果 θ 角是 y 轴与杆截面的一个主惯性轴的夹角,则如所周知,

$$I_y = I_1\cos^2\theta + I_2\sin^2\theta, \tag{17.9}$$

式中 I_1, I_2 是主惯性矩. 通过 z 轴和杆截面主惯性轴的平面称为**弯曲的主平面**.

例如,如果杆截面是边长分别为 a 和 b 的矩形截面,则它的惯性中心位于矩形的中心,而主惯性轴平行于矩形的两个边. 主惯性矩分别为

$$I_1 = \frac{a^3 b}{12}, \quad I_2 = \frac{ab^3}{12}. \tag{17.10}$$

若截面是半径为 R 的圆,则惯性中心位于圆心,而主惯性轴的方向是任意的. 绕

截平面上通过圆心的任何轴的惯性矩都等于

$$I = \frac{\pi R^4}{4}. \tag{17.11}$$

§18 形变杆的能量

上一节我们只研究了沿着弯曲杆长度方向上不大的一段.现在转而研究整个杆的形变,我们必须首先选择适当方式来描述这种形变.实际上,当杆经受大挠度弯曲时[①],一般来说,它在弯曲的同时,还会产生某种扭转形变,所以最终的形变是由纯弯曲和纯扭转合成的形变.

采取下述方式描述形变较为方便.把整个杆划分为一系列无限小的单元,每一个单元都是从杆的两个无限接近的横截面切取下来的.在每一个这样的单元中引入专用的坐标系 ξ,η,ζ, 适当选择坐标轴方向,使未形变杆中的这些坐标系都彼此平行,并且所有 ζ 轴都与杆轴平行.杆弯曲时每一个单元的坐标系都将发生转动,并且,一般来说,不同的单元转动的情况也不一样.每两个无限邻近的坐标系形变时都相对转动了一个无限小的角度.

设 $\mathrm{d}\boldsymbol{\varphi}$ 是沿杆长相距为 $\mathrm{d}l$ 的两个坐标系相对旋转的角矢量(众所周知,无限小的旋转角可以看作是沿着旋转轴方向的一个矢量,它的三个分量是绕着每个坐标轴的旋转角).为了描述形变,我们引入矢量

$$\boldsymbol{\Omega} = \frac{\mathrm{d}\boldsymbol{\varphi}}{\mathrm{d}l} \tag{18.1}$$

来确定坐标轴沿着杆长的旋转"速度".如果形变是纯扭转,则这些依次旋转的坐标系只发生绕杆轴即绕 ζ 轴的旋转.因而,在这种情形下,矢量 $\boldsymbol{\Omega}$ 的方向与杆轴同向,它不是别的,正是我们在 §16 已经用过的扭转角 τ. 与此相应,在任意形变的一般情形中,矢量 $\boldsymbol{\Omega}$ 的分量 Ω_ζ 可称为**扭转角**.而当杆在某一平面内作纯弯曲时,矢量 $\boldsymbol{\Omega}$ 没有分量 Ω_ζ, 亦即每一点的矢量 $\boldsymbol{\Omega}$ 全都处于 $\xi\eta$ 平面内.如果这时将发生弯曲的平面选作 $\xi\zeta$ 面,则每一点都将产生环绕 η 轴的旋转,亦即 $\boldsymbol{\Omega}$ 的方向与 η 轴的方向相同.

直接把杆当作弹性曲线,我们引入单位矢量 $\boldsymbol{t}$, 其方向与杆相切.导数 $\mathrm{d}\boldsymbol{t}/\mathrm{d}l$ 称为曲线的曲率矢量,它的绝对值等于 $1/R$ (R 为曲率半径[②]),它的方向称为曲线的主法线方向.在无限小旋转时,矢量的改变等于旋转角矢量与单位矢量 $\boldsymbol{t}$ 的矢量积.因此,弹性曲线上无限邻近两点的矢量 $\boldsymbol{t}$ 之差可以写为:

[①] 我们提请读者注意,这里的大挠度弯曲指的是这样的形变,即位移矢量 $\boldsymbol{u}$ 不是小量,而应变张量和以前一样仍是小量.

[②] 请读者注意,任何一条空间曲线都是由曲线上每一点的曲率和挠率来描述的.这个挠率(我们以后不使用)不应与我们这里称为扭转形变的扭转相混淆,后者是绕杆轴的转动.(俄语中"挠率"和"扭转"用的是同一个词"кручение".——译者注)

$$dt = d\varphi \times t,$$

除以 dl 后,得:

$$\frac{dt}{dl} = \Omega \times t. \tag{18.2}$$

再用 t 矢量乘等式两边,得

$$\Omega = t \times \frac{dt}{dl} + t(t \cdot \Omega). \tag{18.3}$$

每一点切矢量的方向都与该点的 ζ 轴方向相同,所以 $t \cdot \Omega = \Omega_\zeta$。引入单位主法矢量 n ($dt/dl = n/R$),于是,式(18.3)可以写为

$$\Omega = \frac{1}{R} t \times n + t\Omega_\zeta. \tag{18.4}$$

右端第一项是具有两个分量 Ω_ξ, Ω_η 的矢量。众所周知,单位矢量 $t \times n$ 称为次法线单位矢量。因而,分量 Ω_ξ, Ω_η 所组成的矢量指向杆的次法线方向,其大小等于曲率 $1/R$。

在以上述方式引入描述形变的矢量 Ω 并揭示其性质后,我们就可以导出弯曲杆的弹性自由能表达式。单位长度杆的弹性能是应变的二次函数,现在的情形下,即是矢量 Ω 分量的二次函数。不难看出,在这个二次型中应该没有与 $\Omega_\xi \Omega_\zeta$ 或 $\Omega_\eta \Omega_\zeta$ 成比例的项。实际上,由于整个杆沿长度是均匀的,故所有的量,特别是能量在改变 ζ 坐标的正方向(即用 $-\zeta$ 代换 ζ)时不应有变化,但在作这种代换时,上述两个乘积却变了号。

至于含平方 Ω_ζ^2 的项,则应记住当 $\Omega_\xi = \Omega_\eta = 0$ 时涉及的是纯扭转,这时的能量表达式与在 §16 中得到的表达式应该是一致的。如此一来,自由能的相应项具有如下形式:

$$\frac{1}{2} C \Omega_\zeta^2.$$

最后,根据表达式(17.7)可以用 Ω_ξ, Ω_η 的平方项写出小弯曲时不长一段杆的自由能。我们假设杆只受到小弯曲。将弯曲平面选作 $\xi\zeta$ 平面,以使得分量 Ω_ξ 为零,同时在小弯曲时也不存在扭转。在这种情形下,能量表达式应该与式(17.7)一致:

$$\frac{E}{2R^2} I_\eta.$$

但是,我们看到,$1/R^2$ 恰好是平面矢量 $(\Omega_\xi, \Omega_\eta)$ 的平方,因此能量应具如下形式:

$$\frac{E}{2} I_\eta \Omega_\eta^2.$$

任意选择 ξ, η 轴时,这个表达式可以写为力学中熟知的形式:

$$\frac{E}{2}(I_{\eta\eta} \Omega_\eta^2 + 2 I_{\eta\xi} \Omega_\eta \Omega_\xi + I_{\xi\xi} \Omega_\xi^2),$$

式中 $I_{\eta\eta}, I_{\eta\xi}, I_{\xi\xi}$ 是杆截面惯量张量的分量. 比较方便的是这样选择 ξ, η 轴,使之与杆截面主惯性轴一致,这时能量表达式将具有简单的形式:

$$\frac{E}{2}(I_1\Omega_\xi^2 + I_2\Omega_\eta^2),$$

式中 I_1, I_2 是截面主惯性矩. 因为 Ω_ξ^2 和 Ω_η^2 的系数是常数,所以得到的表达式在大挠度弯曲时也必然成立.

最后,沿着整个杆积分,我们最终得到弯曲杆的弹性自由能的如下表达式:

$$F_{\text{rod}} = \int \left\{ \frac{I_1 E}{2}\Omega_\xi^2 + \frac{I_2 E}{2}\Omega_\eta^2 + \frac{C}{2}\Omega_\zeta^2 \right\} dl. \tag{18.5}$$

以下我们通过 Ω 来表示作用在杆截面的力矩. 这并不难做到,我们只需再一次利用前面对于纯扭转和小的纯弯曲所得到的结果. 纯扭转时,相对于杆轴的力矩等于 $C\tau$. 由此推断,在一般情形下,关于 ζ 轴的矩 M_ζ 应该是 $M_\zeta = C\Omega_\zeta$. 另外,在 $\xi\zeta$ 平面作小弯曲时,相对于 η 轴的力矩为 EI_2/R. 但在这样弯曲时,矢量 Ω 的方向沿 η 轴,所以 $1/R$ 自然是它的绝对值,因而 $EI_2/R = EI_2\Omega$. 由此断定,在一般情形下应有 $M_\xi = EI_1\Omega_\xi, M_\eta = EI_2\Omega_\eta$(选择截面主惯性轴为 ξ, η 轴). 于是,力矩矢量 M 的分量为

$$M_\xi = EI_1\Omega_\xi, \quad M_\eta = EI_2\Omega_\eta, \quad M_\zeta = C\Omega_\zeta. \tag{18.6}$$

用力矩表示的弹性能(18.5)有如下形式:

$$F_{\text{rod}} = \int \left\{ \frac{M_\xi^2}{2I_1 E} + \frac{M_\eta^2}{2I_2 E} + \frac{M_\zeta^2}{2C} \right\} dl. \tag{18.7}$$

弯曲杆的一个重要情形是小挠度弯曲. 这时,在杆的整个长度上,杆离开其初始位置的偏离与杆长相比是小量. 因此可以认为在这种情形下不存在扭转,这样就可令 $\Omega_\zeta = 0$,从而由式(18.4)直接得到

$$\boldsymbol{\Omega} = \frac{1}{R}\boldsymbol{t} \times \boldsymbol{n} \equiv \boldsymbol{t} \times \frac{d\boldsymbol{t}}{dl}. \tag{18.8}$$

现在,我们引入空间固定不动的坐标系 x, y, z,其中 z 轴沿着未形变的杆轴(替代每一点都约束在杆上的坐标系 ξ, η, ζ). 用 X, Y 表示杆弹性曲线上各点的 x, y 坐标. 弹性曲线上各点从初始状态到弯曲状态的位移由 X, Y 确定.

因为弯曲小,切矢量 $\boldsymbol{t}$ 几乎平行于 z 轴,所以可以近似地认为 $\boldsymbol{t}$ 的方向沿着 z 轴. 另外,单位切矢量等于曲线上点的径矢 $\boldsymbol{r}$ 对杆长的导数:

$$\boldsymbol{t} = \frac{d\boldsymbol{r}}{dl}.$$

于是,我们有

$$\frac{d\boldsymbol{t}}{dl} = \frac{d^2\boldsymbol{r}}{dl^2} \approx \frac{d^2\boldsymbol{r}}{dz^2}$$

(对杆长的导数可以近似地用对 z 的导数代替). 特别是,这些矢量的 x 分量和 y

分量分别等于 d^2X/dz^2 和 d^2Y/dz^2. 现在分量 Ω_ξ 和 Ω_η 在同样精确度下等于 Ω_x 和 Ω_y. 而由式(18.8)可得

$$\Omega_\xi = -\frac{d^2 Y}{dz^2}, \quad \Omega_\eta = \frac{d^2 X}{dz^2}. \tag{18.9}$$

将上式代入(18.5),即得如下形式的小弯曲杆的弹性能:

$$F_{\text{rod}} = \frac{E}{2}\int\left\{I_1\left(\frac{d^2 Y}{dz^2}\right)^2 + I_2\left(\frac{d^2 X}{dz^2}\right)^2\right\}dz. \tag{18.10}$$

注意 I_1, I_2 是关于 x, y 轴(这里是主惯性轴)的惯性矩.

对于圆截面杆的特别情况, $I_1 = I_2 \equiv I$,因此被积函数表达式变为简单的二次导数的平方和,在所考虑的近似程度内,即等于杆曲率的平方:

$$\left(\frac{d^2 X}{dz^2}\right)^2 + \left(\frac{d^2 Y}{dz^2}\right)^2 \approx \frac{1}{R^2}.$$

因此,公式(18.10)可以自然地推广到未形变状态(自然状态)是任意非直线(即曲杆)的圆截面杆的小弯曲问题. 在此情形下,应将弯曲能写为如下形式:

$$F_{\text{rod}} = \frac{EI}{2}\int\left(\frac{1}{R} - \frac{1}{R_0}\right)^2 dz, \tag{18.11}$$

式中 R_0 是自然状态(未形变状态)下杆上任意一点的曲率半径. 照理,这一表达式在未形变状态($R = R_0$)时具有极小值,而在 $R_0 \to \infty$ 时变为公式(18.10).

§19 杆的平衡方程

我们现在可以来推导弯曲杆的平衡方程. 还是研究用两个无限接近的截面截取的任意一个无限小杆元,并计算作用在它上面的总力. 我们用 $\boldsymbol{F}$ 表示作用在杆横截面上的内应力[①],该力矢量的分量等于 $\sigma_{i\zeta}$ 遍及截面的积分:

$$F_i = \int \sigma_{i\zeta} df. \tag{19.1}$$

如果把两个无限接近的截面作为所截取杆元的端面,则在上端面作用的力为 $\boldsymbol{F} + d\boldsymbol{F}$,而在下端面作用的力为 $-\boldsymbol{F}$,它们的和是微分 $d\boldsymbol{F}$. 其次,设 $\boldsymbol{K}$ 是作用在单位长度杆上的外力,于是在杆元 dl 上作用的外力为 $\boldsymbol{K}dl$. 因而,作用于该杆元上所有力的合力为 $d\boldsymbol{F} + \boldsymbol{K}dl$. 平衡时这个力必须等于零. 这样我们就得到:

$$\frac{d\boldsymbol{F}}{dl} = -\boldsymbol{K}. \tag{19.2}$$

第二个方程可由施加于该杆元的总力矩为零的平衡条件得到. 设 $\boldsymbol{M}$ 是作用在杆横截面面积上的内应力的力矩,这个力矩是相对于横截面内某个点(坐标原点)所取的,其分量由公式(18.6)确定. 现在我们来计算相对于杆元上端面

---

① 这里用 $\boldsymbol{F}$ 标记力不会与自由能相混淆,在以下的 §19—§21 我们将不会用到自由能.

某点(我们称它为 O 点)所取的施加在所给杆元上的合力矩. 这时,上端面的内应力产生的力矩为 $M + dM$. 杆元下端面上的内应力对 O 点的力矩,由该应力对下端面内的坐标原点(O'点)的力矩 $-M$ 和作用在下端面上的力 $-F$ 对 O 点的力矩相加得到,后一个力矩等于 $(-dl) \times (-dF)$,其中 dl 是从 O' 到 O 的杆元矢量. 而外力 K 的力矩是高阶小量. 于是,作用在杆元上的总力矩为 $dM + dl \times F$. 平衡时它必须等于零,即

$$dM + dl \times F = 0.$$

将该等式除以 dl,并注意到 $dl/dl = t$, t 为(可作为曲线看待的)杆的单位切矢量,我们得到如下方程:

$$\frac{dM}{dl} = F \times t. \tag{19.3}$$

方程(19.2)和(19.3)是杆在任意形式弯曲下的完备平衡方程组.

如果作用在杆上的外力是通常所说的集中力,亦即外力仅仅作用在杆的个别孤立点上,则在施力点之间的杆段上,平衡方程将大大简化. 由(19.2),当 $K = 0$ 时,我们有

$$F = \text{const}, \tag{19.4}$$

即沿施力点之间的任一杆段,内应力都是常值. 这些常值由作用在点 1 与点 2 上的两个力之差 $F_2 - F_1$ 来确定,即

$$F_2 - F_1 = -\sum K, \tag{19.5}$$

式中的求和是对作用在点 1 与点 2 之间的杆段上的所有外力进行的. 注意,在差 $F_2 - F_1$ 中点 2 离开杆长(即弧长 l)的起算点比点 1 更远. 这一点在确定等式(19.5)的符号时很重要. 特别是,如果在杆上总共只有一个集中力 f 作用在杆的自由端,则 F 沿着整个杆长是常值,并等于 f.

第二个平衡方程(19.3)也简化了. 将式中的 t 写为 $t = dl/dl = dr/dl$(其中 r 是从某给定点到杆上任意点的径矢)并积分,由于 F 是常值,我们得到

$$M = F \times r + \text{const}. \tag{19.6}$$

如果连集中力也不存在,杆的弯曲仅由施加其上的集中力矩(即集中力偶)产生,则在杆的整个长度上 $F = \text{const}$;在集中力偶的作用点上 M 发生跃变,跃变值等于力偶矩.

下面,我们来研究弯曲杆两端的边界条件问题. 这里可能存在各种不同的情形.

如果杆端不可能发生任何位移(不论是纵向的还是横向的),同时也不能有方向(亦即杆端的切线方向)的改变,则称为固定端(见图4(a)). 在这种情形下,边界条件归结为给定杆端的坐标(位移)和给定单位切矢量 t(转角). 在固定点处由支座给杆端的反作用力和反作用力矩要由方程解的结果确定.

相反的情形是杆的自由端.在这种情形下,杆端的坐标和方向都是任意的,边界条件是在杆端上的力 F 和力矩 M 必须为零①.

如果杆端是球铰固定,则它不能发生任何位移,但其方向并未给定.作用在这种可以自由转动端上的力矩应当为零.

最后,如果杆支承在支座的某个点上(图4(b)),则它可以沿此点滑动,但不能发生横向位移.对这种情形,t 的方向和支点沿杆长的位置都未给定.因杆可以自由转动,在支点上的力矩必须等于零,而在这点上的力 F 必须垂直于杆,否则力的纵向分量会引起杆在支点上的进一步滑动.

不难用类似的方法建立杆在其它固定方式时的边界条件.除上述的几个典型例子之外,我们不再讨论这个问题.

上一节开始就已经指出,即使没有对杆外加任何扭矩,一般来说任意截面杆的大挠度弯曲也会同时伴随有扭转.但杆在其主平面内的弯曲是个例外.杆作这种弯曲时不会产生扭转.如果没有外加扭矩,圆截面杆无论作什么样的弯曲都不会伴随有扭转发生.其理由可以说明如下:扭转是由矢量 Ω 的分量 $\Omega_\zeta = \Omega \cdot t$ 确定的.我们来计算它对杆长的导数.注意到 $\Omega_\zeta = M_\zeta / C$,我们可以写出

$$\frac{d}{dl}(M \cdot t) = C\frac{d\Omega_\zeta}{dl} = \frac{dM}{dl} \cdot t + M \cdot \frac{dt}{dl}.$$

将式(19.3)代入上式后,式中第一项化为零,于是

$$C\frac{d\Omega_\zeta}{dl} = M \cdot \frac{dt}{dl}.$$

对于圆截面杆,$I_1 = I_2 \equiv I$,因此根据式(18.3)和(18.6)可将 M 写为

$$M = EIt \times \frac{dt}{dl} + tC\Omega_\zeta. \tag{19.7}$$

将 M 乘以 dt/dl 后,上式右端两项皆得零,于是 $d\Omega_\zeta/dl = 0$,由此

$$\Omega_\zeta = \text{const}, \tag{19.8}$$

亦即沿杆长的扭转角为常数.如果在杆端部没有作用扭矩,则在端部 Ω_ζ 等于零,因此在杆的整个长度上都没有发生扭转.

于是对于圆截面杆的纯弯曲,可以写出

$$M = EIt \times \frac{dt}{dl} = EI\frac{dr}{dl} \times \frac{d^2r}{dl^2}. \tag{19.9}$$

将此表达式代入式(19.3),导出具有以下形式的圆截面杆的纯弯曲方程:

$$EI\frac{dr}{dl} \times \frac{d^3r}{dl^3} = F \times \frac{dr}{dl}. \tag{19.10}$$

---

① 如果在自由端施加集中力 f,则边界条件将不再是 $F=0$,而是 $F=f$.

习 题

1. 设圆截面杆(弹性棒)因受集中力作用而在一平面内发生大挠度弯曲,试导出确定杆形状的积分.

解:我们来研究施力点之间的一个杆段,在这个杆段 $F = \text{const}$. 取弯曲平面为 xy 平面,而 y 轴平行于力 F. 引入杆的切线与 y 轴的夹角 θ,于是 $dx/dl = \sin\theta$, $dy/dl = \cos\theta$,其中 x, y 为杆上点的坐标. 展开(19.10)中的矢量积,我们得到 θ 作为弧长 l 函数的方程:

$$IE \frac{d^2\theta}{dl^2} - F\sin\theta = 0.$$

第一积分给出

$$\frac{IE}{2}\left(\frac{d\theta}{dl}\right)^2 + F\cos\theta = c_1,$$

由此

$$l = \pm\sqrt{\frac{IE}{2}} \int \frac{d\theta}{\sqrt{c_1 - F\cos\theta}} + c_2. \tag{1}$$

据此可以通过椭圆积分表示函数 $\theta(l)$. 对于坐标 $x = \int \sin\theta\, dl$, $y = \int \cos\theta\, dl$ 我们得到:

$$x = \pm\frac{1}{F}\sqrt{2IE}\sqrt{c_1 - F\cos\theta} + \text{const},$$

$$y = \pm\sqrt{\frac{IE}{2}} \int \frac{\cos\theta\, d\theta}{\sqrt{c_1 - F\cos\theta}} + \text{const}'. \tag{2}$$

式(19.9)中的力矩 M 方向沿着 z 轴,大小为

$$M = IE \frac{d\theta}{dl}.$$

2. 设一端夹紧(固支)另一端自由的杆因在自由端端点受到垂直于未形变直杆方向的力 f 的作用而发生大挠度弯曲,试确定杆的形状(图15).

解:沿整个杆长 $F = \text{const} = f$. 在固定端($l = 0$) $\theta = \pi/2$,而在自由端($l = L$,其中 L 为杆长) $M = 0$,即 $\theta' = 0$. 引入记号 $\theta_0 = \theta(L)$,在式(1)中有 $c_1 = f\cos\theta_0$,于是

$$l = \sqrt{\frac{IE}{2f}} \int_\theta^{\pi/2} \frac{d\theta}{\sqrt{\cos\theta_0 - \cos\theta}}.$$

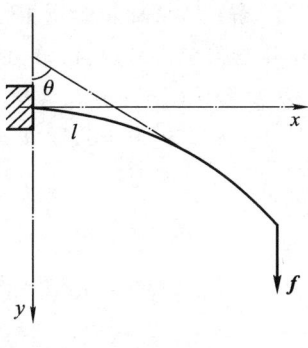

图 15

由此得到确定 θ_0 的方程：

$$L = \sqrt{\frac{IE}{2f}} \int_{\theta_0}^{\pi/2} \frac{d\theta}{\sqrt{\cos\theta_0 - \cos\theta}}.$$

杆的形状由以下公式确定：

$$x = \sqrt{\frac{2IE}{f}} \left(\sqrt{\cos\theta_0} - \sqrt{\cos\theta_0 - \cos\theta} \right),$$

$$y = \sqrt{\frac{IE}{2f}} \int_{\theta}^{\pi/2} \frac{\cos\theta\, d\theta}{\sqrt{\cos\theta_0 - \cos\theta}}.$$

3. 同习题 2，但施加于自由端的力 f 平行于未形变时的杆长方向.

解：我们有 $\boldsymbol{F} = -\boldsymbol{f}$（坐标轴的选取表示在图 16 上）. 边界条件为 $l = 0$ 时，$\theta = 0$；$l = L$ 时，$\theta' = 0$. 于是

$$l = \sqrt{\frac{IE}{2f}} \int_{0}^{\theta} \frac{d\theta}{\sqrt{\cos\theta - \cos\theta_0}},$$

其中的 θ_0 由 $l(\theta_0) = L$ 确定. 对于 x 和 y，我们得到：

$$x = \sqrt{\frac{2IE}{f}} \left(\sqrt{1 - \cos\theta_0} - \sqrt{\cos\theta - \cos\theta_0} \right),$$

$$y = \sqrt{\frac{IE}{2f}} \int_{0}^{\theta} \frac{\cos\theta\, d\theta}{\sqrt{\cos\theta - \cos\theta_0}}.$$

在小挠度弯曲时，$\theta_0 \ll 1$，因而可以写为

$$L \approx \sqrt{\frac{IE}{f}} \int_{0}^{\theta_0} \frac{d\theta}{\sqrt{\theta_0^2 - \theta^2}} = \frac{\pi}{2} \sqrt{\frac{IE}{f}},$$

亦即 θ_0 不出现在这一关系式中. 这表明，依据 §21 习题 3 的结果，上述解只在 $f \geq \pi^2 IE/(4L^2)$ 时，即直线形状失去稳定性后才存在.

4. 同习题 2，但杆的两端都支承在支座上，而在杆的中点有力 f 作用，两支点间的距离为 L_0.

解：取坐标轴如图 17，在 AB 段和 BC 段上力 F 均为常量，并且在支点 A 和 C 处它们都与杆垂直. 在 AB 段和 BC 段上力 F 的差值等于 f. 由此我们断定在 AB 段 $F\sin\theta_0 = -f/2$，其中 θ_0 为 y 轴与 AC 线的夹角. 在点 $A(l=0)$ 处，我们有条件 $\theta = \pi/2$ 和 $M = 0$，即 $\theta' = 0$. 于是在 AB 段有

$$l = \left(\frac{IE}{f} \sin\theta_0 \right)^{1/2} \int_{0}^{\pi/2} \frac{d\theta}{\sqrt{\cos\theta}},$$

$$x = 2\left(\frac{IE}{f} \sin\theta_0 \cos\theta \right)^{1/2},$$

$$y = \left(\frac{IE}{f} \sin\theta_0 \right)^{1/2} \int_{0}^{\pi/2} \sqrt{\cos\theta}\, d\theta.$$

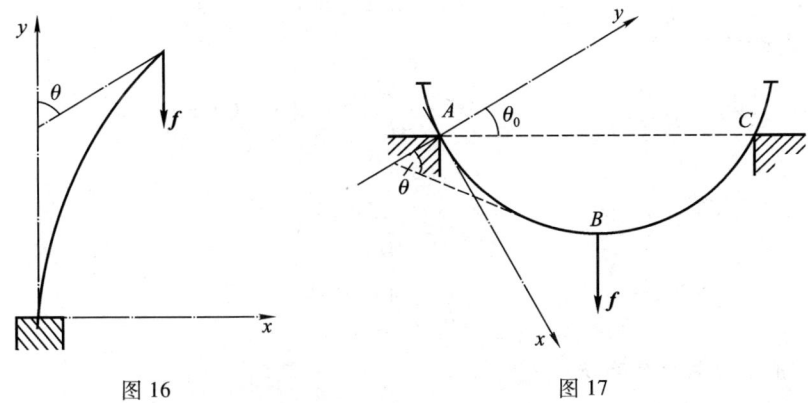

图 16　　　　　　　　　　　图 17

角 θ_0 由曲线 AB 在直线 AC 上的投影须等于 $L_0/2$ 的条件确定,由此可得

$$\frac{L_0}{2} = \left(\frac{IE}{f}\sin\theta_0\right)^{1/2} \int_{\theta_0}^{\pi/2} \frac{\cos(\theta - \theta_0)}{\sqrt{\sin\theta}} d\theta.$$

当 θ_0 的值在 0 和 $\pi/2$ 之间时,导数 $df/d\theta_0$(其中 f 被看作是 θ_0 的函数)先趋于零然后变为正数. 当 θ_0 进一步减小,亦即挠度增加时,相应的 f 将减小. 这就是说,所求的解是不稳定的,杆在两个支座之间"崩塌"了.

5. 试推导曲杆在集中力作用下在空间内作大挠度弯曲问题的积分.

解:我们研究两个施力点之间的杆段,在这段杆上,$F = \text{const.}$ 对式(19.10)积分,我们得到

$$EI\frac{d\mathbf{r}}{dl} \times \frac{d^2\mathbf{r}}{dl^2} = \mathbf{F} \times \mathbf{r} + c\mathbf{F}. \tag{1}$$

上式将积分常数写为矢量形式 $c\mathbf{F}$,其方向与 $\mathbf{F}$ 相同,这是因为适当地选择坐标原点,亦即给 $\mathbf{r}$ 加上某个常矢量后,可以消除垂直于 $\mathbf{F}$ 的附加矢量. 将式(1)分别按标量积和矢量积乘以 $\mathbf{r}'$(撇号"$'$"表示对 l 取导数),并注意到 $\mathbf{r}' \cdot \mathbf{r}'' = 0$(因为 $\mathbf{r}'^2 = 1$),即得

$$\mathbf{F} \cdot (\mathbf{r} \times \mathbf{r}') + c\mathbf{F} \cdot \mathbf{r}' = 0, \quad EI\mathbf{r}'' = (\mathbf{F} \times \mathbf{r}) \times \mathbf{r}' + c\mathbf{F} \times \mathbf{r}'.$$

写为分量(z 轴选在 $\mathbf{F}$ 方向)形式,上两式分别为

$$(xy' - yx') + cz' = 0, \quad EIz'' = -F(xx' + yy').$$

在这些方程中引入柱坐标 r, φ, z,则得

$$r^2\varphi' + cz' = 0, \quad EIz'' = -Frr'. \tag{2}$$

由第二个方程得

$$z' = \frac{F}{2EI}(A - r^2), \tag{3}$$

式中 A 为常数. 将(2)、(3)两式与恒等式

$$r'^2 + r^2\varphi'^2 + z'^2 = 1$$

结合,我们得到

$$\mathrm{d}l = \frac{r\mathrm{d}r}{G(r)}, \quad G(r) = \left[r^2 - \frac{F^2}{4E^2I^2}(r^2+c^2)(A-r^2)^2\right]^{1/2},$$

然后由(2)和(3)求得

$$z = \frac{F}{2EI}\int \frac{(A-r^2)r}{G(r)}\mathrm{d}r,$$

$$\varphi = -\frac{cF}{2EI}\int \frac{A-r^2}{rG(r)}\mathrm{d}r.$$

上式给出了弯曲杆的形状.

6. 有一圆截面杆受到扭转(单位长度上的扭转角为 τ)并弯曲成为螺旋线形状. 试确定为维持这种状态需要在杆的端部施加的力和力矩.

解:设 R 为螺旋线所在柱面的半径(取 z 轴沿圆柱面的轴),α 为螺旋线的切线与垂直于 z 轴的平面之间的夹角,螺距 h 与 α 和 R 的关系为 $h = 2\pi R\tan\alpha$. 螺旋线方程为

$$x = R\cos\varphi, \quad y = R\sin\varphi, \quad z = \varphi R\tan\alpha$$

(φ 是绕 z 轴的旋转角). 弧元长度 $\mathrm{d}l = R\mathrm{d}\varphi/\cos\alpha$. 将这些表达式代入式(19.7),我们先算出矢量 $\boldsymbol{M}$ 的分量,然后根据公式(19.3)求沿整个杆长均为常量的力 $\boldsymbol{F}$. 最后得到方向沿 z 轴的力 $\boldsymbol{F}$ 等于

$$F_z = F = C\tau\frac{\sin\alpha}{R} - \frac{EI}{R^2}\cos^2\alpha\sin\alpha.$$

力矩 $\boldsymbol{M}$ 沿 z 轴的分量为

$$M_z = C\tau\sin\alpha + \frac{EI}{R}\cos^3\alpha,$$

$\boldsymbol{M}$ 的另一个分量 M_φ 在杆上任一点都指向圆柱横截面圆周切线方向,其大小为 $M_\varphi = FR$.

7. 试确定悬挂在两点之间的柔索在重力场中的形状(与抗拉强度相比,柔索的抗弯强度可以忽略).

解:将柔索所在的平面选作 xy 平面,并使 y 轴的方向铅直向下. 因为 $\boldsymbol{M}$ 与 EI 成正比,所以在方程(19.3)中可以忽略 $\mathrm{d}\boldsymbol{M}/\mathrm{d}l$ 项,于是 $\boldsymbol{F}\times\boldsymbol{t}=0$,亦即在柔索的任意一点上,$\boldsymbol{F}$ 与 $\boldsymbol{t}$ 的方向相同,并且可以写为 $\boldsymbol{F} = F\boldsymbol{t}$. 方程(19.2)现在的形式为

$$\frac{\mathrm{d}}{\mathrm{d}l}\left(F\frac{\mathrm{d}x}{\mathrm{d}l}\right) = 0, \quad \frac{\mathrm{d}}{\mathrm{d}l}\left(F\frac{\mathrm{d}y}{\mathrm{d}l}\right) = q$$

(q 是单位长度柔索的重量). 由此得到

$$F\frac{dx}{dl} = c, \quad F\frac{dy}{dl} = ql.$$

于是 $F = \sqrt{c^2 + q^2 l^2}$,这样即有

$$\frac{dx}{dl} = \frac{A}{\sqrt{A^2 + l^2}}, \quad \frac{dy}{dl} = \frac{l}{\sqrt{A^2 + l^2}}.$$

(其中 $A = c/q$). 积分上式得出

$$x = A\operatorname{arsinh}\frac{l}{A}, \quad y = \sqrt{A^2 + l^2}.$$

由此

$$y = A\cosh\frac{x}{A},$$

亦即,柔索的形状是一条悬链线. 坐标原点和常数 A 的选择由曲线必须通过两个给定点以及曲线应具有给定长度两个条件确定.

§20 杆的小挠度弯曲

在实际上最为重要的杆的小挠度弯曲情形下,平衡方程可以大大简化. 如果杆切线方向的单位矢量 t 沿杆长变化缓慢,亦即导数 dt/dl 很小,则所发生的弯曲就是小挠度弯曲. 换句话说,小挠度弯曲杆上每一点的曲率半径应远大于杆长. 实际上,这个条件与要求杆的横向挠度远小于杆的长度是一致的. 这里我们要强调,与在 §11—§12 中论述过的板的小挠度弯曲近似理论不同,这时我们完全不要求挠度比杆的厚度小[①].

将式(19.3)对长度求导,得到

$$\frac{d^2 M}{dl^2} = \frac{dF}{dl} \times t + F \times \frac{dt}{dl}. \tag{20.1}$$

式中第二项含有小量 $\frac{dt}{dl}$,因此通常(除某些将在后面讲述的特殊情形外)是可以忽略的. 将 $dF/dl = -K$ 代入第一项,即得到如下形式的平衡方程:

$$\frac{d^2 M}{dl^2} = t \times K. \tag{20.2}$$

我们将此方程写为分量形式. 为此,根据式(18.6)和(18.9),将

$$M_x = -EI_1 Y'', \quad M_y = EI_2 X'', \quad M_z = 0 \tag{20.3}$$

(式中的撇号"′"表示对 z 取导数)代入式(20.2). 可以认为单位矢量 t 的方向与 z 轴方向相同. 于是我们得到

[①] 我们完全没有阐述在未形变的自然状态下已发生弯曲的杆(即曲杆)的复杂弯曲理论(有关曲杆弯曲的内容,这里仅限于本节习题 8 和习题 9 的简单例子).

$$EI_2 X'''' - K_x = 0, \quad EI_1 Y'''' - K_y = 0. \tag{20.4}$$

这组方程确定了挠度 X 和 Y 与 z 的关系,即小挠度弯曲杆的形状.

作用在杆横截面上的内应力 $\boldsymbol{F}$ 同样可以用 X 和 Y 的导数来表示. 将式(20.3)代入式(19.3),得到

$$F_x = - EI_2 X''', \quad F_y = - EI_1 Y'''. \tag{20.5}$$

我们看到,二阶导数确定内应力的力矩,而三阶导数确定的是这些力本身. 力(20.5)称为**剪力**. 如弯曲是由集中力引起的,则在施力点之间的每一个杆段上,剪力是个常值,而在作用力的每一施力点上,剪力发生跃变,其跃变值等于作用的外力.

量 EI_2 和 EI_1 分别称为杆在主平面 xz 和 yz 上的**抗弯刚度**[①].

如果施加在杆上的外力作用于同一个平面,则杆的弯曲也发生在同一个平面内. 但在一般情形中,这两个平面彼此并不重合,不难求出它们之间的夹角. 如果 α 是力的作用平面与第一个弯曲主平面(xz 平面)间的夹角,则平衡方程具有如下形式:

$$X'''' = \frac{\cos\alpha}{I_2 E} K, \quad Y'''' = \frac{\sin\alpha}{I_1 E} K.$$

这两个方程的区别仅在于 K 前面的系数,因此 X 和 Y 彼此成正比,并且

$$Y = X \frac{I_2}{I_1} \tan\alpha.$$

弯曲平面与 xz 平面之间的夹角 θ 由下面的等式确定:

$$\tan\theta = \frac{I_2}{I_1} \tan\alpha. \tag{20.6}$$

对于圆截面杆, $I_1 = I_2, \alpha = \theta$,即弯曲发生在力的作用平面内. 当 $\alpha = 0$,亦即力作用在主平面内时,上面的结论对任意截面的杆同样成立. 挠度的绝对值

$$\zeta = \sqrt{X^2 + Y^2}$$

---

① 用形如

$$DX'''' - K_x = 0 \tag{20.4a}$$

的方程也可以描述薄板弯曲的某种极限情形. 设边长为 a 和 b,板厚为 h 的矩形板沿 a 边(y 方向)固定,又因沿 y 轴均匀加载使板沿 b 边(z 轴)弯曲. 在 a 和 b 为任意的一般情形中,为了确定弯曲,必须应用二维方程(12.5)及板在固定边和自由边相应的边界条件. 在 $a \gg b$ 的极限情形中,可认为形变沿 y 轴是均匀的,这时二维平衡方程变为式(20.4a)的形式,弯曲时起刚度作用的量是

$$D = \frac{Eh^3 a}{12(1 - \sigma^2)}.$$

方程(20.4a)也适用于 $a \ll b$ 的相反的极限情形,这时的板可以看作是长度为 b 并具有狭矩形截面(边长为 a 和 h 矩形截面)的杆. 但这时抗弯刚度是由另一表达式

$$D = EI_2 = \frac{Eh^3 a}{12}$$

确定的.

满足以下方程:

$$EI\zeta'''' = K, \quad I = \frac{I_1 I_2}{\sqrt{I_1^2 \cos^2 \alpha + I_2^2 \sin^2 \alpha}}. \tag{20.7}$$

剪力 F 与 K 位于同一个平面内,其大小为

$$F = -EI\zeta'''. \tag{20.8}$$

这里的 I 为杆截面的"等效"惯性矩.

下面我们以显式写出小挠度弯曲杆平衡方程的边界条件. 如果杆端固定,则固定处必须有 $X = Y = 0$,同时也不能有方向的改变,即必须有 $X' = Y' = 0$. 这样一来,在杆的固定端必须满足如下的边界条件:

$$X = Y = 0, \quad X' = Y' = 0. \tag{20.9}$$

在支点处的反作用力和反作用力矩,则分别由已知解按照公式(20.3)和(20.5)确定.

杆的弯曲足够小时,将杆的端部固定在铰上和将其支承在一点上,就边界条件而言是等价的. 实际上,在后一种情形,作小挠度弯曲的杆在支点的纵向位移与横向挠度相比是二阶小量,因此可认为它等于零. 上述两种情形中,由横向位移和力矩为零给出边界条件:

$$X = Y = 0, \quad X'' = Y'' = 0. \tag{20.10}$$

在支点处杆端的方向和反作用力由所求得的方程解确定.

最后,在自由端,力 F 和力矩 M 必须为零. 根据式(20.3)和(20.5)得到边界条件:

$$X'' = Y'' = 0, \quad X''' = Y''' = 0 \tag{20.11}$$

(如果在自由端处施加集中力,则 F 必须等于该力而不再为零).

不难将方程(20.4)推广到变截面杆的情形. 对于这样的杆,惯性矩 I_1 和 I_2 是 z 的函数. 用来确定杆中任意给定截面上力矩的公式(20.3)仍然正确. 把它代入式(20.2),则得到方程:

$$E\frac{d^2}{dz^2}\left(I_1 \frac{d^2 Y}{dz^2}\right) = K_y, \quad E\frac{d^2}{dz^2}\left(I_2 \frac{d^2 X}{dz^2}\right) = K_x. \tag{20.12}$$

注意不可将式中的 I_1 和 I_2 提到导数符号前面. 对于剪力,我们有

$$F_x = -E\frac{d}{dz}\left(I_2 \frac{d^2 X}{dz^2}\right), \quad F_y = -E\frac{d}{dz}\left(I_1 \frac{d^2 Y}{dz^2}\right). \tag{20.13}$$

我们重新回到方程(20.1). 先前我们忽略等式右边第二项的做法,在某些情况中即使对小挠度弯曲也可能是不合理的. 当沿杆长有很大的内应力作用,即 F_z 非常大时,便属于这种情况. 这样大的内应力通常是由于在杆端施加很强的拉伸力引起的. 用 $F_z = T$ 表示沿杆作用的常拉伸力. 如果杆受到很大的压缩而不是拉伸,则力 T 为负. 展开矢量积 $\boldsymbol{F} \times d\boldsymbol{t}/dl$,现在我们必须保留含有 T 的

项,而含 F_x 和 F_y 的项仍然可以忽略. 将矢量 dt/dl 的分量分别代以 $X'', Y'', 1$,即得到平衡方程:

$$\left.\begin{array}{l} I_2 E X'''' - TX'' - K_x = 0, \\ I_1 E Y'''' - TY'' - K_y = 0. \end{array}\right\} \quad (20.14)$$

对于剪力的表达式(20.5),现在应该增加含有 T(沿着矢量 t 方向作用的力)在 x 轴和 y 轴上的投影项:

$$F_x = -EI_2 X''' + TX', \quad F_y = -EI_1 Y''' + TY'. \quad (20.15)$$

当然,这些公式也能直接从式(19.3)得到.

在某些情形下,即使没有专门施加任何拉力,但由于杆自身弯曲也可能出现非常大的力 T. 现在我们来研究两端为固支或固定铰支的杆,此时杆的两端不可能发生纵向位移. 这时杆的弯曲不可避免地伴随有杆的伸长,并导致在杆内出现力 T. 不难估计这个力成为主要的力时挠度的大小. 弯曲杆的长度 $L + \Delta L$ 等于沿连接两支点的直线所取的积分

$$L + \Delta L = \int_0^L \sqrt{1 + X'^2 + Y'^2} \, dz.$$

小挠度弯曲时可将根式展为级数,我们得到伸长 ΔL 的表达式:

$$\Delta L = \frac{1}{2} \int_0^L (X'^2 + Y'^2) \, dz.$$

简单拉伸时发生的拉伸应力等于相对伸长乘以杨氏模量和杆的截面面积 S. 于是,力 T 等于

$$T = \frac{ES}{2L} \int_0^L (X'^2 + Y'^2) \, dz. \quad (20.16)$$

如果 δ 是横向挠度的数量级,则导数 X' 和 Y' 的数量级为 δ/L,因而式(20.16)中整个积分的数量级为 $(\delta/L)^2 L = \delta^2/L$,而 $T \sim ES(\delta/L)^2$. 式(20.14)中第一项和第二项的数量级分别为 $IE\delta/L^4$ 和 $T\delta/L^2 \sim ES\delta^3/L^4$. 惯性矩 I 的数量级为 $I \sim h^4$,而 $S \sim h^2$,其中 h 为杆的厚度. 将这些代入式(20.14),不难得出,当 $\delta \sim h$ 时,式中的第一项和第二项的数量级相当.

这样一来,只要挠度比厚度小,对于两端固定杆的弯曲就可使用形如式(20.4)的平衡方程. 如果 δ 与 h 相比并不算小(但仍然有 $\delta \ll L$),则应使用方程(20.14). 此时这些方程中的力 T 预先是不知道的. 解方程时,应先把 T 视为已知参数,然后再根据所得解按式(20.16)确定 T,这也就确定了 T 与作用于杆的弯曲力的关系.

相反的极限情形是当杆的抗弯能力远小于抗拉能力时,方程(20.14)中第一项与第二项相比前者可以忽略. 从物理上看,出现这种情况或者是因存在很大的拉力 T,或者是由于 EI 足够小,这些都可能与杆的厚度 h 小有关(这种受到

强拉伸力的杆通常称为**弦**).在这种情形下,平衡方程为

$$TX'' + K_x = 0, \quad TY'' + K_y = 0. \tag{20.17}$$

弦的两端必须是固定的,也就是弦两端的坐标是给定的,即

$$X = Y = 0. \tag{20.18}$$

端点处的方向不能随意给定,而要由方程的解来确定.

在本节结束前,我们将要证明如何利用弹性能表达式(18.10)

$$F_{\text{rod}} = \frac{E}{2}\int \{I_1 Y''^2 + I_2 X''^2\}\,dz$$

从变分原理出发推导出杆的小挠度弯曲平衡方程.平衡时,此弹性能和与作用在杆上的外力 K 有关的势能之和必须取极小值,亦即

$$\delta F_{\text{rod}} - \int (K_x \delta X + K_y \delta Y)\,dz = 0$$

(式中第二项是外力在杆的无限小位移上所作的功).对 F_{rod} 变分时进行两次分部积分:

$$\frac{1}{2}\delta\int X''^2\,dz = \int X''\delta X''\,dz = X''\delta X'\Big| - \int X'''\delta X'\,dz =$$

$$= X''\delta X'\Big| - X'''\delta X\Big| + \int X''''\delta X\,dz,$$

对 Y''^2 的积分也以同样方式处理.将它们代入原式,合并同类项后得到

$$\int[(EI_1 Y'''' - K_y)\delta Y + (EI_2 X'''' - K_x)\delta X]\,dz +$$

$$+ EI_1(Y''\delta Y' - Y'''\delta Y)\Big| + EI_2(X''\delta X' - X'''\delta X)\Big| = 0.$$

以上积分第一项内的变分 δX 和 δY 是任意的,由此得到平衡方程(20.4),而已经积分出来的其它项则给出该方程的边界条件.例如,自由端变分 $\delta X, \delta Y, \delta X', \delta Y'$ 是任意的,这给出相应的边界条件(20.11).同时这些项里 δX 和 δY 的系数给出剪力分量的表达式(20.5),$\delta X'$ 和 $\delta Y'$ 的系数给出弯矩分量的表达式(20.3).

最后,当存在拉伸力 T 时,仍可用同样的方法得到平衡方程(20.14),这只需在进行变分的能量表达式中增加一项:

$$T\Delta L = \frac{T}{2}\int (X'^2 + Y'^2)\,dz,$$

它是力 T 在杆伸长 ΔL 的路径上所作的功.

习 题

1. 试确定端部具有各种不同固定方式的杆(长度为 l)在自重影响下的弯曲形状.

解：待求的形状可由方程

$$\zeta'''' = \frac{q}{EI}$$

(q 是单位长度杆的重量) 的解和本章正文所讲述的杆端的各类边界条件确定，下面是对杆端的各种不同固定方式得到的弯曲形状和最大位移 (或称为最大挠度). 所有的坐标原点都选择在杆的一端.

(1) 杆的两端固支：

$$\zeta = \frac{q}{24EI} z^2 (z-l)^2, \quad \zeta\left(\frac{l}{2}\right) = \frac{1}{384} \frac{ql^4}{EI}.$$

(2) 杆的两端铰支：

$$\zeta = \frac{q}{24EI} z(z^3 - 2lz^2 + l^3), \quad \zeta\left(\frac{l}{2}\right) = \frac{5}{384} \frac{ql^4}{EI}.$$

(3) 杆的一端 ($z=l$) 固支，另一端 ($z=0$) 铰支：

$$\zeta = \frac{q}{48EI} z(2z^3 - 3lz^2 + l^3), \quad \zeta = (0.42l) = 0.0054 \frac{ql^4}{EI}.$$

(4) 杆的一端 ($z=0$) 固支，另一端 ($z=l$) 自由：

$$\zeta = \frac{q}{24EI} z^2 (z^2 - 4lz + 6l^2), \quad \zeta(l) = \frac{1}{8} \frac{ql^4}{EI}.$$

2. 试确定在作用于杆正中间的集中力 f 影响下杆的弯曲形状.

解：除了 $z=l/2$ 的点以外，到处都有方程 $\zeta''''=0$. 在杆端 ($z=0$ 和 $z=l$) 的边界条件取决于固定方式；在 $z=l/2$ 点，ζ, ζ', ζ'' 必须连续，而在该点两侧的剪力 $F = -EI\zeta'''$ 之差必须等于力 f.

在 $0 \leqslant z \leqslant l/2$ 的杆段上杆的形状和最大挠度由下面的公式给出：

(1) 杆的两端固支：

$$\zeta = \frac{f}{48EI} z^2 (3l - 4z), \quad \zeta\left(\frac{l}{2}\right) = \frac{fl^3}{192EI}.$$

(2) 杆的两端铰支：

$$\zeta = \frac{f}{48EI} z(3l^2 - 4z^2), \quad \zeta\left(\frac{l}{2}\right) = \frac{fl^3}{48EI}.$$

由于杆形状关于中点对称，因此在 $l/2 \leqslant z \leqslant l$ 杆段上，函数 $\zeta(z)$ 可以在 (1)、(2) 两式中直接用 $l-z$ 代换 z 得到.

3. 同习题 2，但杆的一端 ($z=0$) 固支，而另一端 ($z=l$) 自由，在杆的自由端上作用集中力 f.

解：在整个杆上 $F = \text{const} = f$，所以 $\zeta''' = -f/EI$. 由 $z=0$ 时 $\zeta=0$ 和 $\zeta'=0$，以及 $z=l$ 时 $\zeta''=0$ 的边条件得到：

$$\zeta = \frac{f}{6EI} z^2 (3l - z), \quad \zeta(l) = \frac{fl^3}{3EI}.$$

§20 杆的小挠度弯曲

4. 试确定两端固定的杆在其正中间作用一个集中力偶时杆的弯曲形状.

解：沿整个杆长 $\zeta''''=0$，而弯矩 $M=EI\zeta''$ 在 $z=l/2$ 点产生了跃变，跃变大小等于所施加的集中力偶矩 m. 根据端部固定的相应条件得到：

(1) 杆的两端固支：

$$\zeta = \frac{m}{8EIl}z^2(l-2z), \quad 0 \leq z \leq l/2,$$

$$\zeta = -\frac{m}{8EIl}(l-z)^2[l-2(l-z)], \quad l/2 \leq z \leq l.$$

(2) 杆的两端铰支（即两端固定在球铰上）：

$$\zeta = \frac{m}{24EIl}z(l^2-4z^2), \quad 0 \leq z \leq l/2,$$

$$\zeta = -\frac{m}{24EIl}(l-z)[l^2-4(l-z)^2], \quad l/2 \leq z \leq l.$$

在 $z=l/2$ 点的两侧，杆的弯曲方向不同.

5. 同习题 4，但集中力偶作用在杆的自由端，杆的另一端固支.

解：沿整个杆长有 $M=EI\zeta''=m$，而在 $z=0$ 时 $\zeta=0,\zeta'=0$. 弯曲形状由下式给出：$\zeta=\frac{m}{2EI}z^2$.

6. 圆截面杆的两端固定在球铰上，试确定在杆的正中间作用拉力 T 和弯曲力 f 时杆的形状.

解：在 $0 \leq z \leq l/2$ 区间上，剪力等于 $f/2$，所以式 (20.15) 给出方程

$$\zeta''' - \frac{T}{EI}\zeta' = -\frac{f}{2EI}.$$

边界条件为：$z=0,l$ 时，$\zeta=0,\zeta''=0$；而 $z=l/2$ 时，必须有 $\zeta'=0$（因为 ζ' 是连续的）. 对于杆的形状（在 $0 \leq z \leq l/2$ 区间）得到公式：

$$\zeta = \frac{f}{2T}\left[z - \frac{\sinh kz}{k\cosh(kl/2)}\right], \quad k = \left(\frac{T}{EI}\right)^{1/2}.$$

在 k 较小时，该表达式即化为在习题 2 的 (2) 中已经得到的公式. 在 k 较大时则变为 $\zeta=\frac{f}{2T}z$，这与方程 (20.17) 的结果是相符合的，即柔索在力 f 的影响下的形状是由两个相交于 $z=l/2$ 的直线段组成的.

如果力 T 是由于横向力引起杆的拉伸而产生的，则为了确定它必须利用公式 (20.16). 将所得表达式代入式 (20.16)，即求得方程

$$\frac{1}{k^6}\left[\frac{3}{2} + \frac{1}{2}\tanh^2\frac{kl}{2} - \frac{3}{kl}\tanh\frac{kl}{2}\right] = \frac{8E^2I^3}{f^2S},$$

这个方程确定的 T 是 f 的隐函数.

7. 一无限长圆截面杆放置在弹性基础上，亦即杆弯曲时在杆上作用着正比

于挠度的力 $K = -\alpha\zeta$. 试确定在杆上施加集中力 f 时杆的形状.

解：把坐标原点选在力 f 的作用点上. 除了 $z=0$ 点外，下面的方程处处都成立：
$$EI\zeta'''' = -\alpha\zeta.$$
方程的解必须满足的条件为：当 $z = \pm\infty$ 时 $\zeta = 0$，而在 $z=0$ 时 ζ'，ζ'' 必须连续；剪力 $F = -EI\zeta'''$ 在 $z\to 0+$ 和 $z\to 0-$ 时的差值必须等于 f. 这样的解是
$$\zeta = \frac{f}{8\beta^3 EI}e^{-\beta|z|}[\cos\beta|z| + \sin\beta|z|], \quad \beta = \left(\frac{\alpha}{4EI}\right)^{1/4}.$$

8. 圆截面细杆在自然状态下呈圆弧状，并在径向力作用下在所处平面内弯曲.试推导此细杆在小挠度弯曲时的平衡方程.

解：把极坐标 r,φ 的原点取在圆弧的中心.杆的形变方程写成 $r = a + \zeta(\varphi)$ 的形式，其中 a 为圆弧半径，而 ζ 为弯曲时小的径向位移.利用已知的用极坐标表示的曲率半径表达式，求得精确到 ζ 的一阶精度项的曲率为
$$\frac{1}{R} = \frac{r^2 - rr'' + 2r'^2}{(r^2+r'^2)^{3/2}} \approx \frac{1}{a} - \frac{\zeta+\zeta''}{a^2}$$
(撇号 $'$ 表示对 φ 的导数).按式(18.11)求出弯曲弹性能：
$$F_{\text{rod}} = \frac{EI}{2}\int_0^{\varphi_0}\left(\frac{1}{R} - \frac{1}{a}\right)^2 a\,d\varphi = \frac{EI}{2a^3}\int_0^{\varphi_0}(\zeta+\zeta'')^2 d\varphi$$
(φ_0 是圆弧的中心角).平衡方程由变分原理
$$\delta F_{\text{rod}} - \int_0^{\varphi_0}\delta\zeta K_r a\,d\varphi = 0$$
(式中 K_r 是单位长度上的径向外力)以及表示在所考虑的近似程度内杆的总长度不变，亦即总长度未拉长的补充条件
$$\int_0^{\varphi_0}\zeta\,d\varphi = 0$$
得到.应用拉格朗日方法，使下面的和式等于零：
$$\delta F_{\text{rod}} - \int_0^{\varphi_0}aK_r\delta\zeta\,d\varphi + a\alpha\int_0^{\varphi_0}\delta\zeta\,d\varphi = 0,$$
式中 α 是常数.对 F_{rod} 中积分号下面的表达式取变分，并对含 $\delta\zeta''$ 的项进行两次分部积分，我们便得到
$$\int\left[\frac{EI}{a^3}(\zeta + 2\zeta'' + \zeta'''') - aK_r + \alpha a\right]\delta\zeta\,d\varphi +$$
$$+\frac{EI}{a^3}(\zeta+\zeta'')\delta\zeta'\bigg| - \frac{EI}{a^3}(\zeta'+\zeta''')\delta\zeta\bigg| = 0.$$
由此得到平衡方程
$$\frac{EI}{a^4}(\zeta'''' + 2\zeta'' + \zeta) - K_r + \alpha = 0, \tag{1}$$

剪力表达式
$$F = -\frac{EI}{a^3}(\zeta' + \zeta'''),$$
和弯矩表达式
$$M = \frac{EI}{a^2}(\zeta + \zeta'')$$
(与§20的最后部分比较).常数 α 由杆的总拉伸长度为零的条件确定.

9. 试确定在一对集中力 f 沿着直径作用时圆环的弯曲形变(图18).

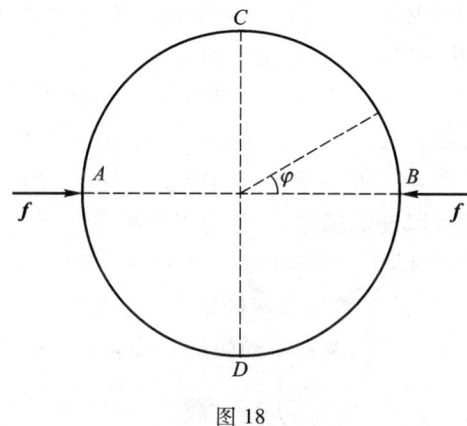

图 18

解:沿整个圆环的长度对(1)积分,我们得到
$$2\pi\alpha a = \int K_r a \mathrm{d}\varphi = 2f.$$
除了 $\varphi = 0$ 和 $\varphi = \pi$ 以外,方程(1)处处成立(此时 $K_r = 0$):
$$\zeta'''' + 2\zeta'' + \zeta + \frac{fa^3}{\pi EI} = 0.$$
待求的环的形变关于直径 AB 和 CD 对称,因此在 A,B,C,D 点必须有 $\zeta' = 0$;当 $\varphi \to 0 \pm$ 时,剪力值的差必须等于 f.满足这些条件时,平衡方程的解为
$$\zeta = \frac{fa^3}{EI}\left(\frac{1}{\pi} + \frac{1}{4}\varphi\cos\varphi - \frac{\pi}{8}\cos\varphi - \frac{1}{4}\sin\varphi\right), \quad 0 \leqslant \varphi \leqslant \pi.$$
特别是,A 和 B 两点相互靠近距离的大小为
$$|\zeta(0) + \zeta(\pi)| = \frac{fa^3}{EI}\left(\frac{\pi}{4} - \frac{2}{\pi}\right).$$

§21 弹性系统的稳定性

杆受纵向压力作用所表现出的行为是**弹性不稳定性**这一重要现象最简单

的例子,这个现象是由欧拉(L. Euler)最先发现的.

当横向弯曲的外力 K_x, K_y 不存在时,受压杆的平衡方程(20.14)有一个明显的解,即 $X = Y = 0$,它对应于在纵向力 T 作用下,杆保持着直线形状. 但是这个解只适用于杆受到的压力 $|T|$ 小于某个临界值 T_c 时的稳定平衡. 当 $|T| < T_c$ 时,杆的直线形状对于任何小扰动都是稳定的. 换句话说,如果杆在任何小作用的影响下受到微小弯曲,则当这一作用停止后,杆将趋向于恢复到它原来的状态.

相反,当 $|T| > T_c$ 时,杆的直线形状对应于不稳定平衡. 这时,只需无限小的作用(弯曲)就足以破坏这一平衡,结果使杆产生大弯曲. 很明显在这种条件下,受压杆的真实形状一般而言必定是弯曲的.

杆失去稳定后的行为必须用大挠度弯曲方程来描述. 但临界载荷值 T_c 却可以借助于小挠度弯曲方程得到. 当 $|T| = T_c$ 时,直线形状的杆处于某种随遇平衡. 这就是说,除了 $X = Y = 0$ 的解之外,还应该存在一个同样也处于平衡的小的弯曲状态. 因此,就可以规定临界值 T_c 为当方程

$$EI_2 X'''' + |T| X'' = 0, \qquad EI_1 Y'''' + |T| Y'' = 0 \qquad (21.1)$$

出现非零解时的 $|T|$ 值. 这个解也直接确定了失稳后杆的形变特性.

在本节的习题中给出了一系列不同弹性系统失稳的典型情况.

习 题

1. 试确定两端铰支的杆的临界压缩力.

解:因为我们感兴趣的是方程(21.1)的非零解中出现的最小值 $|T|$,故只需研究这两个方程中 I_1 和 I_2 较小的那个方程就足够了. 设 $I_2 < I_1$,方程

$$EI_2 X'''' + |T| X'' = 0$$

的解具有如下形式:

$$X = A + Bz + C \sin kz + D \cos kz, \qquad k = (|T|/EI_2)^{1/2}.$$

在 $z = 0$ 和 $z = l$ 时,满足条件 $X = 0$, $X'' = 0$ 的非零解是

$$X = C \sin kz,$$

而且应有 $\sin kl = 0$. 由此得到待求的临界压缩力:

$$T_c = \pi^2 EI_2 / l^2.$$

杆失稳后的形状由图 19(a) 示出.

2. 同习题 1,但是杆的两端为固支(见图 19(b)).

答案: $T_c = 4\pi^2 EI_2 / l^2$.

3. 同习题 1,但是杆的一端固支,另一端自由(图 19(c)).

答案: $T_c = \dfrac{\pi^2 EI_2}{4l^2}$.

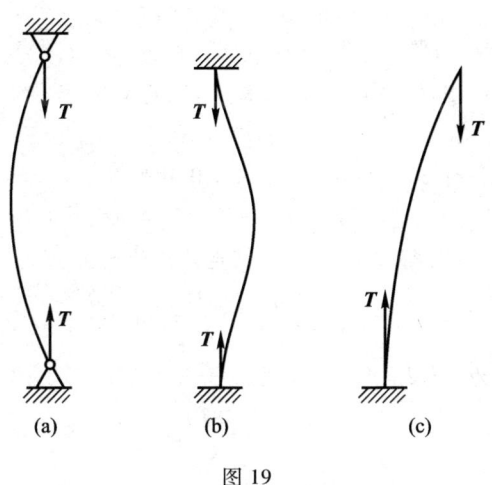

图 19

4. 试确定放置在弹性基础上的圆截面杆在两端为铰支时的临界压力(参见 §20 习题 7).

解：这里，必须用方程
$$EIX'''' + |T|X'' + \alpha X = 0$$
代替方程(21.1). 通过与前面类似的分析得到方程的解为
$$X = A\sin\frac{n\pi}{l}z, \quad T_c = \frac{\pi^2 EI}{l^2}\left(n^2 + \frac{\alpha l^4}{n^2\pi^4 EI}\right).$$
而且式中的整数 n 必须取使 T_c 达到最小的值. 当 α 值足够大时，得到 $n>1$，亦即杆失稳后变成有若干个波形的杆.

5. 两端固支的圆截面杆受到扭转. 试确定扭转的临界值，超过该值后杆的直线形状即变为不稳定.

解：扭转角的临界值由扭转杆的小挠度弯曲方程出现的非零解确定. 为了导出这些方程，将表达式(19.7)
$$\mathbf{M} = EI\mathbf{t}\times\frac{\mathrm{d}\mathbf{t}}{\mathrm{d}l} + C\tau\mathbf{t}$$
(式中 τ 是单位扭转角)代入方程(19.3)，得到
$$EI\mathbf{t}\times\frac{\mathrm{d}^2\mathbf{t}}{\mathrm{d}l^2} + C\tau\frac{\mathrm{d}\mathbf{t}}{\mathrm{d}l} - \mathbf{F}\times\mathbf{t} = 0.$$
对该方程取导数，因是小挠度弯曲，故在对第一项和第三项取导数时，可认为 $\mathbf{t}$ 是常量并等于沿着杆轴(z轴)方向的矢量 $\mathbf{t}_0$；再考虑到 $\mathrm{d}\mathbf{F}/\mathrm{d}l = 0$(因沿杆长无外力存在)，于是得到
$$EI\mathbf{t}_0\times\frac{\mathrm{d}^3\mathbf{t}}{\mathrm{d}l^3} + C\tau\frac{\mathrm{d}^2\mathbf{t}}{\mathrm{d}l^2} = 0,$$

或表为分量形式：
$$Y'''' - \varkappa X''' = 0, \quad X'''' + \varkappa Y''' = 0,$$
式中 $\varkappa = C\tau/EI$. 引入 $\xi = X + iY$ 作为未知函数，得到方程
$$\xi'''' - i\varkappa \xi''' = 0.$$
我们寻求满足边界条件 $z = 0, l$ 时 $\xi = 0, \xi' = 0$ 且形如
$$\xi = a(1 + i\varkappa z - e^{i\varkappa z}) + bz^2$$
的解，并求得可以充当所得 a 和 b 的方程共存条件的关系式
$$e^{i\varkappa l} = \frac{2 + i\varkappa l}{2 - i\varkappa l}, \quad \frac{\varkappa l}{2} = \tan\frac{\varkappa l}{2}.$$
以上方程的最小根为 $\varkappa l/2 = 4.49$，于是
$$\tau_c = \frac{8.98 EI}{Cl}.$$

6. 同习题5，但是杆的两端为铰支.

解：此处我们得到
$$\xi = a\left(1 - e^{i\varkappa z} - \frac{\varkappa^2}{2}z^2\right) + bz,$$
且由 $e^{i\varkappa l} = 1$，亦即 $\varkappa l = 2\pi$ 确定 $\varkappa$. 所以待求的扭转角临界值为
$$\tau_c = \frac{2\pi EI}{Cl}.$$

7. 试确定下端固支的铅垂杆在自重作用下的稳定极限.

解：如果纵向压力 $F_z \equiv T$ 沿着杆长变化，则式(20.1)中的第一项 $dF_z/dl \neq 0$，而代替式(20.14)的是
$$I_2 E X'''' - (TX')' - K_x = 0,$$
$$I_1 E Y'''' - (TY')' - K_y = 0.$$
在所给情形中，沿着整个杆长都没有横向弯曲力，而 $T = -q(l-z)$，其中 q 是单位长度杆的重量，z 是从下端点起算的坐标. 假设 $I_2 < I_1$，考虑方程
$$I_2 E X''' = TX' = -q(l-z)X'$$
(当 $z = l$ 时，自然有 $X''' = 0$). 以 $u = X'$ 为待求函数，上述方程的通解是
$$u = \eta^{1/3}[aJ_{-1/3}(\eta) + bJ_{1/3}(\eta)],$$
式中
$$\eta = \frac{2}{3}\left(\frac{q}{EI_2}(l-z)^3\right)^{1/2}.$$
从原边界条件 $X' = 0$ (当 $z = 0$)，$X'' = 0$ (当 $z = l$)，可给出函数 $u(\eta)$ 应满足的条件：
$$u = 0 \quad \left(\eta = \eta_0 \equiv \frac{2}{3}\left(\frac{ql^3}{EI_2}\right)^{1/2}\right),$$

$$u'\eta^{1/3} = 0 \quad (\eta = 0).$$

为满足这些条件，在通解中应当置 $b=0$，同时 $J_{-1/3}(\eta_0)=0$. 这个方程的最小根是 $\eta_0=1.87$，由此得到杆的临界长度

$$l_c = 1.98\left(\frac{EI_2}{q}\right)^{1/3}.$$

8. 一端固支的杆具有 $I_2 \gg I_1$ 的长条形截面，在自由端施加力 f 后使杆在其主平面 xz(抗弯刚度为 EI_2) 内弯曲. 试确定临界值 f_c，超过该值后平面弯曲形状将变得不稳定且杆在侧面(yz 平面)出现弯曲，同时也受到扭转.

解：由于与 EI_1 以及扭转刚度 C①相比刚度 EI_2 的值大得多，当相对于侧向大挠度弯曲已经出现不稳定性时，xz 平面内的弯曲仍然是小的. 为了确定开始出现失稳的时刻，我们应当建立保留含 xz 平面内作用力 f 与小位移乘积成正比项的杆的侧向小弯曲方程. 因为集中力只施加于杆的自由端，故沿着杆的整个长度有 $\mathbf{F}=f$，而在自由端($z=l$)力矩 $\mathbf{M}=0$；由(19.6)得到相对于固定坐标系 x, y, z 的力矩分量:

$$M_x = 0, \quad M_y = (l-z)f, \quad M_z = (Y-Y_0)f,$$

式中 $Y_0 = Y(l)$. 将这些分量投影到每一点都与杆连在一起的坐标轴 ξ, η, ζ 上，精确到一阶位移项，我们得到

$$M_\xi = \varphi(l-z)f, \quad M_\eta = (l-z)f,$$

$$M_\zeta = (l-z)f\frac{dY}{dz} + f(Y-Y_0),$$

式中 φ 是扭转时杆截面的总旋转角(此处扭转角 $\tau = d\varphi/dz$ 沿杆长不是常数). 另一方面，根据(18.6)和(18.9)，在小弯曲时有

$$M_\xi = -EI_1Y'', \quad M_\eta = EI_2X'', \quad M_\zeta = C\varphi'.$$

比较上述两组表达式，即得到平衡方程

$$EI_2X'' = (l-z)f,$$

$$EI_1Y'' = -\varphi(l-z)f, \quad C\varphi' = (l-z)fY' + (Y-Y_0)f.$$

其中第一个方程确定在 xz 平面内杆的基本弯曲. 现在需要求出第二个和第三个方程出现非零解时的 f 值. 从这两个方程中消去 Y，我们得到

$$\varphi'' + k^2(l-z)^2\varphi = 0, \quad k^2 = \frac{f^2}{EI_1C}.$$

此方程的通解是

$$\varphi = a\sqrt{l-z}J_{1/4}\left(\frac{k}{2}(l-z)^2\right) + b\sqrt{l-z}J_{-1/4}\left(\frac{k}{2}(l-z)^2\right).$$

---

① 当狭矩形截面具有宽 h 和高 $b \gg h$ 时，我们有

$$EI_1 = \frac{bh^3}{12}E, \quad EI_2 = \frac{b^3h}{12}E, \quad C = \frac{bh^3}{3}\mu.$$

在固支端 $(z=0)$ 应有 $\varphi=0$,而在自由端扭转力矩 $C\varphi'=0$. 由第二个条件有 $a=0$,而由第一个条件给出 $J_{-1/4}(kl^2/2)=0$. 这个方程的最小根为 $kl^2/2=2.006$,由此

$$f_c = \frac{4.01}{l^2}(EI_1C)^{1/2}.$$

第三章

弹 性 波

§22 各向同性介质中的弹性波

如果在形变物体内发生运动,物体温度一般来说绝不会是常量,它不仅随时间变化,而且沿物体逐点变化.在任意运动的一般情况下,这就使精确运动方程变得非常复杂.

但是,由于在物体的各部分间以热传导方式进行的热量传递通常十分缓慢,故情况得以简化.如果在与物体内部振动运动周期同数量级的时间间隔内实际上没有发生热交换,则可将物体的每一部分都看作是隔热的,亦即运动是绝热的.而在绝热形变时以 u_{ik} 表示 σ_{ik} 的公式仍以通常的公式表示,唯一的差别仅在于式中用 E,σ 的绝热值(见§6)取代了通常所用的等温值.以后我们将认为这个条件是满足的,本章所用的 E 和 σ 都应理解为绝热值.

为了得到弹性介质的运动方程,应使物体内应力所导致的力 $\partial \sigma_{ik}/\partial x_k$ 等于加速度 $\ddot{u}_i$[①]乘以体积质量(即它的密度 ρ):

$$\rho \ddot{u}_i = \frac{\partial \sigma_{ik}}{\partial x_k}. \tag{22.1}$$

这是运动方程的一般形式.

---

① 当然,质点速度 v 与其位移的导数 $\dot{u}$ 是相等的.但我们必须强调指出,把这两个量等同绝不意味着这是不言而喻的.在晶体中,矢量 u 是晶格格点的位移,而速度 v 在连续介质力学中被定义为单位质量物质的动量.严格说来,只是对于理想的晶体,亦即其中每一个晶格格点(而且只在晶格格点上)都有一个原子时,等式 $v=\dot{u}$ 才是正确的.如果晶体含有缺陷(存在没有填充原子的格点——空穴,或者相反,在格点之间有多余的原子),则借助于缺陷扩散使原子"穿过晶格",在未形变的晶格中仍可能存在质量迁移(亦即动量不为零).把 v 和 $\dot{u}$ 等同意味着由于扩散缓慢或缺陷密度小而忽略了这些效应.

特别是,对各向同性弹性介质,运动方程可以根据平衡方程(7.2)直接写出来. 于是我们有

$$\rho \ddot{u} = \frac{E}{2(1+\sigma)} \Delta u + \frac{E}{2(1+\sigma)(1-2\sigma)} \nabla \nabla \cdot u. \tag{22.2}$$

因为假定所有的形变都是小的,所以在弹性理论中研究的运动属于**小弹性振动**或**小弹性波**. 我们首先研究各向同性无限介质中的平面弹性波,亦即形变 u 仅是某一坐标(比如说 x)和时间的函数的波. 这时,方程(22.2)中所有关于 y 和 z 的导数均消失了. 于是得出矢量 u 的单独分量的如下方程:

$$\frac{\partial^2 u_x}{\partial x^2} - \frac{1}{c_l^2} \frac{\partial^2 u_x}{\partial t^2} = 0, \quad \frac{\partial^2 u_y}{\partial x^2} - \frac{1}{c_t^2} \frac{\partial^2 u_y}{\partial t^2} = 0 \tag{22.3}$$

(关于 u_z 的方程与 u_y 的方程一样),式中引入了记号①

$$c_l = \left[\frac{E(1-\sigma)}{\rho(1+\sigma)(1-2\sigma)} \right]^{1/2}, \quad c_t = \left[\frac{E}{2\rho(1+\sigma)} \right]^{1/2}. \tag{22.4}$$

方程(22.3)就是通常的一维波动方程,其中引入的量 c_l 和 c_t 是波的传播速度. 我们看到,波的传播速度是不同的,对于分量 u_x 是一种速度,而对于分量 u_y 和 u_z 是另一种速度.

这就是说,实质上弹性波是独立传播的两个波:其中一个波(u_x)的位移方向沿波传播方向,这样的波称为**纵波**,它的传播速度是 c_l;而另一个波(u_y, u_z)的位移方向在与波传播方向垂直的平面内,这样的波称为**横波**,它的传播速度是 c_t. 由式(22.4)显见,纵波的传播速度 c_l 总是大于横波的传播速度 c_t②:

$$c_l > (4/3)^{1/2} c_t. \tag{22.5}$$

速度 c_l 和 c_t 分别称为**纵向声速**和**横向声速**.

我们知道,在形变时体积的改变是由应变张量对角线项之和,即值 $u_{ii} \equiv \nabla \cdot u$ 确定的. 对于横波,只有分量 u_y, u_z,而由于它们既与 y 无关,又与 z 无关,所以对于横波 $\nabla \cdot u = 0$,这就意味着,横波与物体各部分的体积变化无关. 相反,对于纵波 $\nabla \cdot u \neq 0$,即纵波伴随有物体内的压缩和拉伸.

将波分为以不同速度独立传播的两个部分的做法,可以推广到无限空间中任意(非平面的)弹性波的一般情形.

引入速度 c_l 和 c_t 后,把方程(22.2)重写为:

$$\ddot{u} = c_t^2 \Delta u + (c_l^2 - c_t^2) \nabla \nabla \cdot u. \tag{22.6}$$

将矢量 u 表示为两部分的和:

---

① 这里我们也给出用压缩模量、剪切模量和拉梅系数表示的速度 c_l, c_t 的表达式:
$$c_l = [(3K+4\mu)/3\rho]^{1/2} = [(\lambda+2\mu)/\rho]^{1/2}, \quad c_t = [\mu/\rho]^{1/2}.$$

② 事实上,由于 δ 只在从 0 到 1/2 的范围内变化(参见§5),因而存在更强的不等式:
$$c_l > c_t \sqrt{2}.$$

$$u = u_l + u_t, \tag{22.7}$$

其中的一个满足条件

$$\nabla \cdot u_t = 0, \tag{22.8}$$

而另一个满足条件

$$\nabla \times u_l = 0. \tag{22.9}$$

由矢量分析可知,这样的表示总是可能的(因为一个矢量总可以表示为某个矢量的旋度与某个标量的梯度之和的形式).

将 $u = u_l + u_t$ 代入(22.6),我们得

$$\ddot{u}_l + \ddot{u}_t = c_t^2 \Delta(u_l + u_t) + (c_l^2 - c_t^2)\nabla\nabla \cdot u_l. \tag{22.10}$$

将这个方程的两边作用散度算子 $\nabla \cdot$,由于 $\nabla \cdot u_t = 0$,就得到

$$\nabla \cdot \ddot{u}_l = c_t^2 \Delta \nabla \cdot u_l + (c_l^2 - c_t^2) \Delta \nabla \cdot u_l,$$

或

$$\nabla \cdot (\ddot{u}_l - c_l^2 \Delta u_l) = 0$$

另一方面,由(22.9)式,上式圆括号内表达式中的旋度也等于零. 而如果一个矢量的旋度和散度在全空间中都等于零,则该矢量必恒等于零. 于是

$$\frac{\partial^2 u_l}{\partial t^2} - c_l^2 \Delta u_l = 0. \tag{22.11}$$

类似地,对方程(22.10)作用旋度算子,并考虑到 $\nabla \times u_l = 0$ 和任何梯度的旋度都等于零,我们得到

$$\nabla \times (\ddot{u}_t - c_t^2 \Delta u_t) = 0.$$

由于圆括号内的表达式的散度也等于零,于是我们又得到形如式(22.11)的方程:

$$\frac{\partial^2 u_t}{\partial t^2} - c_t^2 \Delta u_t = 0. \tag{22.12}$$

方程(22.11)和(22.12)是通常的(三维)波动方程,分别对应于波速为 c_l 或 c_t 的弹性波的传播. 其中的一个波(u_t)与体积改变无关(由于 $\nabla \cdot u_t = 0$),而另一个(u_l)则伴随有体积的胀缩.

在单色弹性波中,位移矢量具有如下形式:

$$u = \text{Re}\{u_0(r)e^{-i\omega t}\}, \tag{22.13}$$

式中 u_0 是坐标的函数. 这个函数应满足方程

$$c_t^2 \Delta u_0 + (c_l^2 - c_t^2)\nabla\nabla \cdot u_0 + \omega^2 u_0 = 0. \tag{22.14}$$

单色波的纵向和横向部分分别满足方程

$$\Delta u_l + k_l^2 u_l = 0, \quad \Delta u_t + k_t^2 u_t = 0, \tag{22.15}$$

式中 $k_l = \omega/c_l$, $k_t = \omega/c_t$ 对应于纵波和横波的波矢量.

最后,我们来研究平面单色波在两种不同介质分界面上的反射和折射. 这时应当注意,反射和折射时波的特性一般来说是要发生改变的. 假设在分界面

上射入的是单纯的横波或单纯的纵波,而最后得到的却是既包含横波又包含纵波的混合波. 只有入射波垂直于分界面入射,或以任意角度入射的横波的振动方向与分界面平行这两种情形,波的特性才不会发生改变(由对称性考虑便可以得出这样的结论).

确定反射波和折射波方向的关系式,可以直接从频率的不变性和波矢量在分界面上的切向分量的不变性得到[①]. 设 θ 和 θ' 分别为入射角和反射角(或折射角),而 c 和 c' 为两种波的波速. 这时有

$$\frac{\sin\theta}{\sin\theta'} = \frac{c}{c'}. \tag{22.16}$$

例如,令入射波为横波,这时 $c = c_{t1}$ 是第一种介质中的横波波速,而对于反射波中的横波同样有 $c' = c_{t1}$,因此由(22.16)给出

$$\theta = \theta',$$

即入射角等于反射角. 对于反射波中的纵波,有 $c' = c_{l1}$,因此

$$\frac{\sin\theta}{\sin\theta'} = \frac{c_{t1}}{c_{l1}}.$$

对于折射波中的横波部分有 $c' = c_{t2}$,当入射波也是横波时,有

$$\frac{\sin\theta}{\sin\theta'} = \frac{c_{t1}}{c_{t2}}.$$

类似地,对于折射波中的纵波,有

$$\frac{\sin\theta}{\sin\theta'} = \frac{c_{t1}}{c_{l2}}.$$

习 题

1. 纵向单色波以任意角向物体与真空的界面入射,试确定反射系数.

解:反射时通常既出现反射纵波,也出现反射横波. 从对称观点考虑,很明显在反射横波中位移矢量将完全位于入射面内(图20,其中 $\boldsymbol{n}_0, \boldsymbol{n}_l, \boldsymbol{n}_t$ 分别是沿入射方向,反射纵波方向和反射横波方向的单位矢量;$\boldsymbol{u}_0, \boldsymbol{u}_l, \boldsymbol{u}_t$ 分别是相应的位移矢量). 物体中的总位移等于下面的和式(为简便起见,省略了公共因子 $e^{-i\omega t}$):

$$\boldsymbol{u} = A_0 \boldsymbol{n}_0 e^{i\boldsymbol{k}_0 \cdot \boldsymbol{r}} + A_l \boldsymbol{n}_l e^{i\boldsymbol{k}_l \cdot \boldsymbol{r}} + A_t \boldsymbol{a} \times \boldsymbol{n}_t e^{i\boldsymbol{k}_t \cdot \boldsymbol{r}}$$

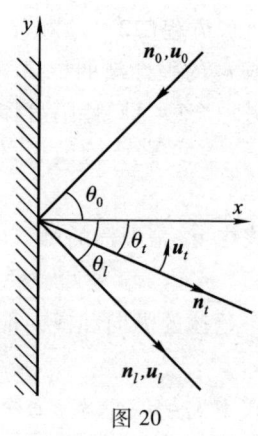

图 20

[①] 参见本教程第六卷 §66. 那里所述的所有概念在这里也完全适用.

(a 是垂直于入射面的单位矢量). 波矢量的绝对值为: $k_0 = k_l = \omega/c_l$, $k_t = \omega/c_t$, 而入射角 θ_0 和反射角 θ_l, θ_t 之间的关系为 $\theta_l = \theta_0$, $\sin\theta_t = \sin\theta_0 \dfrac{c_t}{c_l}$. 我们得到在物体界面上应变张量的分量:

$$u_{xx} = \mathrm{i}k_0(A_0 + A_l)\cos^2\theta_0 + \mathrm{i}A_t k_t \cos\theta_t \sin\theta_t,$$
$$u_{ll} = \mathrm{i}k_0(A_0 + A_l),$$
$$u_{xy} = \mathrm{i}k_0(A_0 - A_l)\sin\theta_0 \cos\theta_0 + \frac{\mathrm{i}}{2}A_t k_t (\cos^2\theta_t - \sin^2\theta_t)$$

(式中略去了公共指数因子). 应力张量的分量按照一般公式 (5.11) 计算. 此公式现在可以方便地写为

$$\sigma_{ik} = 2\rho c_t^2 u_{ik} + \rho(c_l^2 - 2c_t^2)u_{ll}\delta_{ik}.$$

介质自由表面上的边界条件为 $\sigma_{ik}n_k = 0$, 由此得 $\sigma_{xx} = \sigma_{yx} = 0$, 并给出两个通过 A_0 表示 A_l, A_t 的方程. 最后计算结果为

$$A_l = A_0 \frac{c_t^2 \sin 2\theta_t \sin 2\theta_0 - c_l^2 \cos^2 2\theta_t}{c_t^2 \sin 2\theta_t \sin 2\theta_0 + c_l^2 \cos^2 2\theta_t},$$

$$A_t = -A_0 \frac{2c_l c_t \sin 2\theta_0 \cos 2\theta_t}{c_t^2 \sin 2\theta_t \sin 2\theta_0 + c_l^2 \cos^2 2\theta_t}.$$

当 $\theta_0 = 0$ 时, $A_l = -A_0$, $A_t = 0$, 亦即入射波全部作为纵波被反射回来. 纵向反射波垂直于介质表面分量的能流密度与纵向入射波的能流密度之比为

$$R_l = \left|\frac{A_l}{A_0}\right|^2.$$

同样, 对于横向反射波, 比值为

$$R_t = \frac{c_t \cos\theta_t}{c_l \cos\theta_0}\left|\frac{A_t}{A_0}\right|^2.$$

自然, $R_l + R_t = 1$.

2. 同习题 1, 但入射波为横波 (其振动方向位于入射平面内)①.

解: 反射波既有横波也有纵波, 并且 $\theta_t = \theta_0$, $c_l \sin\theta_l = c_t \sin\theta_0$. 总位移矢量为

$$\boldsymbol{u} = \boldsymbol{a} \times \boldsymbol{n}_0 A_0 \mathrm{e}^{\mathrm{i}\boldsymbol{k}_0 \cdot \boldsymbol{r}} + \boldsymbol{n}_l A_l \mathrm{e}^{\mathrm{i}\boldsymbol{k}_l \cdot \boldsymbol{r}} + \boldsymbol{a} \times \boldsymbol{n}_t A_t \mathrm{e}^{\mathrm{i}\boldsymbol{k}_t \cdot \boldsymbol{r}}.$$

得到如下有关反射波振幅的表达式:

$$\frac{A_t}{A_0} = \frac{c_t^2 \sin 2\theta_t \sin 2\theta_0 - c_l^2 \cos^2 2\theta_0}{c_t^2 \sin 2\theta_t \sin 2\theta_0 + c_l^2 \cos^2 2\theta_0},$$

$$\frac{A_l}{A_0} = \frac{2c_l c_t \sin 2\theta_0 \cos 2\theta_0}{c_t^2 \sin 2\theta_t \sin 2\theta_0 + c_l^2 \cos^2 2\theta_0}.$$

---

① 如果振动垂直于入射面, 则波将以同样的形式反射回来, 所以 $R_t = 1$.

3. 试确定半径为 R 的弹性球径向固有振动的频率.

解：选择原点位于球心的球坐标. 径向振动时，u 的方向沿着半径，并且只与 r 和时间 t 有关. 因此 $\nabla \times \boldsymbol{u} = 0$. 引入位移"势" φ，使之符合于 $u_r = u = \partial\varphi/\partial r$. 把通过 φ 表示的运动方程归结为波动方程 $c_l^2 \Delta\varphi = \ddot{\varphi}$，或随时间周期振动（$\propto e^{-i\omega t}$）的方程：

$$\Delta\varphi \equiv \frac{1}{r^2}\frac{\partial}{\partial r}\left(r^2 \frac{\partial \varphi}{\partial r}\right) = -k^2 \varphi, \quad k = \frac{\omega}{c_l}. \tag{1}$$

在除球心外的整个球内，这个方程的有限解为

$$\varphi = A \frac{\sin kr}{r}.$$

（式中未写出时间因子）. 径向应力为

$$\sigma_{rr} = \rho\{(c_l^2 - 2c_t^2)u_{ii} + 2c_t^2 u_{rr}\} = \rho\{(c_l^2 - 2c_t^2)\Delta\varphi + 2c_t^2 \varphi''\},$$

或利用方程(1)：

$$\frac{1}{\rho}\sigma_{rr} = -\omega^2 \varphi - 4c_t^2 \frac{1}{r}\varphi'. \tag{2}$$

代入边界条件 $\sigma_{rr}(R) = 0$，则得方程

$$\frac{\tan kR}{kR} = \frac{1}{1-(kRc_l/2c_t)^2}. \tag{3}$$

上式的根即可定出固有振动频率 $\omega = c_l k$.

4. 试确定带有球腔的无限弹性介质径向振动的频率（设 $c_l \gg c_t$）.

解：在无限介质中，球腔的径向振动伴随有纵向声波辐射，因而引起能量耗损和振动的衰减. 当 $c_l \gg c_t$（亦即 $K \gg \mu$）时，声波辐射小，也可以说振动的固有频率具有小的阻尼系数.

方程(1)解的形式是发散的球面波：

$$\varphi = A \frac{e^{ikr}}{r}, \quad k = \frac{\omega}{c_l},$$

借助于(2)，由边界条件 $\sigma_{rr}(R) = 0$，即得

$$\left(kR\frac{c_l}{c_t}\right)^2 = 4(1 - ikR).$$

由此（当 $c_l \gg c_t$ 时）

$$\omega = \frac{2c_t}{R}\left(1 - i\frac{c_t}{c_l}\right).$$

ω 的实部给出振动的固有频率，而虚部给出阻尼系数. 自然，在不可压缩介质（$c_l \to \infty$）中是不存在阻尼的. 这些振动是介质的剪切阻力（$\mu \neq 0$）引起的特殊结果. 注意对于这些振动有 $kR = 2c_t/c_l \ll 1$，亦即这些振动对应的波长远大于 R（将此振动与弹性球的振动结果相比很有意思，当 $c_l \gg c_t$ 时，此振动第一固有频率可

按式(3)由 $kR = \pi$ 给出).

§23 晶体中的弹性波

弹性波在各向异性介质中(亦即在晶体中)传播所遵从的规律远比其在各向同性物体中传播时复杂. 为了研究这样的波, 我们应返回到一般的运动方程

$$\rho \ddot{u}_i = \frac{\partial \sigma_{ik}}{\partial x_k},$$

并利用关于 σ_{ik} 的一般表达式(10.3), 即

$$\sigma_{ik} = \lambda_{iklm} u_{lm}.$$

按照§22节开头所说, 式中 λ_{iklm} 所有的分量都是指绝热的弹性模量.

将 σ_{ik} 代入运动方程, 即得到

$$\rho \ddot{u}_i = \lambda_{iklm} \frac{\partial u_{lm}}{\partial x_k} = \frac{\lambda_{iklm}}{2} \frac{\partial}{\partial x_k} \left(\frac{\partial u_l}{\partial x_m} + \frac{\partial u_m}{\partial x_l} \right) =$$

$$= \frac{1}{2} \lambda_{iklm} \frac{\partial^2 u_l}{\partial x_k \partial x_m} + \frac{1}{2} \lambda_{iklm} \frac{\partial^2 u_m}{\partial x_k \partial x_l}.$$

由于张量 λ_{iklm} 关于指标 l 和 m 是对称的, 故交换第二项的求和指标 l 和 m 后, 我们就发现第一项和第二项完全相同. 于是我们得到运动方程:

$$\rho \ddot{u}_i = \lambda_{iklm} \frac{\partial^2 u_m}{\partial x_k \partial x_l}. \tag{23.1}$$

现在来研究晶体中的单色弹性波. 为此, 我们应寻求运动方程形式为

$$u_i = u_{0i} e^{i(\boldsymbol{k} \cdot \boldsymbol{r} - \omega t)}$$

(u_{0i} 是常数)的解, 而波矢量 $\boldsymbol{k}$ 与频率 ω 之间的关系, 要由所写出的函数实际满足方程(23.1)来确定. 将 u_i 对时间求导数即是以 $-i\omega$ 乘原式, 而对 x_k 求导数即是以 ik_k 乘原式. 因此, 代入后的方程(23.1)变为

$$\rho \omega^2 u_i = \lambda_{iklm} k_k k_l u_m.$$

记 $u_i = \delta_{im} u_m$, 将上面的等式改写为

$$(\rho \omega^2 \delta_{im} - \lambda_{iklm} k_k k_l) u_m = 0. \tag{23.2}$$

这是关于未知量 u_x, u_y, u_z 的三个一次齐次方程组. 众所周知, 这种方程组只有当其系数行列式等于零时, 即方程

$$\left| \lambda_{iklm} k_k k_l - \rho \omega^2 \delta_{im} \right| = 0 \tag{23.3}$$

成立时有非零解.

这些方程确定了频率与波矢的关系, 这种关系通常称为波的**色散关系**, 确定它的方程称为**色散方程**. 方程(23.3)是关于 ω^2 的三次方程, 一般来说, 它有三个不同的根 $\omega^2 = \omega_j^2(\boldsymbol{k})$, 即色散关系的三个分支. 将其中的每一个根依次代回到方程(23.2)并求解, 即得到这些波的位移矢量 $\boldsymbol{u}$ 的方向, 即通常所说的**偏**

振方向(自然,由于方程自身的齐次性,矢量 u 的绝对值不能由方程(23.2)确定,仍然是任意的)①. 具有同一个波矢 k 的三个波的偏振方向相互垂直. 这一重要结果,也可以由把方程(23.3)看作是确定二阶对称张量 $\lambda_{iklm}k_k k_l$ ②的主值方程而直接得到,因而方程(23.2)也就确定了这一张量的主方向. 众所周知,主方向是相互垂直的. 但一般来说,相对于 k 的方向而言,这些方向之中的任何一个既不是纯纵向的,也不是纯横向的.

波的传播速度(它的**群速度**)由下面的导数给出：

$$U = \frac{\partial \omega}{\partial k} \tag{23.4}$$

(参见本教程第六卷§67). 在各向同性介质中,$\omega(k)$ 与绝对值 k 成正比关系,因此该速度的方向与波矢量的方向一致. 而在晶体中并非如此,一般来说,波的传播方向与波矢 k 的方向并不一致,只对某些特殊方向(晶体的对称轴方向)矢量 k 和 U 才是共线的.

由色散方程(23.3)可见,在晶体中 ω 是矢量 k 的分量的一次齐次函数(如果引入比值 ω/k 作为未知量,则方程的系数与 k 无关). 因此,速度 U 是 k_x, k_y, k_z 的零次齐次函数. 换句话说,波的传播速度是其传播方向的函数,与频率无关.

如果我们在 k 空间(亦即在 k_x, k_y, k_z 坐标中)对于色散关系中的任一分支构造一个频率等值面 $\omega(k) = \text{const}$,则矢量(23.4)的方向与等值面的法线方向重合. 很明显,如果等值面处处都是凸的,则 U 和 k 的方向之间的关系是单值的：每一个 k 的方向对应一个确定的 U 方向,反之亦然. 如果频率的等值面并非处处都凸,则这个关系变为非单值关系：每一个 k 的方向依旧对应(给定色散关系分支上的)一个 U 方向,但一个给定的 U 方向却可能有几个不同的 k 方向与之对应.

习 题

1. 试确定立方晶体中弹性波的色散关系：(1) 波在立方晶体[001]晶面即立方体界面上传播；(2) 波在[111]晶面方向即立方体对角线方向上传播.

解：立方晶体的非零弹性模量有 $\lambda_{xxxx} \equiv \lambda_1$, $\lambda_{xxyy} \equiv \lambda_2$, $\lambda_{xyxy} \equiv \lambda_3$(以及与它们相等的由 x,y,z 中其它指标对置换指标 x,y 得到的分量,参见§10). 坐标轴 x,y,z 沿着立方体的棱.

---

① 在各向同性物体中,这些分支为 $\omega = c_l k$(纵向偏振波)以及同两个独立横向偏振波对应的两个重根 $\omega = c_t k$.

② 由张量 λ_{iklm} 的对称性质,我们有

$$\lambda_{iklm}k_k k_l = \lambda_{kiml}k_k k_l = \lambda_{mlki}k_k k_l.$$

后一个表达式与前一表达式的区别只在于傀标符号 k,l,亦即张量 $\lambda_{iklm}k_k k_l$ 实际上是关于指标 i,m 对称的.

(1) 选取[001]面作为 xy 平面,并设 θ 为该平面的波矢量 $\boldsymbol{k}$ 和 x 轴的夹角. 构建并求解色散方程(23.3),即得到色散关系的三个分支:

$$\rho\omega_{1,2}^2 = \frac{1}{2}k^2\{\lambda_1 + \lambda_3 \pm [(\lambda_1 - \lambda_3)^2 -$$
$$- 4(\lambda_1 + \lambda_2)(\lambda_1 - \lambda_2 - 2\lambda_3)\sin^2\theta\cos^2\theta]^{1/2}\},$$
$$\rho\omega_3^2 = \lambda_3 k^2.$$

第三个分支的波是沿 z 轴偏振的横波. 前两个分支的波是在 xy 平面内偏振的波. 从对称性考虑,很明显,所有这些波的传播速度 $\boldsymbol{U} = \partial\omega/\partial\boldsymbol{k}$ 也在 xy 平面内,因此所得表达式足以将它算出.

当 $\theta = 0$ ($\boldsymbol{k}$ 沿 x 轴)时,有

$$\rho\omega_1^2 = \lambda_1 k^2, \quad \rho\omega_2^2 = \lambda_3 k^2,$$

并且 1 波是纵波(沿着 x 轴偏振),而 2 波是横波(沿着 y 轴偏振).

当 $\theta = \pi/4$ ($\boldsymbol{k}$ 沿立方体界面的对角线)时,有

$$\rho\omega_1^2 = \frac{1}{2}(\lambda_1 + \lambda_2 + 2\lambda_3)k^2, \quad \rho\omega_2^2 = \frac{1}{2}(\lambda_1 - \lambda_2)k^2.$$

其中 1 波是纵波,而 2 波是横波并在 xy 平面内偏振.

(2) 在这种情形下,波矢量的分量 $k_x = k_y = k_z = k/\sqrt{3}$. 色散方程的解是

$$\rho\omega_1^2 = \frac{1}{3}k^2(\lambda_1 + 2\lambda_2 + 4\lambda_3),$$
$$\rho\omega_{2,3}^2 = \frac{1}{3}k^2(\lambda_1 - \lambda_2 + \lambda_3).$$

其中 1 波是纵波,2 波和 3 波是横波.

2. 试确定六方晶系晶体弹性波的色散关系.

解:六方晶系有五个独立的弹性模量(参见§10 的习题1),对它们引入记号:

$$\lambda_{xxxx} = \lambda_{yyyy} = a, \quad \lambda_{xyxy} = b, \quad \lambda_{xxyy} = a - 2b,$$
$$\lambda_{xxzz} = \lambda_{yyzz} = c, \quad \lambda_{xzxz} = \lambda_{yzyz} = d, \quad \lambda_{zzzz} = f.$$

令 z 轴的方向沿着六次对称轴,而 x,y 轴的方向可以任意选择. 我们选取 xz 平面使波矢量 $\boldsymbol{k}$ 位于其内. 这时 $k_x = k\sin\theta, k_y = 0, k_z = k\cos\theta$,其中 θ 是 $\boldsymbol{k}$ 与 z 轴的夹角. 构建并求解方程(23.3),得到

$$\rho\omega_1^2 = k^2(b\sin^2\theta + d\cos^2\theta),$$
$$\rho\omega_{2,3}^2 = \frac{1}{2}k^2\{a\sin^2\theta + f\cos^2\theta + d \pm$$
$$\pm [\{(a-d)\sin^2\theta + (d-f)\cos^2\theta\}^2 + 4(c+d)^2\sin^2\theta\cos^2\theta]^{1/2}\}.$$

当 $\theta = 0$ 时,有

$$\rho\omega_{1,2}^2 = k^2 d, \quad \rho\omega_3^2 = k^2 f.$$

其中 3 波是纵波, 1 波和 2 波是横波.

§24 表面波

在介质表面附近传播而不穿入介质深处的波是弹性波的一种特殊形式, 即**瑞利波**(J. W. Rayleigh, 1885).

把运动方程写为(22.11),(22.12)的形式:

$$\frac{\partial^2 u}{\partial t^2} - c^2 \Delta u = 0 \qquad (24.1)$$

(式中 u 是矢量 $\boldsymbol{u}_l, \boldsymbol{u}_t$ 之一的任意一个分量, 而 c 是相应的速度 c_l 或 c_t), 并寻求其适合表面波的解. 假设弹性介质的表面是平面并把它选作 xy 面, 并设介质对应于 $z<0$ 的区域.

我们来研究沿着 x 轴传播的"平面"单色表面波, 其中函数 $u(t,x,z)$ 具有如下形式:

$$u = e^{i(kx-\omega t)} f(z),$$

式中函数 $f(z)$ 满足方程 $f'' = \varkappa^2 f$. 引入记号

$$\varkappa = \left(k^2 - \frac{\omega^2}{c^2}\right)^{1/2}. \qquad (24.2)$$

如果 $k^2 - \omega^2/c^2 < 0$, 则 $f(z)$ 是周期函数, 亦即我们得到的是通常在介质整个体积内不消失的平面波. 因此, 应该认为 $k^2 - \omega^2/c^2 > 0$, 于是 $\varkappa$ 为实数. 这时, 方程具有 $\exp(\pm \varkappa z)$ 形式的解, 应从中选取 $z \to -\infty$ 时衰减的函数.

这样一来, 我们就得到运动方程的解:

$$u = \mathrm{const} \cdot e^{i(kx-\omega t)} e^{\varkappa z}. \qquad (24.3)$$

它对应于在介质内部迅速(按指数)衰减的波, 即波只在介质表面附近传播. $\varkappa$ 值决定波的衰减速度.

波的真实位移矢量 $\boldsymbol{u}$ 为矢量 $\boldsymbol{u}_l$ 与 $\boldsymbol{u}_t$ 之和, 这两个矢量中每一个的分量都满足方程(24.1), $\boldsymbol{u}_l$ 的速度为 $c = c_l$, $\boldsymbol{u}_t$ 的速度为 $c = c_t$. 在无限介质中的体积波情形下, 这两部分是两个相互独立传播的波. 而在表面波的情形下, 由于边界条件的存在, 把它分为两个相互独立的部分不再可能. 位移矢量 $\boldsymbol{u}$ 应当由矢量 $\boldsymbol{u}_l$ 和 $\boldsymbol{u}_t$ 的线性组合来确定. 关于这后两个矢量, 必须指出, 现在它们完全没有平行和垂直于位移分量传播方向的直观意义了.

为了确定矢量 $\boldsymbol{u}_l$ 和 $\boldsymbol{u}_t$ 的线性组合以给出真实的位移 $\boldsymbol{u}$, 必须考虑物体边界条件. 由此确定波矢量 $\boldsymbol{k}$ 和频率 ω 之间的关系, 因此也确定波的传播速度. 在自由表面上必须满足 $\sigma_{ik} n_k = 0$ 的条件. 因为法向矢量 $\boldsymbol{n}$ 平行于 z 轴, 故由此得出以下条件:

$$\sigma_{xz} = \sigma_{yz} = \sigma_{zz} = 0,$$

§ 24 表 面 波

所以
$$u_{xz} = 0, \quad u_{yz} = 0, \quad \sigma(u_{xx} + u_{yy}) + (1-\sigma)u_{zz} = 0. \tag{24.4}$$

因为所有的量都与坐标 y 无关，故由第二个条件给出

$$u_{yz} = \frac{1}{2}\left(\frac{\partial u_y}{\partial z} + \frac{\partial u_z}{\partial y}\right) = \frac{1}{2}\frac{\partial u_y}{\partial z} = 0.$$

考虑到式(24.3)，由此得到

$$u_y = 0. \tag{24.5}$$

因此，表面波中的位移矢量 $\boldsymbol{u}$ 位于通过传播方向并垂直于表面的平面内.

波的"横向"部分 $\boldsymbol{u}_t$ 应满足条件(22.8)，即 $\nabla \cdot \boldsymbol{u}_t = 0$ 或

$$\frac{\partial u_{tx}}{\partial x} + \frac{\partial u_{tz}}{\partial z} = 0.$$

根据式(24.3)，由这一条件得到等式

$$iku_{tx} + \varkappa_t u_{tz} = 0,$$

依此确定比值 u_{tx}/u_{tz}. 于是我们有

$$\left.\begin{array}{l} u_{tx} = \varkappa_t a \exp(ikx + \varkappa_t z - i\omega t), \\ u_{tz} = -ika \exp(ikx + \varkappa_t z - i\omega t). \end{array}\right\} \tag{24.6}$$

式中 a 是常数.

波的"纵向"部分 $\boldsymbol{u}_l$ 满足条件(22.9)，即 $\nabla \times \boldsymbol{u}_l = 0$ 或

$$\frac{\partial u_{lx}}{\partial z} - \frac{\partial u_{lz}}{\partial x} = 0,$$

由此

$$iku_{lz} - \varkappa_l u_{lx} = 0, \quad \varkappa_l = \left(k^2 - \frac{\omega^2}{c_l^2}\right)^{1/2}.$$

这样一来，就有

$$u_{lx} = kb e^{ikx + \varkappa_l z - i\omega t}, \quad u_{lz} = -i\varkappa_l b e^{ikx + \varkappa_l z - i\omega t}, \tag{24.7}$$

式中 b 是常数.

现在利用条件(24.4)中的第一和第三式，将 u_{ik} 通过 u_i 的导数表示，并引入速度 c_l 和 c_t，这些条件即可改写为

$$\left.\begin{array}{l} \dfrac{\partial u_x}{\partial z} + \dfrac{\partial u_z}{\partial x} = 0, \\ c_l^2 \dfrac{\partial u_z}{\partial z} + (c_l^2 - 2c_t^2)\dfrac{\partial u_x}{\partial x} = 0. \end{array}\right\} \tag{24.8}$$

在上式中代入下式：

$$u_x = u_{lx} + u_{tx}, \quad u_z = u_{lz} + u_{tz}.$$

最后，由式(24.8)中的第一个条件给出方程：

$$a(k^2 + \varkappa_t^2) + 2bk\varkappa_l = 0, \tag{24.9}$$

由第二个条件导出等式:
$$2ac_t^2 \varkappa_t k + b[c_t^2(\varkappa_l^2 - k^2) + 2c_t^2 k^2] = 0,$$
或
$$2a\varkappa_t k + b(k^2 + \varkappa_t^2) = 0. \tag{24.10}$$

由两个齐次方程(24.9)和(24.10)的相容性条件给出
$$(k^2 + \varkappa_t^2)^2 = 4k^2 \varkappa_t \varkappa_l,$$

或两边平方并代入 $\varkappa_t$ 和 $\varkappa_l$ 的值,得
$$\left(2k^2 - \frac{\omega^2}{c_t^2}\right)^4 = 16k^4\left(k^2 - \frac{\omega^2}{c_t^2}\right)\left(k^2 - \frac{\omega^2}{c_l^2}\right). \tag{24.11}$$

上面的方程确定了 ω 和 k 的关系. 显然 $\omega = \text{const} \cdot k$. 为了确定比例系数,将这一关系写为
$$\omega = c_t k \xi. \tag{24.12}$$

这时,展开括号并约去公共因子 k^8,我们就得到了关于 ξ 的方程:
$$\xi^6 - 8\xi^4 + 8\xi^2\left(3 - 2\frac{c_t^2}{c_l^2}\right) - 16\left(1 - \frac{c_t^2}{c_l^2}\right) = 0. \tag{24.13}$$

由此显见, ξ 的数值只与比值 c_t/c_l 有关,这一比值是每一给定物质的某种特征常量,它本身也只与泊松比有关:
$$\frac{c_t^2}{c_l^2} = \frac{1 - 2\sigma}{2(1 - \sigma)}.$$

自然, ξ 必须是正实数,并且 $\xi < 1$(以使 $\varkappa_t, \varkappa_l$ 为实数). 满足这些条件时,方程(24.13)只有一个根. 所以,对于每一个给定的 c_t/c_l 值,总共只得到一个确定的 ξ 值[①].

这样一来,如同体积波一样,表面波的频率也正比于波矢量. 它们之间的比例系数是波的传播速度:
$$U = c_t \xi. \tag{24.14}$$

使用这个公式,表面波的传播速度就可以通过体积波的横波速度 c_t 和纵波速度 c_l 来确定. 横波和纵波的振幅之比值由 ξ 值按下面的公式给出:
$$\frac{a}{b} = -\frac{2 - \xi^2}{2\sqrt{1 - \xi^2}}. \tag{24.15}$$

对于不同的物质,与 σ 在 0 到 1/2 内变化相对应,比值 c_t/c_l 的实际大小在 $1/\sqrt{2}$ 到 0 的范围之间变化. 这时 ξ 的变化范围是从 0.874 到 0.955. 图 21 给出了 ξ 与

---

① 方程(24.11)化为(24.13)时丢失了 $\omega^2 = 0$ 的根($\varkappa_t = \varkappa_l = k$),这个根与 $\xi = 0$ 相对应而且也满足条件 $\xi < 1$. 但由(24.9)和(24.10)可知这个根与等式 $a = -b$ 相对应,因此总位移 $\mathbf{u} = \mathbf{u}_t + \mathbf{u}_l = 0$,亦即根本就没有运动.

§ 24 表 面 波

σ 的关系.

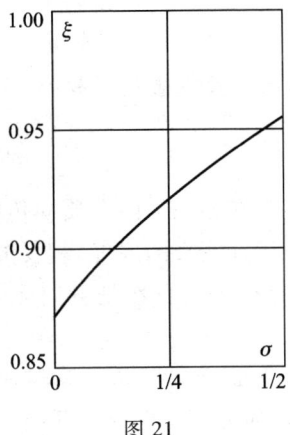

图 21

习 题

一厚度为 h 的平面平行层(介质1)位于弹性半空间(介质2)上,且有振动方向与层边界平行的横波在平行层内传播. 试确定频率和波矢量之间的关系.

解:选平行层与半空间的分界面为 xy 平面,并令弹性半空间对应于 $z<0$, 平行层对应于 $h \geq z \geq 0$. 在层内,我们有

$$u_{x1} = u_{z1} = 0, \quad u_{y1} = f(z)\mathrm{e}^{\mathrm{i}(kx-\omega t)},$$

而在介质 2 中,我们把在介质深处衰减的波写为:

$$u_{x2} = u_{z2} = 0, \quad u_{y2} = A\mathrm{e}^{\varkappa_2 z}\mathrm{e}^{\mathrm{i}(kx-\omega t)}, \quad \varkappa_2 = \left(k^2 - \frac{\omega^2}{c_{t2}^2}\right)^{1/2}.$$

对于函数 $f(z)$ 有如下方程:

$$f'' + \varkappa_1^2 f = 0, \quad \varkappa_1 = \left(\frac{\omega^2}{c_{t1}^2} - k^2\right)^{1/2}$$

(下面我们将会看到,应有 $\varkappa_1^2 > 0$),由此有

$$f(z) = B\sin\varkappa_1 z + C\cos\varkappa_1 z.$$

在平行层的自由边界($z=h$)上必须有 $\sigma_{zy}=0$,即 $\partial u_{y1}/\partial z=0$. 而在两种介质的分界面上($z=0$)有下面的条件:

$$u_{y1} = u_{y2}, \quad \mu_1 \frac{\partial u_{y1}}{\partial z} = \mu_2 \frac{\partial u_{y2}}{\partial z}$$

(μ_1, μ_2 为两种介质的剪切模量). 由这些条件我们得到关于 A, B, C 的三个方程,由这些方程的相容性条件给出

$$\tan \varkappa_1 h = \frac{\mu_2 \varkappa_2}{\mu_1 \varkappa_1}.$$

这个方程以隐式确定了 ω 与 k 的关系,它只在 $\varkappa_1$ 和 $\varkappa_2$ 为实数时才有解,因而总有 $c_{t2} > \omega/k > c_{t1}$. 由此可见,该波的传播只有在 $c_{t2} > c_{t1}$ 的条件下才有可能.

§25 杆和板的振动

在薄板和杆中传播的波与在各向无限介质中传播的波有着本质的区别. 我们这里所说的波的波长远大于杆或板的厚度. 相反的极限情形是波长远小于杆或板的厚度,这时可以把杆或板大致看作是各向无限的,这时我们就重新得到无限介质中存在的关系.

必须将平行于杆轴或板平面方向振动的波与垂直于杆轴或板平面方向振动的波加以区分. 我们首先从研究杆中的纵波开始.

若在杆的侧表面上没有任何外力作用,则杆的纵向形变(沿杆截面均匀)是简单拉伸或压缩. 这样一来,在杆中的纵波是简单拉伸或压缩沿杆长传播. 但是,在简单拉伸时,应力张量的分量中只有 σ_{zz} 不为零(z 轴沿着杆长),它与应变张量的关系(参见§5)为

$$\sigma_{zz} = E u_{zz} = E \frac{\partial u_z}{\partial z}.$$

将此式代入一般运动方程

$$\rho \ddot{u}_z = \frac{\partial \sigma_{zk}}{\partial x_k},$$

得到

$$\frac{\partial^2 u_z}{\partial z^2} - \frac{\rho}{E} \frac{\partial^2 u_z}{\partial t^2} = 0. \qquad (25.1)$$

这就是杆中的纵向振动方程. 我们看到,它具有通常波动方程的形式. 纵波在杆中传播的速度等于

$$\left(\frac{E}{\rho}\right)^{1/2}. \qquad (25.2)$$

将该式与 c_l 的表达式(22.4)比较,我们发现,它小于无限介质中纵波的传播速度.

我们现在来看薄板中的纵波. 在平衡方程(13.4)中以 $-\rho h \frac{\partial^2 u_x}{\partial t^2}$ 和 $-\rho h \frac{\partial^2 u_y}{\partial t^2}$ 代替 P_x 和 P_y 后,即可立刻写出这种振动的运动方程:

$$\left.\begin{aligned}\frac{\rho}{E}\frac{\partial^2 u_x}{\partial t^2} &= \frac{1}{1-\sigma^2}\frac{\partial^2 u_x}{\partial x^2} + \frac{1}{2(1+\sigma)}\frac{\partial^2 u_x}{\partial y^2} + \frac{1}{2(1-\sigma)}\frac{\partial^2 u_y}{\partial x \partial y}, \\ \frac{\rho}{E}\frac{\partial^2 u_y}{\partial t^2} &= \frac{1}{1-\sigma^2}\frac{\partial^2 u_y}{\partial y^2} + \frac{1}{2(1+\sigma)}\frac{\partial^2 u_y}{\partial x^2} + \frac{1}{2(1-\sigma)}\frac{\partial^2 u_x}{\partial x \partial y}.\end{aligned}\right\} \quad (25.3)$$

现在来研究沿着 x 轴传播的平面波, 在这种波中形变只与 x 坐标有关, 而与 y 坐标无关. 这时方程(25.3)得到了极大的简化, 并具有如下形式:

$$\frac{\partial^2 u_x}{\partial t^2} - \frac{E}{\rho(1-\sigma^2)}\frac{\partial^2 u_x}{\partial x^2} = 0, \quad \frac{\partial^2 u_y}{\partial t^2} - \frac{E}{2\rho(1+\sigma)}\frac{\partial^2 u_y}{\partial x^2} = 0. \quad (25.4)$$

这样一来, 我们又一次得到了普通的波动方程. u_x 方程和 u_y 方程中的系数是不同的. 振动平行于传播方向的波(u_x), 其传播速度等于

$$\left(\frac{E}{\rho(1-\sigma^2)}\right)^{1/2}. \quad (25.5)$$

而振动垂直于传播方向(但仍处于板平面内)的波(u_y), 其波速等于无限介质中的横波波速 c_t.

由此可见, 杆和板中的纵波与无限介质中的波具有同样的特性, 区别只是传播速度的大小不同(依旧与频率无关). 但对于杆和板中的**弯曲波**得到的却完全是另外一种关系, 在这种情形下振动发生在垂直于杆轴或板平面的方向上, 即伴随有杆或板的弯曲.

板的自由振动方程可以在平衡方程(12.5)的基础上直接写出来. 为此, 必须用加速度 $\ddot\zeta$ 与单位面积板的质量 ρh 之乘积代替式中的 $-P$. 这样一来, 我们便得到

$$\rho \frac{\partial^2 \zeta}{\partial t^2} + \frac{D}{h}\Delta^2 \zeta = 0 \quad (25.6)$$

(式中 Δ 是二维拉普拉斯算子).

现在来研究单色弹性波, 与此相应我们寻求形式为

$$\zeta = \text{const} \cdot e^{i(\boldsymbol{k}\cdot\boldsymbol{r}-\omega t)} \quad (25.7)$$

的满足方程(25.6)的解(当然波矢量 $\boldsymbol{k}$ 总共只有两个分量: k_x 和 k_y). 将其代入式(25.6)得到方程

$$-\rho\omega^2 + \frac{D}{h}k^4 = 0.$$

由此我们得到频率与波矢量之间的如下关系:

$$\omega = k^2 \left(\frac{D}{\rho h}\right)^{1/2} = k^2 \left(\frac{h^2 E}{12\rho(1-\sigma^2)}\right)^{1/2}. \quad (25.8)$$

由此可见, 频率与波矢量绝对值的平方成正比, 而在无限介质中波的频率是与波矢量绝对值的一次方成正比的.

知道波的色散关系后,就可以根据公式(23.4)求出波的传播速度. 在给定的情形下,我们得到

$$U = \left[\frac{h^2 E}{3\rho(1-\sigma^2)}\right]^{1/2} k. \tag{25.9}$$

由此可见,弯曲波沿板的传播速度与波矢量(波数)成正比,而不像在三维无限介质中的波那样是常量[①].

对于细杆的弯曲波也会得到类似的结果. 假设弯曲振动是小的. 在小挠度弯曲杆的平衡方程(20.4)中将力 $-K_x$, $-K_y$ 代以加速度 $\ddot{X}$, $\ddot{Y}$ 与单位长度杆的质量 ρS(S 为杆的截面面积)之乘积,便得到运动方程. 由此,有

$$\rho S \ddot{X} = EI_y \frac{\partial^4 X}{\partial z^4}, \quad \rho S \ddot{Y} = EI_x \frac{\partial^4 Y}{\partial z^4}. \tag{25.10}$$

我们重新寻求这组方程的如下形式的解:

$$X = \text{const} \cdot e^{i(kz-\omega t)}, \quad Y = \text{const} \cdot e^{i(kz-\omega t)},$$

并得到沿 x 轴和 y 轴振动的色散关系如下:

$$\omega^{(x)} = \left(\frac{EI_y}{\rho S}\right)^{1/2} k^2, \quad \omega^{(y)} = \left(\frac{EI_x}{\rho S}\right)^{1/2} k^2. \tag{25.11}$$

相应的传播速度:

$$U^{(x)} = 2\left(\frac{EI_y}{\rho S}\right)^{1/2} k, \quad U^{(y)} = 2\left(\frac{EI_x}{\rho S}\right)^{1/2} k. \tag{25.12}$$

最后,我们来研究杆的**扭转振动**. 当杆发生扭转形变时,杆的运动方程可由表达式 $C\partial\tau/\partial z$(参见 §16,§18)等于单位长度杆的动量矩对时间的导数得到. 该角动量等于 $\rho I \partial\varphi/\partial t$,其中 $\partial\varphi/\partial t$ 是旋转角速度(φ 是给定截面的旋转角),而

$$I = \int(x^2 + y^2)\,df$$

为杆截面关于惯性中心的惯性矩(纯扭转振动时,每个截面都将绕杆中保持静止的惯性轴作旋转振动). 写出 $\tau = \partial\varphi/\partial z$,即可得到如下形式的运动方程:

$$C\frac{\partial^2 \varphi}{\partial z^2} = \rho I \frac{\partial^2 \varphi}{\partial t^2}. \tag{25.13}$$

由此可见,扭转振动沿杆的传播速度等于

$$\left(\frac{C}{\rho I}\right)^{1/2}. \tag{25.14}$$

习 题

1. 试确定长度为 l 的杆的纵向固有振动频率,杆的一端固支,另一端自由.

[①] 波矢量(波数)$k = 2\pi/\lambda$,其中 λ 是波长. 因此,根据式(25.9),当 $\lambda \to 0$ 时,速度 U 就应无限地增长. 实际上这个结果是毫无实际意义的,因为公式(25.9)不适用于波长过短的情形.

解：在固定端 $(z=0)$ 应有 $u_z=0$，而在自由端 $(z=l)$ 有 $\sigma_{zz}=Eu_{zz}=0$，即 $\partial u_z/\partial z=0$. 我们寻求方程(25.1)的形如下式的解：

$$u_z = A\cos(\omega t + \alpha)\sin kz, \quad k = \omega\left(\frac{\rho}{E}\right)^{1/2}.$$

由 $z=l$ 时 $\cos kl=0$ 的条件得到固有频率

$$\omega = \left(\frac{E}{\rho}\right)^{1/2}\frac{(2n+1)\pi}{2l}$$

(n 为整数).

2. 同习题1，但是杆的两端都自由或两端都固定.

答案：在这两种情形下均有

$$\omega = \left(\frac{E}{\rho}\right)^{1/2}\frac{n\pi}{l}.$$

3. 试确定长度为 l 的弦的固有频率.

解：弦的运动方程为

$$\frac{\partial^2 X}{\partial z^2} - \frac{\rho S}{T}\frac{\partial^2 X}{\partial t^2} = 0$$

(参见平衡方程(20.17)). 边界条件：当 $z=0,l$ 时 $X=0$. 由此得到固有频率

$$\omega = \left(\frac{\rho S}{T}\right)^{1/2}\frac{n\pi}{l}.$$

4. 试确定两端固支的长度为 l 的杆的横向振动固有频率.

解：将式

$$X = X_0(z)\cos(\omega t + \alpha)$$

代入方程(25.10)后，即得到

$$\frac{d^4 X_0}{dz^4} = \varkappa^4 X_0, \quad \varkappa^4 = \omega^2\frac{\rho S}{EI_y}.$$

该方程的通解是

$$X_0 = A\cos\varkappa z + B\sin\varkappa z + C\cosh\varkappa z + D\sinh\varkappa z.$$

常数 A,B,C,D 由边界条件确定：当 $z=0,l$ 时 $X=0$，$dX/dz=0$. 结果得到

$$X_0 = A\{(\sin\varkappa l - \sinh\varkappa l)(\cos\varkappa z - \cosh\varkappa z) - \\ -(\cos\varkappa l - \cosh\varkappa l)(\sin\varkappa z - \sinh\varkappa z)\}$$

和方程

$$\cos\varkappa l\cosh\varkappa l = 1,$$

由该方程的根给出振动的固有频率. 其中最小的固有频率为

$$\omega_{\min} = \frac{22.4}{l^2}\sqrt{\frac{EI_y}{\rho S}}.$$

5. 同习题4，但杆的两端是简支的.

解：类似于问题 4 的解，最后结果为

$$X_0 = A\sin \varkappa z,$$

而频率由 $\sin \varkappa l = 0$ 确定，即

$$\varkappa = \frac{n\pi}{l} \quad (n = 1, 2, \cdots).$$

最小频率是

$$\omega_{\min} = \frac{9.87}{l^2}\sqrt{\frac{EI_y}{\rho S}}.$$

6. 同习题 4，但杆的一端固支，另一端自由.

解：得出位移为

$$X_0 = A\{(\cos \varkappa l + \cosh \varkappa l)(\cos \varkappa z - \cosh \varkappa z)$$
$$+ (\sin \varkappa l - \sinh \varkappa l)(\sin \varkappa z - \sinh \varkappa z)\}$$

（在 $z = 0$ 端固定，在 $z = l$ 端自由），固有频率方程为

$$\cos \varkappa l \cosh \varkappa l + 1 = 0,$$

最小频率为

$$\omega_{\min} = \frac{3.52}{l^2}\sqrt{\frac{EI_y}{\rho S}}.$$

7. 试确定四边简支的边长为 a 和 b 的矩形板的固有振动.

解：将式

$$\zeta = \zeta_0(x, y)\cos(\omega t + \alpha)$$

代入方程(25.6)后，即得到

$$\Delta^2 \zeta_0 - \varkappa^4 \zeta_0 = 0, \quad \varkappa^4 = \omega^2 \frac{12\rho(1 - \sigma^2)}{h^2 E}.$$

将板边选为坐标轴. 边界条件(12.11)现在表示为：

$$\text{当 } x = 0, a \text{ 时 } \zeta = 0, \quad \frac{\partial^2 \zeta}{\partial x^2} = 0;$$

$$\text{当 } y = 0, b \text{ 时 } \zeta = 0, \quad \frac{\partial^2 \zeta}{\partial y^2} = 0.$$

满足这些条件的解是

$$\zeta_0 = A\sin\frac{m\pi x}{a}\sin\frac{n\pi y}{b}$$

（式中 m, n 是整数），而频率由下面的等式确定：

$$\omega = h\sqrt{\frac{E}{12\rho(1 - \sigma^2)}}\pi^2\left[\left(\frac{m}{a}\right)^2 + \left(\frac{n}{b}\right)^2\right].$$

8. 试确定边长为 a 和 b 的矩形膜振动的固有频率.

§ 25 杆和板的振动

解：膜的振动方程为

$$T\Delta\zeta = \rho h \ddot{\zeta}$$

(比较平衡方程(14.9)).膜的边必须是固定的,所以 $\zeta = 0$.相应于矩形膜的解是

$$\zeta = A \sin\frac{m\pi x}{a} \sin\frac{n\pi y}{b} \cos\omega t,$$

固有频率为

$$\omega^2 = \frac{T}{\rho h}\pi^2\left(\frac{m^2}{a^2} + \frac{n^2}{b^2}\right)$$

(m, n 是整数).

9. 杆的截面形状分别为圆、椭圆、等边三角形和窄矩形,试确定这些杆的扭转振动的传播速度.

解：对于半径为 R 的圆截面杆,惯性矩 $I = \pi R^4/2$,扭转刚度 C 由 § 16 的习题 1 取得,我们得到速度值为 $(\mu/\rho)^{1/2}$,它与 c_t 相同.

类似地(利用 § 16 习题 2–4 的结果)得到椭圆截面杆的速度

$$\frac{2ab}{a^2 + b^2}c_t;$$

对于等边三角形截面杆,速度为

$$(3/5)^{1/2}c_t;$$

对于窄矩形截面杆,亦即形状为长矩形板的杆,速度为

$$2\frac{h}{d}c_t.$$

所有这些速度全都小于 c_t.

10. 在无限深不可压缩液体的表面上覆盖一个弹性薄板.试确定当波沿薄板和液体表层同时传播时波矢量和频率之间的关系.

解：选取板平面为坐标平面($z = 0$),而 x 轴沿波传播方向.设液体所在区域为 $z < 0$ 的一侧.自由板的运动方程为

$$\rho_0 h \frac{\partial^2 \zeta}{\partial t^2} = -D\frac{\partial^4 \zeta}{\partial x^4}$$

(ρ_0 为薄板材料的密度).当存在液体时,在方程的右面应该增加一项液体作用于板面单位面积上的力,即液体的压强 p.但在波中压强可以通过速度势表示为 $p = -\rho \partial\varphi/\partial t$(忽略重力场).由此得到方程

$$\rho_0 h \frac{\partial^2 \zeta}{\partial t^2} = -D\frac{\partial^4 \zeta}{\partial x^4} - \rho\left.\frac{\partial\varphi}{\partial t}\right|_{z=0}. \tag{1}$$

其次,在液体表面上液体速度的法向分量必须等于板上同一点的速度,由此得到下面的条件：

$$\frac{\partial \zeta}{\partial t} = \frac{\partial \varphi}{\partial z}\bigg|_{z=0}. \tag{2}$$

在液体的全部体积内势 φ 必须满足方程

$$\frac{\partial^2 \varphi}{\partial x^2} + \frac{\partial^2 \varphi}{\partial z^2} = 0. \tag{3}$$

我们寻求形为 $\zeta = \zeta_0 e^{ikx-i\omega t}$ 的行波；据此，我们取方程(3)的解为沿液体深度衰减的表面波

$$\varphi = \varphi_0 e^{i(kx-\omega t)} e^{kz}.$$

将此表达式代入式(1)和(2)，即得到关于 φ_0 和 ζ_0 的两个方程. 由这两个方程的相容性条件得到

$$\omega^2 = D \frac{k^5}{\rho + h\rho_0 k}.$$

§26 非简谐振动

一般而言，所有弹性理论都是基于胡克定律的近似这个意义上，前面所述的整个弹性振动理论也是近似理论. 我们记得这一理论的基础是把弹性能展开为应变张量的幂级数，并且保留到二次项为止. 因此，应力张量分量可以表示为应变张量分量的线性函数，同时运动方程也是线性的.

在这种近似下，弹性波最显著的特点是：任何波都可以表示为各单色波的简单叠加（即线性组合）的形式. 每一个单色波都可各自独立地传播并可单独存在而不伴随任何无关的运动. 可以说，在同一种介质中同时传播的不同单色波彼此之间"不相互作用".

然而，在转入下一阶近似时所有这些特性全都消失了. 高阶近似效应尽管小，但对某些现象却能起主要作用. 由于这些效应对应的运动方程是非线性的，不允许有简单的周期（即简谐）解，所以通常称其为**非简谐效应**.

这里我们考虑由弹性能中应变的立方项所引起的三次非简谐效应. 相应的运动方程的一般形式相当烦琐. 但我们可借助于下面的论证来阐述非简谐效应的特征. 弹性能中的立方项给出应力张量的平方项，因此在运动方程中也有平方项出现. 设想在这些方程中，所有的线性项都移到等式的左端，而二次项都移到了等式的右端. 用逐次近似法求解这些方程，在一阶近似中我们应舍弃所有的二次项. 这时剩下的就是通常的线性方程，它的解 $\boldsymbol{u}_0$ 可以用 $\text{const} \cdot e^{i(\boldsymbol{k}\cdot\boldsymbol{r}-\omega t)}$ 形式的单色行波的叠加来表示，其 ω 和 $\boldsymbol{k}$ 之间有确定的关系. 接下来作二阶近似，这时应置 $\boldsymbol{u} = \boldsymbol{u}_0 + \boldsymbol{u}_1$，并且在方程的右端（平方项一边）仅保留 $\boldsymbol{u}_0$ 项. 因为按照定义，$\boldsymbol{u}_0$ 满足没有右端项的齐次线性方程，故等式左端含 $\boldsymbol{u}_0$ 的项相消，结果我们得到关于矢量 $\boldsymbol{u}_1$ 的分量的非齐次线性方程组，位于这些方程右端的是坐

标和时间的已知函数. 将 u_0 代入原方程右端得到的这些函数是一个和式,其中每一项都正比于形为 $e^{i[(k_1-k_2)\cdot r-(\omega_1-\omega_2)t]}$ 或 $e^{i[(k_1+k_2)\cdot r-(\omega_1+\omega_2)t]}$ 的因子,式中 ω_1, ω_2 和 k_1, k_2 是一阶近似的任何两个单色波的频率和波矢量.

众所周知,线性方程的这种形式的特解,是与方程自由项(右端)中所含指数因子相同且带有适当选取系数的诸项之和,其中每一项都对应于一个具有频率 $\omega_1 \pm \omega_2$ 和波矢量 $k_1 \pm k_2$ 的行波(等同于初始波频率之和或差的频率称为**组合频率**).

这样一来,由三次非简谐效应得到的结果是:在基本单色波(具有频率 $\omega_1, \omega_2, \cdots$ 和波矢量 $k_1, k_2, \cdots$)的集合上再叠加上某些弱强度"波",这些弱波的组合频率形如 $\omega_1 \pm \omega_2$,而组合波矢量形如 $k_1 \pm k_2$. 这里,我们把它们称为带引号的"波",是因为它们只是一些修正效应,并且不能单独存在(某些特殊情形除外,详见下面). 一般来说,$\omega_1 \pm \omega_2$ 与 $k_1 \pm k_2$ 之间不满足通常在单色波中存在的那种频率与波矢量之间的关系.

但很明显,选取两组特殊的 ω_1, k_1 和 ω_2, k_2 值,使 $\omega_1 + \omega_2$ 与 $k_1 + k_2$ 之间(为了确切起见,我们将只讨论频率和,而不讨论频率差)满足给定介质中单色波所遵从的关系之一是可能的. 引入记号 $\omega_3 = \omega_1 + \omega_2$ 和 $k_3 = k_1 + k_2$,从数学上看,可以认为 ω_3, k_3 与满足一阶近似下齐次线性运动方程(右端项为零)的波相对应. 如果在二阶近似下运动方程的右端具有正比于含这种 ω_3, k_3 的 $e^{i(k_3\cdot r-\omega_3 t)}$ 项,则如所周知,这些方程的特解将是具有同样频率而振幅随时间无限增大的波.

因此,其和 ω_3, k_3 满足上述条件的两个单色波 ω_1, k_1 和 ω_2, k_2 叠加因非简谐效应而引起共振现象,亦即产生新的单色波 ω_3, k_3,这个波的振幅随时间增大直到最后不再是小量. 显然,如果在波 ω_1, k_1 和 ω_2, k_2 叠加时产生波 ω_3, k_3,则在波 ω_1, k_1 和 ω_3, k_3 叠加时也将发生共振,并出现波 $\omega_2 = \omega_3 - \omega_1, k_2 = k_3 - k_1$,而在波 ω_2, k_2 和 ω_3, k_3 叠加时,也将产生波 ω_1, k_1.

特别是,在各向同性物体中,可借助于 $\omega = c_t k$ 或 $\omega = c_l k$ 将 ω 和 k 联系起来,而且 $c_l > c_t$. 不难看出在那些情形下,这些关系中的任一个可对三个波($\omega_1, k_1; \omega_2, k_2$ 和 $\omega_3 = \omega_1 + \omega_2, k_3 = k_1 + k_2$)中的每一个都成立. 如果 k_1 和 k_2 的方向不相同,则 $k_3 < k_1 + k_2$,因此,很明显这样的 k_1, k_3 只能在下面的两种情形下发生共振:(1) ω_1, k_1 和 ω_2, k_2 是横波,而 ω_3, k_3 是纵波;(2) ω_1, k_1 或 ω_2, k_2 中有一个是纵波,另一个是横波,而 ω_3, k_3 是纵波. 然而,如果矢量 k_1 和 k_2 的方向相同,则在三个波全都是纵波或全都是横波时均可发生共振.

引起共振现象的非简谐效应不仅在某些单色波叠加时发生,而且即使在总共只有一个波 ω_1, k_1 的情形下也能发生. 在这种情形下,运动方程的右端有与 $e^{2i(k_1\cdot r-\omega_1 t)}$ 成比例的项. 而如果 ω_1, k_1 满足通常的关系式,则由于这个关系式是一次齐次关系式，$2\omega_1$，$2k_1$ 也满足这一关系式. 这样一来，除了已存在的单色波 ω_1，k_1 之外，非简谐效应还导致了具有二倍频率和二倍波矢量($2\omega_1$，$2k_1$)的波的出现，而且这个波的振幅随着时间的增加而增大.

最后，我们简单地谈谈如何建立考虑非简谐项的运动方程. 现在，应变张量必须由完全的表达式(1.3)确定：

$$u_{ik} = \frac{1}{2}\left(\frac{\partial u_i}{\partial x_k} + \frac{\partial u_k}{\partial x_i} + \frac{\partial u_l}{\partial x_i}\frac{\partial u_l}{\partial x_k}\right), \quad (26.1)$$

式中不可忽略 u_i 的平方项. 其次，对于具有给定对称性的物体，能量密度 $\mathscr{E}$[①]的一般表达式应该写成标量形式，这些标量是由张量 u_{ik} 的分量和一些表征物体材料特性的常张量组成，其中包含 u_{ik} 的项应达到所需要的幂次. 然后，将关于 u_{ik} 的表达式(26.1)代入，并弃去 u_i 的过高幂次的项，我们便得到能量 $\mathscr{E}$，它是导数 $\partial u_i/\partial x_k$ 的函数，并具有所需要的精度.

为了得到运动方程，我们注意下面的结果. 变分 $\delta\mathscr{E}$ 可以写为

$$\delta\mathscr{E} = \frac{\partial\mathscr{E}}{\partial(\partial u_i/\partial x_k)}\delta\frac{\partial u_i}{\partial x_k},$$

或引入记号

$$\sigma_{ik} = \frac{\partial\mathscr{E}}{\partial(\partial u_i/\partial x_k)}, \quad (26.2)$$

把 $\delta\mathscr{E}$ 改写为

$$\delta\mathscr{E} = \sigma_{ik}\frac{\partial\delta u_i}{\partial x_k} = \frac{\partial}{\partial x_k}(\sigma_{ik}\delta u_i) - \delta u_i\frac{\partial\sigma_{ik}}{\partial x_k}.$$

式中 $-\delta u_i$ 的系数是单位体积物体所受力的分量，形式上它们和以前一样. 因此运动方程依然能够写为

$$\rho_0\ddot{u}_i = \frac{\partial\sigma_{ik}}{\partial x_k}, \quad (26.3)$$

式中 ρ_0 是物体未形变时的密度，而张量分量 σ_{ik} 现在按式(26.2)由具有所需精度的 $\mathscr{E}$ 来确定. 张量 σ_{ik} 现在不再是对称的了.

我们要着重指出，现在这里的 σ_{ik} 已不再具有动量流密度(应力张量)的含义. 在通常的理论中，这样的解释是由物体的体力密度$\partial\sigma_{ik}/\partial x_k$ 按物体体积积分而得出的. 在这种情形下最为关键的是积分时我们没有区分形变前与形变后物体上点坐标的不同，从而忽略了它们之间的差别. 但是，在转入更高阶的近似后这种差别不能再忽略，这时限定积分区域的表面不再等同于所研究物体形变后区域的真实表面了.

在§2中已经指出，张量 σ_{ik} 的对称性是与角动量守恒相联系的. 现在，这个

---

① 这里我们说的是内能 $\mathscr{E}$ 而不是自由能 F，因为这里讨论的是绝热振动.

结论不再成立,这是因为角动量密度不应写为 $x_i\dot{u}_k - x_k\dot{u}_i$,而应写为

$$(x_i + u_i)\dot{u}_k - (x_k + u_k)\dot{u}_i.$$

习 题

试将各向同性物体弹性能的一般表达式写成三阶近似形式.

解:由二阶对称张量的分量可以组成两个平方标量(u_{ik}^2 和 u_{ll}^2)以及三个立方标量($u_{ll}^3, u_{ll}u_{ik}^2, u_{ik}u_{il}u_{kl}$).因此,包含 u_{ik} 二次幂和三次幂的项并具有标量系数(各向同性体!)的标量表达式的最一般形式,是

$$\mathscr{E} = \mu u_{ik}^2 + \left(\frac{K}{2} - \frac{\mu}{3}\right)u_{ll}^2 + \frac{A}{3}u_{ik}u_{il}u_{kl} + Bu_{ik}^2 u_{ll} + \frac{C}{3}u_{ll}^3$$

(u_{ik}^2 和 u_{ll}^2 前面的系数通过压缩模量和剪切模量表示;A,B,C 是三个新的常数).将 u_{ik} 的表达式(26.1)代入上式,并保留到三次项,则得到如下形式的弹性能:

$$\mathscr{E} = \frac{\mu}{4}\left(\frac{\partial u_i}{\partial x_k} + \frac{\partial u_k}{\partial x_i}\right)^2 + \left(\frac{K}{2} - \frac{\mu}{3}\right)\left(\frac{\partial u_l}{\partial x_l}\right)^2 +$$

$$+ \left(\mu + \frac{A}{4}\right)\frac{\partial u_i}{\partial x_k}\frac{\partial u_l}{\partial x_i}\frac{\partial u_l}{\partial x_k} + \left(\frac{B+K}{2} - \frac{\mu}{3}\right)\frac{\partial u_l}{\partial x_l}\left(\frac{\partial u_i}{\partial x_k}\right)^2 +$$

$$+ \frac{A}{12}\frac{\partial u_i}{\partial x_k}\frac{\partial u_k}{\partial x_l}\frac{\partial u_l}{\partial x_i} + \frac{B}{2}\frac{\partial u_i}{\partial x_k}\frac{\partial u_k}{\partial x_i}\frac{\partial u_l}{\partial x_l} + \frac{C}{3}\left(\frac{\partial u_l}{\partial x_l}\right)^3.$$

第四章

位　　错[①]

§27 存在位错时的弹性形变

晶体中的弹性形变不仅与施加于其上的外力有关,而且与晶体的内部结构缺陷有关.对晶体的力学性质有实质性影响的缺陷的主要形式是**位错**.当然,从原子的微观观点探讨位错的性质超出了本书的范围,本书仅从弹性理论的角度对这一现象的纯宏观方面进行研究.但是,为了更好地理解后面所得结果的物理意义,我们举出两个简单的例子,从晶格结构的观点说明位错缺陷的性质.

设想往图 22 所示的晶格截面中插入一个"额外"的晶体半平面,即在此图中的 yz 平面的上半部分.该半平面的边缘(即与图平面垂直的 z 轴)在此情况下被称作**刃型位错**或简称刃位错.在位错近旁,晶格结构的畸变很大,但在几个晶格周期数量级的距离之外,晶格平面之间就已能基本正常地连接.不过,在远离位错的地方仍会存在形变.这一点可以通过在 xy 平面上沿绕坐标原点所作的经过晶格格点的封闭曲线清楚地看出来:如果用矢量 u 定义每一格点偏离其理想晶格位置的位移,则在绕封闭曲线一周后,这一矢量的增量并不为零,而是增加了沿 x 轴的一个晶格周期.

另一类型的位错可以想象为以下操作的结果:先将晶格沿半平面"切开",然后将切口两侧的两部分晶格平行于切口边线相对移动一个晶格周期,这种类型的位错称作**螺型位错**或简称**螺位错**.此类位错的存在将晶格中的晶体平面变成了螺旋面,宛若没有台阶的旋梯.沿绕位错线(螺旋面的轴)的封闭曲线转一圈,格点的位移矢量将会增加平行于轴的一个晶格周期.图 23 给出了上述切割

[①] 本章是与科谢维奇(А. М. Косевич)共同撰写的.

操作的示意.

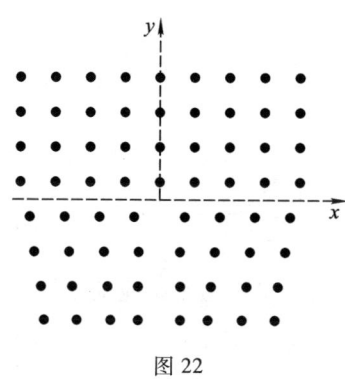

图 22

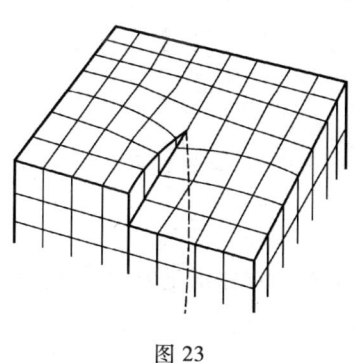

图 23

从宏观上看,作为连续介质的晶体的位错形变在一般情况下具有以下性质:在绕位错线 D 的任意封闭回路 L 上绕行一圈后,弹性位移矢量 u 将获得一个确定的有限增量 b,其大小和方向与晶格的一个周期相等;常矢量 b 称为给定位错的**伯格斯**(Burgers)**矢量**. 此一性质可写为以下形式:

$$\oint_L \mathrm{d}u_i = \oint_L \frac{\partial u_i}{\partial x_k}\mathrm{d}x_k = -b_i, \qquad (27.1)$$

其中封闭回路的环绕方向与选定位错线的切线 τ(图 24)成右手螺旋关系. 位错线本身此时是形变场的奇点连成的线.

上面提到的刃型位错和螺型位错两种简单情况对应的位错线 D 是直线,沿着这两条位错线分别有 $\tau \perp b$ 或 $\tau /\!/ b$. 同时我们也注意到,图 22 中绘出的直观图里,具有相反方向 b 的刃型位错的区别在于额外的晶格半平面是在晶格的上半平面或是在下半平面插入的,这两种刃型位错具有不同的正负符号.

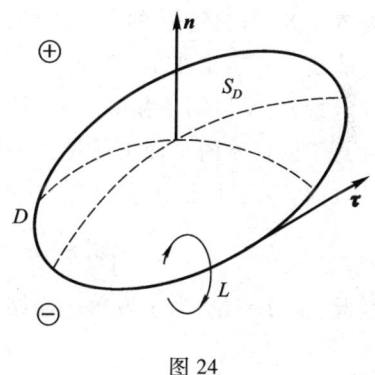

图 24

一般情况下位错线是曲线,沿这条曲线 b 与 τ 之间的夹角不断变化. 沿此位错线的伯格斯矢量 b 本身始终为常量. 显然,位错线不可能在晶体内部结束(参见下数第二个脚注). 位错线应当或者两端穿出到晶体表面或者如同在通常情况下那样形成封闭环.

换句话说,条件(27.1)表明,在位错存在的情况下,位移矢量不是坐标的单值函数,因为绕位错线一周后它会产生一个固定增量. 当然从物理上看,这里没有任何非单值性:增量 b 只代表晶格点有一个等同于晶格周期的附加位移,一一般而言,这并不影响晶格本身.特别是,表征晶体弹性状态的应力张量 σ_{ik} 是坐标的单值连续函数.

为了今后方便,引入符号

$$w_{ik} = \frac{\partial u_k}{\partial x_i}, \qquad (27.2)$$

借助于该符号,条件(27.1)可写为如下形式:

$$\oint_L w_{ik} dx_i = -b_k. \qquad (27.3)$$

习惯上把非对称张量 w_{ik} 称作**畸变张量**,其对称部分给出通常的应变张量

$$u_{ik} = \frac{1}{2}(w_{ik} + w_{ki}). \qquad (27.4)$$

与多值函数 $u(r)$ 相反,张量 w_{ik} 与 u_{ik} 是坐标的单值函数.

条件(27.3)可以写作微分形式.为此我们将沿回路 L 的线积分变换为对张在这个回路上的某一表面的面积分:①

$$\oint_L w_{mk} dx_m = \oint_{S_L} e_{ilm} \frac{\partial w_{mk}}{\partial x_l} df_i. \qquad (27.5)$$

由于张量 e_{ilm} 对指标 l, m 反对称,而 $\frac{\partial w_{mk}}{\partial x_l} = \frac{\partial^2 u_k}{\partial x_l \partial x_m}$ 对于这些指标是对称的,故除去表面 S_L 与曲线 D 的交点之外,被积函数的表达式处处恒等于零;在奇点连成的曲线——位错线上,将 w_{mk} 表示为导数(27.2)的形式失去意义②.在这些点上确定量 w_{ik} 要借助于相应的 δ 函数,以使得积分(27.5)具有所需值 b_k.令 ξ 是在垂直于矢量 τ 的平面上从位错轴给定点出发的二维径矢,这一平面的面元可通过表面 S_L 的面元 df 表示为 $\tau \cdot df$.根据二维 δ 函数 $\delta(\xi)$ 的定义,我们有

$$\int \delta(\xi) \, \boldsymbol{\tau} \cdot d\boldsymbol{f} = \tau_i \int_{S_L} \delta(\xi) df_i = 1.$$

因此,十分清楚,为了取得所需结果,应当取

$$e_{ilm} \frac{\partial w_{mk}}{\partial x_l} = -\tau_i b_k \delta(\xi). \qquad (27.6)$$

这正是我们所要求的条件(27.3)的微分表示.

---

① 根据斯托克斯定理,变换是通过代换

$$dx_m \to e_{ilm} df_i \frac{\partial}{\partial x_l}$$

实现的,其中 e_{ilm} 为单位反对称张量,df 为面元.记住形如 $e_{ilm} a_i b_l$ 的表达式是矢量 a 与 b 的矢量积的 $(a \times b)_m$ 分量.

② 如果位错线终止在晶体内部某一点,则可选取表面 S_L 使之将该点包住但又不与位错线 D 相交.此时积分(27.5)为零,与给定条件矛盾.

如果已知给定各向异性介质的平衡方程的格林张量 G_{ik},也就是说,如果表示在无界介质坐标原点处施加沿 x_k 轴的集中单位力所引起的位移分量 u_i 的函数是已知的,则位错周围的位移场 $\boldsymbol{u}(\boldsymbol{r})$ 可以用一般形式写出(参见 §8). 这一点很容易从以下的形式推导得到.

我们不去求平衡方程的多值解,而是把 $\boldsymbol{u}(\boldsymbol{r})$ 看作在位错环 D 所支撑的任意选定曲面 S_D 上具有给定跃变 $\boldsymbol{b}$ 的单值函数. 如果 $\boldsymbol{u}_+$ 和 $\boldsymbol{u}_-$ 分别对应于在 S_D 面间断的位移函数处于上岸与下岸之值,那么有

$$\boldsymbol{u}_+ - \boldsymbol{u}_- = \boldsymbol{b}. \tag{27.7}$$

这里的上岸和下岸已在图 24 中予以定义. 图 24 给出的与切线 $\boldsymbol{\tau}$ 成所示指向关系的表面 S_D 的法线 $\boldsymbol{n}$ 给出了由下岸指向上岸的方向. 沿回路 L 由上岸至下岸的积分则由具有正确符号的式(27.3)给出. 依照(27.3)和(27.4)形式地确定下来的张量 w_{ik} 和 u_{ik} 在间断面上具有 δ 函数型的奇异性

$$w_{ik}^{(S)} = n_i b_k \delta(\zeta), \quad u_{ik}^{(S)} = \frac{1}{2}(n_i b_k + n_k b_i)\delta(\zeta), \tag{27.8}$$

其中 ζ 为从表面 S_D 起始的沿法线 $\boldsymbol{n}$ 的坐标($d\zeta = \boldsymbol{n} \cdot d\boldsymbol{l}, d\boldsymbol{l}$ 为回路 L 的长度线元).

由于在位错周围的介质中实际上并不存在任何物理上的奇异性,故如上所述,应力张量 σ_{ik} 应当是处处连续的单值函数. 但是,与应变张量(27.8)存在以下联系的应力张量:

$$\sigma_{ik}^{(S)} = \lambda_{iklm} u_{lm}^{(S)},$$

它在表面 S_D 上也具有奇异性. 为了消除这种奇异性,应当引入沿表面分布且已知密度为 $f^{(S)}$ 的虚拟体力. 存在体力时的平衡方程形为

$$\frac{\partial \sigma_{ik}}{\partial x_k} + f_i^{(S)} = 0.$$

由此十分清楚,应当令

$$f_i^{(S)} = -\frac{\partial \sigma_{ik}^{(S)}}{\partial x_k} = -\lambda_{iklm}\frac{\partial u_{lm}^{(S)}}{\partial x_k}. \tag{27.9}$$

如此一来,寻求多值函数 $\boldsymbol{u}(\boldsymbol{r})$ 的问题,就等价于由式(27.8)和(28.9)给出的在存在体力情况下寻求单值间断函数的问题. 现在可以使用公式

$$u_i(\boldsymbol{r}) = \int G_{ij}(\boldsymbol{r} - \boldsymbol{r}')f_j^{(S)}(\boldsymbol{r}')\,dV'.$$

将(27.9)代入上式后,作分部积分;沿无穷远处表面的面积分为零,而剩下的积分中 δ 函数很容易被消去. 同时也注意到 $\partial G_{ij}/\partial x'_k = -\partial G_{ij}/\partial x_k$,最后得到

$$u_i(\boldsymbol{r}) = -\lambda_{jklm}b_m\int_{S_D} n_l \frac{\partial}{\partial x_k} G_{ij}(\boldsymbol{r} - \boldsymbol{r}')\,df'. \tag{27.10}$$

于是所设定的问题得解①.

在远离位错环处,形变(27.10)具有最简单的形式. 如果假定将位错环放置在坐标原点附近,则在远大于位错环线性尺度的距离处,可令 $r - r' \approx r$,并将之移至积分号外. 这样我们有

$$u_i(\boldsymbol{r}) = -\lambda_{jklm} d_{lm} \frac{\partial G_{ij}(\boldsymbol{r})}{\partial x_k}, \qquad (27.11)$$

其中

$$d_{ik} = S_i b_k, \quad S_i = \int_{S_D} n_i \mathrm{d}f = \frac{1}{2} e_{ikl} \oint_D x_k \mathrm{d}x_l. \qquad (27.12)$$

轴矢量 S 的各分量,分别是位错环 D 在垂直于相应坐标轴的平面上的投影所圈出的面积;自然将张量 d_{ik} 称为**位错矩张量**. 张量 G_{ij} 的各分量为坐标 x, y, z 的一阶齐次函数(见§8 习题). 因此,由(27.11)可见,$u_i \propto 1/r^2$,相应的应力场 $\sigma_{ik} \propto 1/r^3$.

不难解释直线位错周围的弹性应力与距离关系的特性. 在柱坐标 z, r, φ 中 (z 轴在位错线上),形变只依赖于 r 和 φ. 特别是,在 xy 平面内的任何回路作任意尺度的相似变换时,积分(27.3)都必须是不变的. 显然,只有假定所有的 $w_{ik} \propto 1/r$ 时,才有这种可能. 于是,u_{ik} 张量以及应力张量 σ_{ik} 也都正比于 $1/r$②.

虽然直到现在我们一直只在讨论位错,但是,所得到的公式也适用于晶体结构的其它类型缺陷导致的形变. 位错是一类线性缺陷. 除此而外,还存在使规则的晶体结构在给定表面附近区域内都遭受破坏的缺陷③. 从宏观观点来看,可将这种缺陷当作位移矢量 $\boldsymbol{u}$ 在其上经受跃变的间断面(但由于平衡条件,应力 σ_{ik} 仍然是连续的). 如果在表面各处的跃变量 $\boldsymbol{b}$ 都是一样的,则就它们形成的形变而言,这种间断与位于其边界上的位错毫无区别. 唯一的区别仅仅在于,这里矢量 $\boldsymbol{b}$ 不再等于晶格周期. 同时,上述表面 S_D 的位置也不再是任意的,而应与实际的物理间断位置重合. 与这种间断面相联系的是一个确定的附加能量,这个能量可通过引入相应的表面张力系数来描述.

习 题

1. 试写出以位移矢量表示的各向同性介质中的位错形变平衡方程.④

解:采用应力张量或应变张量,平衡方程的通常形式为 $\partial \sigma_{ik}/\partial x_k = 0$,或者,

---

① 各向异性介质的 G_{ij} 张量是由§8 习题脚注所列论文求得的. 一般而言,这个张量非常复杂. 对于我们这里所涉及的直线位错情况,相当于处理平面弹性理论问题,直接解平衡方程求得这个张量可能更简单.

② 注意直线位错周围弹性形变场与直导线周围磁场间的相似性,电流强度此时所起的作用如同伯格斯矢量. 但是,即使不论这两种不同物理现象之间的性质是完全不同的,相应物理量张量特性的不同也减小了二者的相似度.

③ 这类缺陷的已知特例是晶体中的一个孪晶薄层.

④ 因为就其本质而言,所有真实的位错只有在晶体中才存在,而晶体本身是各向异性的,故涉及各向同性介质的本题以及其它习题的物理意义受到限制. 但这些题目具有一定的演示意义.

将式(5.11)中的 σ_{ik} 代入平衡方程后,得:

$$\frac{\partial u_{ik}}{\partial x_k} + \frac{\sigma}{1-2\sigma}\frac{\partial u_{ll}}{\partial x_i} = 0. \tag{1}$$

但在将未知函数转换为矢量 $\boldsymbol{u}$ 时必须考虑微分条件(27.6),将式(27.6)乘以 e_{ikn} 并按下标 i,k 缩并公式①,得:

$$\frac{\partial w_{nk}}{\partial x_k} - \frac{\partial w_{kk}}{\partial x_n} = -(\boldsymbol{\tau} \times \boldsymbol{b})_n \delta(\boldsymbol{\xi}). \tag{2}$$

将(1)式改写为

$$\frac{1}{2}\frac{\partial w_{ik}}{\partial x_k} + \frac{1}{2}\frac{\partial w_{ki}}{\partial x_k} + \frac{\sigma}{1-2\sigma}\frac{\partial w_{ll}}{\partial x_i} = 0$$

并将(2)式代入,得到

$$\frac{\partial w_{ki}}{\partial x_k} + \frac{1}{1-2\sigma}\frac{\partial w_{ll}}{\partial x_i} = (\boldsymbol{\tau} \times \boldsymbol{b})_i \delta(\boldsymbol{\xi}).$$

根据(27.2)式实现对 $\boldsymbol{u}$ 的代换,得到所要求的对于多值函数 $\boldsymbol{u}(\boldsymbol{r})$ 的方程:

$$\Delta \boldsymbol{u} + \frac{1}{1-2\sigma}\nabla\nabla \cdot \boldsymbol{u} = \boldsymbol{\tau} \times \boldsymbol{b}\delta(\boldsymbol{\xi}). \tag{3}$$

此方程的解必须满足条件(27.1).

2. 试确定各向同性介质中直线螺型位错周围的形变.

解:选取柱坐标 z,r,φ,令 z 轴沿位错线;伯格斯矢量为: $b_x = b_y = 0, b_z = b$. 根据对称性考虑,显然平行于 z 轴的位移 u 与坐标 z 无关. 习题1中的平衡方程(3)简化为 $\Delta u_z = 0$. 满足条件(27.1)的解为②

$$u_z = \frac{b}{2\pi}\varphi.$$

于是张量 u_{ik} 与 σ_{ik} 中不为零的分量仅有

$$u_{z\varphi} = \frac{b}{4\pi r}, \quad \sigma_{z\varphi} = \frac{\mu b}{2\pi r},$$

所以应变仅仅是纯粹的剪切应变.

单位长度位错的自由能由在积分上、下限处都对数发散的积分

$$F = \frac{1}{2}\int 2u_{z\varphi}\sigma_{z\varphi}\mathrm{d}V = \frac{\mu b^2}{4\pi}\int\frac{\mathrm{d}r}{r}$$

给出. 积分下限应当取原子尺度的距离($\sim b$),在此距离上形变很大且宏观理论不适用. 积分上限则由位错长度 L 的量级确定. 这样

$$F = \frac{\mu b^2}{4\pi}\ln\frac{L}{b}.$$

---

① 提醒读者注意公式

$$e_{ilm}e_{ikn} = \delta_{lk}\delta_{mn} - \delta_{ln}\delta_{mk}.$$

② 在所有有关直线位错的习题中,我们都将矢量 $\boldsymbol{\tau}$ 取在 z 轴的负方向上.

靠近位错轴处截面 $\sim b^2$ 的位错"芯"的形变能可估计为 $\sim \mu b^2$. 在 $\ln(L/b) \gg 1$ 的情况下,与弹性形变场的能量相比这个能量是小量.①

3. 试确定各向异性介质中垂直于晶体对称平面的螺型位错周围的内应力.

解:选择坐标 x, y, z 使 z 轴平行于位错线(仍有 $b_z = b$). 矢量 $\boldsymbol{u}$ 仍然只有分量 $u_z = u(x, y)$. 由于 xy 平面是晶体的对称面,故下标 z 出现奇数次的张量 λ_{iklm} 的所有分量都等于零. 因此张量 σ_{ik} 只有两个分量不为零:

$$\sigma_{xz} = \lambda_{xzxz}\frac{\partial u}{\partial x} + \lambda_{xzyz}\frac{\partial u}{\partial y}, \quad \sigma_{yz} = \lambda_{yzxz}\frac{\partial u}{\partial x} + \lambda_{yzyz}\frac{\partial u}{\partial y}.$$

引入二维矢量 $\boldsymbol{\sigma}$ 及二维张量 $\lambda_{\alpha\beta}$: $\sigma_\alpha = \sigma_{\alpha z}, \lambda_{\alpha\beta} = \lambda_{\alpha z \beta z}(\alpha = 1, 2)$,此时

$$\sigma_\alpha = \lambda_{\alpha\beta}\frac{\partial u}{\partial x_\beta},$$

而平衡方程写为 $\nabla \cdot \boldsymbol{\sigma} = 0$ 的形式. 所寻求的这个方程的解应满足条件(27.1):
$$\oint \nabla u \cdot d\boldsymbol{l} = b.$$

在这种形式下,此问题与在磁导率为 $\lambda_{\alpha\beta}$ 的各向异性介质中寻求电流强度为 $I = cb/4\pi$ 的直导线周围的磁感应强度和磁场强度(这两个量分别相当于本题中的 $\boldsymbol{\sigma}$ 和 ∇u)的问题完全一样. 采用在电动力学中已求得的解,我们得到

$$\sigma_{\alpha z} = -\frac{b}{2\pi}\frac{\lambda_{\alpha\beta}e_{\beta\gamma z}x_\gamma}{\sqrt{|\lambda|}\lambda^{-1}_{\alpha'\beta'}x_{\alpha'}x_{\beta'}},$$

其中 $|\lambda|$ 为张量 $\lambda_{\alpha\beta}$ 的行列式(参见本教程第八卷 §30 中习题 5).

4. 试确定各向同性介质中直线**刃型位错**周围的形变.

解:令 z 轴沿位错线方向,伯格斯矢量为 $b_x = b, b_y = b_z = 0$. 由问题的对称性可知,位移矢量位于 xy 平面且不依赖于 z,这样我们所要处理的是一个平面问题. 在本问题中,所有的矢量都是 xy 平面中的二维矢量,矢量运算也都是二维的.

我们将要求方程

$$\Delta \boldsymbol{u} + \frac{1}{1-2\sigma}\nabla\nabla \cdot \boldsymbol{u} = -b\boldsymbol{j}\delta(\boldsymbol{r})$$

(参见习题 1; $\boldsymbol{j}$ 为沿 y 轴的单位矢量)的形为 $\boldsymbol{u} = \boldsymbol{u}^{(0)} + \boldsymbol{w}$ 的解,其中矢量 $\boldsymbol{u}^{(0)}$ 的分量分别为

$$u_x^{(0)} = \frac{b}{2\pi}\varphi, \quad u_y^{(0)} = \frac{b}{2\pi}\ln r$$

(它们分别为 $(b/2\pi)\ln(x+iy)$ 的实部和虚部), r, φ 为 xy 平面上的极坐标,这个矢量满足条件(27.1). 于是问题成为寻找单值函数 $\boldsymbol{w}$. 因为容易证明

$$\nabla \cdot \boldsymbol{u}^{(0)} = 0, \quad \Delta \boldsymbol{u}^{(0)} = b\boldsymbol{j}\delta(\boldsymbol{r}),$$

---

① 这些估计具有一般性,并在数量级上对任何(不仅是螺型位错)位错都正确. 应当注意,事实上 $\ln(L/b)$ 通常不是太大,因而位错芯部的能量占总位错能量的可观部分.

故 w 满足方程

$$\Delta w + \frac{1}{1-2\sigma}\nabla\nabla\cdot w = -2b j\delta(r),$$

这是介质受体密度为

$$\frac{Ebj}{1+\sigma}\delta(r)$$

的沿 z 轴的集中作用力作用下的平衡方程(参见§8习题中的方程(1)). 借助于在该题中求得的无限介质格林张量,将求解 w 归结为求积分

$$w = \frac{b}{8\pi(1-\sigma)}2\int_0^\infty\left[\frac{(3-4\sigma)j}{R}+\frac{ry}{R^3}\right]dz', \quad R = \sqrt{r^2+z'^2}.$$

结果得到

$$u_x = \frac{b}{2\pi}\left\{\arctan\frac{y}{x}+\frac{1}{2(1-\sigma)}\frac{xy}{x^2+y^2}\right\},$$

$$u_y = -\frac{b}{2\pi}\left\{\frac{1-2\sigma}{2(1-\sigma)}\ln\sqrt{x^2+y^2}+\frac{1}{2(1-\sigma)}\frac{x^2}{x^2+y^2}\right\}.$$

由此算出的应力张量在直角坐标中的各分量为

$$\sigma_{xx} = -bB\frac{y(3x^2+y^2)}{(x^2+y^2)^2}, \quad \sigma_{yy} = bB\frac{y(x^2-y^2)}{(x^2+y^2)^2}, \quad \sigma_{xy} = bB\frac{x(x^2-y^2)}{(x^2+y^2)^2};$$

在极坐标中的各分量为

$$\sigma_{rr} = \sigma_{\varphi\varphi} = -bB\frac{\sin\varphi}{r}, \quad \sigma_{r\varphi} = bB\frac{\cos\varphi}{r},$$

其中 $B = \dfrac{\mu}{2\pi(1-\sigma)}$.

5. 在各向同性介质中,数目为无穷多的全同平行直线刃型位错均匀地排列在垂直于其伯格斯矢量的平面内,相邻位错之间的距离为 h. 试求这个"位错壁"在远大于 h 的距离处所形成的剪切应力.

解:令位错平行于 z 轴且处于 yz 平面. 根据习题4的结果,所有位错在 (x,y) 点产生的总应力由以下求和给出:

$$\sigma_{xy}(x,y) = bBx\sum_{n=-\infty}^{\infty}\frac{x^2-(y-nh)^2}{[x^2+(y-nh)^2]^2}.$$

将此求和改写为

$$\sigma_{xy} = -bB\frac{\alpha}{h}\left[J(\alpha,\beta)+\alpha\frac{\partial J(\alpha,\beta)}{\partial\alpha}\right],$$

其中

$$J(\alpha,\beta) = \sum_{n=-\infty}^{\infty}\frac{1}{\alpha^2+(\beta-n)^2}, \quad \alpha = \frac{x}{h}, \quad \beta = \frac{y}{h}.$$

根据泊松求和公式

$$\sum_{n=-\infty}^{\infty} f(n) = \sum_{k=-\infty}^{\infty} \int_{-\infty}^{\infty} f(x) e^{2\pi i k x} dx,$$

得到

$$J(\alpha,\beta) = \int_{-\infty}^{\infty} \frac{d\xi}{\alpha^2 + \xi^2} + 2\text{Re} \sum_{k=1}^{\infty} e^{2\pi i k\beta} \int_{-\infty}^{\infty} \frac{e^{2\pi i k\xi} d\xi}{\alpha^2 + \xi^2} =$$

$$= \frac{\pi}{\alpha} + \frac{2\pi}{\alpha} \sum_{k=1}^{\infty} e^{-2\pi k\alpha} \cos(2\pi k\beta).$$

在 $\alpha = x/h \gg 1$ 的情况下,对 k 的求和中可仅保留第一项,结果得到

$$\sigma_{xy} = 4\pi^2 B \frac{bx}{h^2} e^{-2\pi x/h} \cos\left(2\pi \frac{y}{h}\right).$$

于是在远离位错壁处,应力随离壁距离指数衰减.

6. 试确定位错环周围各向同性介质的形变(J. M. Burgers,1939).

解:从公式(27.10)出发.根据式(5.9)和(5.11),张量 λ_{iklm} 可表示为

$$\lambda_{iklm} = \mu \left\{ \frac{2\sigma}{1-2\sigma} \delta_{ik}\delta_{lm} + \delta_{il}\delta_{km} + \delta_{im}\delta_{kl} \right\}.$$

在本卷§8习题中求得的各向同性介质格林函数可表示为

$$G_{ik}(\boldsymbol{R}) = \frac{1}{16\pi\mu(1-\sigma)R} \{(3-4\sigma)\delta_{ik} + \nu_i \nu_k\}.$$

此处 $\boldsymbol{R} = \boldsymbol{r} - \boldsymbol{r}'$ 为由线元 $d\boldsymbol{f}'(\boldsymbol{r}'$点$)$ 至形变观察点($\boldsymbol{r}$点)的径矢;$\boldsymbol{\nu} = \frac{\boldsymbol{R}}{R}$ 为径矢方向的单位矢量.将这些表示式代入式(27.10),并在积分号内完成所要求的微分运算,计算结果为

$$u(\boldsymbol{r}) = \frac{1-2\sigma}{8\pi(1-\sigma)} \int_{S_D} \frac{1}{R^2} \{\boldsymbol{b}(\boldsymbol{\nu}\cdot d\boldsymbol{f}') + (\boldsymbol{b}\cdot\boldsymbol{\nu})d\boldsymbol{f}' - \boldsymbol{\nu}(\boldsymbol{b}\cdot d\boldsymbol{f}')\} +$$

$$+ \frac{3}{8\pi(1-\sigma)} \int_{S_D} \frac{1}{R^2} \boldsymbol{\nu}(\boldsymbol{b}\cdot\boldsymbol{\nu})(\boldsymbol{\nu}\cdot d\boldsymbol{f}'). \tag{1}$$

上式中的积分应当通过沿回路 D,即沿位错环的积分来表示.为此,注意以下公式:

$$\oint_D \frac{1}{R} \boldsymbol{b} \times d\boldsymbol{l}' = \int_{S_D} \frac{1}{R^2} \{(\boldsymbol{b}\cdot\boldsymbol{\nu})d\boldsymbol{f}' - \boldsymbol{\nu}(\boldsymbol{b}\cdot d\boldsymbol{f}')\},$$

$$\oint_D (\boldsymbol{b}\times\boldsymbol{\nu})d\boldsymbol{l}' = -\int_{S_D} \frac{1}{R} \{\boldsymbol{b}\cdot d\boldsymbol{f}' + (\boldsymbol{b}\cdot\boldsymbol{\nu})(\boldsymbol{\nu}\cdot d\boldsymbol{f}')\}.$$

等式右端的面积分是利用斯托克斯定理由等式左端的回路积分得到的,其中根据斯托克斯定理实现了变量代换 $d\boldsymbol{l}' \to d\boldsymbol{f} \times \nabla'$(其中 $\nabla' = \partial/\partial \boldsymbol{r}'$);由于被积函数只依赖于二矢量之差 $\boldsymbol{r} - \boldsymbol{r}'$,这个变换等价于代换 $d\boldsymbol{l}' \to d\boldsymbol{f} \times \nabla$(其中 $\nabla = \partial/\partial \boldsymbol{r}$).同样引入由观察点所观察到的位错环所张的立体角 Ω,根据定义

$$\Omega = \int \frac{1}{R^2} \boldsymbol{\nu}\cdot d\boldsymbol{f}'.$$

此时位移场具有以下形式：

$$u(r) = b\frac{\Omega}{4\pi} + \frac{1}{4\pi}\oint_D \frac{1}{R} b \times \mathrm{d}l' + \frac{1}{8\pi(1-\sigma)}\nabla\oint_D (b \times \nu) \cdot \mathrm{d}l'.$$

这个函数的多值性在于第一项，绕位错环 D 转一圈后立体角改变 4π。

远离位错环处（1）式成为

$$u(r) = \frac{1-2\sigma}{8\pi(1-\sigma)R^2}\{S(b \cdot \nu) + b(S \cdot \nu) - \nu(S \cdot b)\} +$$
$$+ \frac{3}{8\pi(1-\sigma)R^2}(S \cdot \nu)(b \cdot \nu)\nu.$$

此公式也可直接由式（27.11）和（27.12）求得。

§28 应力场对位错的作用

现在我们来考察处于外负载在物体内形成的弹性应力场 $\sigma_{ik}^{(e)}$ 中的位错环 D，并计算应力场对位错环的作用力。为此，根据一般规则，必须求出位错作无限小位移时外力对位错所作的功 δR_D。

我们回到 §27 引入的概念，即把位错环 D 当作一条封闭线，在这条线支撑的曲面 S_D 上，位移矢量产生间断，间断的数值由公式（27.7）给出。位错线 D 的移动导致表面 S_D 的改变。令 δx 为位错线 D 上各点的位移矢量。位移 δx 后位错线线元 $\mathrm{d}l$ 扫过 $\delta f = \delta x \times \delta l = \delta x \times \tau \mathrm{d}l$ 大小的面积，由此决定了表面 S_D 面积的增加。因为我们现在讨论的是位错的真实的物理位移，所以必须考虑到上述操作还伴随有介质物理体积的变化。因为表面两侧介质中的点的位移 u 相差为 b，故体积改变由以下乘积给出：

$$\delta V = b \cdot \mathrm{d}f = (\delta x \times \tau) \cdot b \mathrm{d}f = \delta x \cdot (\tau \times b) \mathrm{d}f. \tag{28.1}$$

与此相联系的是两种本质上完全不同的物理状况。其中之一是 $\delta V = 0$，即位错线的位移与体积变化无关。如果位移是在由矢量 τ 和 b 确定的平面上进行的，就会出现这种情况。这个平面称为该位错元的**滑移平面**。位错环 D 上所有位错元的滑移平面族的包络面称为位错的**滑移表面**，它是一个由平行于伯格斯矢量 b 的母线构成的柱面[①]。滑移平面的物理特殊性在于，只有在这样的平面上，位错才可较轻易地进行机械移动（这种情况下称此移动为**滑移**）[②]。

在位错移动的情况下，随着表面 S_D 面积的改变，集中在位错线 D 上的形变的奇异性（27.8）也发生变化，此变化可表示为

$$\delta u_{ik}^{(\mathrm{pl})} = \frac{1}{2}\{b_i(\delta x \times \tau)_k + b_k(\delta x \times \tau)_i\}\delta(\xi), \tag{28.2}$$

[①] 在各向异性介质中，可能的滑移平面实际上是由其晶格结构决定的。

[②] 例如，图 22 所示的刃型位错在其滑移平面（xz 平面）上相对不大的原子移动，却足以使晶格半平面距离 yz 面越来越远，成为"额外"的半平面。

其中 $\delta(\xi)$ 为 §27 中引入的二维 δ 函数. 这里我们要强调, 与式(27.8)依赖于表面 S_D 的任意选择不同, 式(28.2)表示的形变是由位错线 D 的形状和位移 $\delta\boldsymbol{x}$ 二者唯一确定的.

式(28.2)所描述的是没有伴随弹性应力的局部非弹性剩余形变(称作**塑性形变**), 与之相关的最终由外源所作的功由积分

$$\int \sigma_{ik}^{(e)} \delta u_{ik} dV$$

给出(参见(3.2)), 其中的 δu_{ik} 应理解为形变引起的总几何变化. 它由弹性形变和塑性形变两部分组成, 这里我们只对与塑性形变部分有关的功感兴趣[①]. 将式(28.2)中的 $\delta u_{ik}^{(pl)}$ 代入上式, 由于其中有 δ 函数, 只剩下沿位错环 D 的积分:

$$\delta R_D = \oint_D \sigma_{ik}^{(e)} e_{ilm} \delta x_l \tau_m dl. \tag{28.3}$$

被积函数表达式中 δx_l 的系数为作用在位错环单位长度上的力 f_i

$$f_i = e_{ikl} \tau_k \sigma_{lm}^{(e)} b_m \tag{28.4}$$

(M. O. Peach, J. S. Köhler, 1950), 应当指出, 力 $\boldsymbol{f}$ 垂直于矢量 $\boldsymbol{\tau}$, 即垂直于位错线.

对公式(28.3)可作这样的直观解释. 根据前面的叙述, 位错线元的位移相当于割开某一小面积元 $d\boldsymbol{f}$ 且使得其上岸相对于下岸移开长度 $\boldsymbol{b}$. 因施加于 $d\boldsymbol{f}$ 的内应力为 $\sigma_{ik}^{(e)} df_k$, 故在移动中这个力所作的功为 $b_i \sigma_{ik}^{(e)} df_k$.

因为公式(28.4)仅与滑移平面内的移动有关, 故立即写出作用力 $\boldsymbol{f}$ 在此平面的投影是有意义的. 令 $\boldsymbol{\varkappa}$ 为垂直于滑移平面内位错线的单位矢量. 则有

$$f_\perp = \boldsymbol{f} \cdot \boldsymbol{\varkappa} = e_{ikl} \varkappa_i \tau_k b_m \sigma_{lm}^{(e)}$$

或

$$f_\perp = \nu_l \sigma_{lm}^{(e)} b_m, \tag{28.5}$$

其中 $\boldsymbol{\nu} = \boldsymbol{\varkappa} \times \boldsymbol{\tau}$ 为滑移平面的法向矢量. 由于矢量 $\boldsymbol{b}$ 和 $\boldsymbol{\nu}$ 相互垂直, 将两个坐标轴选在这两个矢量上后, 可看出, 只需张量 $\sigma_{lm}^{(e)}$ 的一个分量即可完全确定 $f_\perp$.

如果位错的位移不是在滑移平面内发生的, 则 $\delta V \neq 0$. 这表明割缝上下两岸的移动或是引起物质过剩(当一岸穿过另外一岸时)或是造成物质亏空(移开的两岸间出现裂缝时). 如果我们假定在位错的运动过程中, 介质的连续性不被破坏且其密度保持不变(准确到弹性形变), 则不允许以上情况出现. 在真实晶体中, 无论多余物质的移去或物质不足的补充都是通过扩散的办法实现的(位错轴成为扩散物质流的源或汇)[②]. 与连续介质缺陷的扩散"愈合"相伴的这种位错移动, 称作位错的**攀移**[③].

[①] 在导出运动方程时, 虚塑性形变和虚弹性形变都应看作独立变量. 因我们只对位错的运动方程感兴趣, 故仅需考虑塑性形变.

[②] 这也就是说, 图 22 所示的位错只有依靠物质从"额外"半平面扩散才可以在 yz 平面上移动.

[③] 由于这种过程是受扩散制约的, 故实际上仅在足够高的温度下它才起作用.

由以上所述可知,如果允许位错攀移成为可能的虚位移,必须认为它与滑移一样都是在不使介质体积发生局域改变的条件下发生的. 这意味着应当从形变(28.2)中减去与体积改变相应的部分 $1/3\delta_{ik}u_{ll}^{(pl)}$,也就是用张量

$$\delta u_{ik}^{(pl)} = \left\{\frac{1}{2}b_i(\delta\boldsymbol{x}\times\boldsymbol{\tau})_k + \frac{1}{2}b_k(\delta\boldsymbol{x}\times\boldsymbol{\tau})_i - \frac{1}{3}\delta_{ik}\boldsymbol{b}\cdot(\delta\boldsymbol{x}\times\boldsymbol{\tau})\right\}\delta(\boldsymbol{\xi}).$$

(28.6)

描写塑性形变. 因此,得到作用于位错上的力[1] (J. Weertman, 1965)

$$f_i = e_{ikl}\tau_k b_m \left(\sigma_{lm}^{(e)} - \frac{1}{3}\delta_{lm}\sigma_{nn}^{(e)}\right),$$

(28.7)

用以代替式(28.4). 施加于位错环上的总作用力等于

$$F_i = e_{ikl}b_m \oint_D \left(\sigma_{lm}^{(e)} - \frac{1}{3}\delta_{lm}\sigma_{nn}^{(e)}\right)\mathrm{d}x_k.$$

(28.8)

这个力只有在非均匀的应力场中才不为零(当 $\sigma_{lm}^{(e)} = \mathrm{const}$ 时,积分成为 $\oint \mathrm{d}x_k \equiv 0$). 如果应力场沿这个位错环变化很小,则

$$F_i = e_{ikl}b_m \frac{\partial}{\partial x_p}\left(\sigma_{ml}^{(e)} - \frac{1}{3}\delta_{lm}\sigma_{nn}^{(e)}\right)\oint_D x_p \mathrm{d}x_k,$$

计算时假定了将位错环置于坐标原点附近. 上式中的积分构成一个反对称张量

$$\oint x_p \mathrm{d}x_k = -\oint x_k \mathrm{d}x_p.$$

由此,通过在式(27.12)中引入的位错矩 d_{kl} ,可将力表示为[2]

$$F_i = d_{lm}\frac{\partial\sigma_{lm}^{(e)}}{\partial x_i} + \frac{1}{3}\left(d_{il}\frac{\partial\sigma_{nn}^{(e)}}{\partial x_l} - d_{ll}\frac{\partial\sigma_{nn}^{(e)}}{\partial x_i}\right).$$

(28.9)

在均匀应力场中,如前所述,此力等于零. 然而,在此情况下有一个力矩

$$K_i = e_{ilm}\oint x_l f_m \mathrm{d}l,$$

作用于位错环上,此力矩也可用位错矩表示为

$$K_i = e_{ikl}d_{km}\left(\sigma_{lm}^{(e)} - \frac{1}{3}\delta_{lm}\sigma_{nn}^{(e)}\right).$$

(28.10)

习 题

1. 试求出各向同性介质中两个平行螺型位错间的作用力.

解:借助于 §27 习题 2 的结果,处于第二个位错产生的应力场中的第一个

---

[1] 显然可以想见,均匀压缩晶体不应导致力 f 的出现,表示式(28.7)即具有此性质.

[2] 导出此式时也用了公式 $e_{ikl}e_{imn} = \delta_{km}\delta_{ln} - \delta_{kn}\delta_{lm}$ 和平衡方程 $\partial\sigma_{lm}^{(e)}/\partial x_m = 0$.

位错单位长度上所受的力由公式(28.4)给出. 此力的方向指向径向且等于

$$f = \frac{\mu b_1 b_2}{2\pi r}.$$

由此式可见,同号位错($b_1 b_2 > 0$)相互排斥,异号位错($b_1 b_2 < 0$)相互吸引.

2. 一直线螺型位错平行于各向同性介质的自由表面放置,试求作用于位错的力.

解: 令 yz 平面与物体表面重合,位错平行于 z 轴放置,坐标为 $x = x_0, y = 0$. 使物体表面成为自由表面的应力场应为两个直线螺型位错在无限介质中产生的应力场之和,其一为所考虑的位错本身的应力场,其二为此位错相对于 yz 平面的镜像位错所产生的应力场. 在 yz 平面上应力场的分量分别为:

$$\sigma_{xz} = -\frac{\mu b}{2\pi}\left[\frac{y}{(x-x_0)^2 + y^2} - \frac{y}{(x+x_0)^2 + y^2}\right],$$

$$\sigma_{yz} = \frac{\mu b}{2\pi}\left[\frac{x-x_0}{(x-x_0)^2 + y^2} - \frac{x+x_0}{(x+x_0)^2 + y^2}\right].$$

这样的应力场作用于所考虑位错的力等于镜像位错所产生的吸引力,也就是位错被力

$$f = \frac{\mu b^2}{4\pi x_0}.$$

拉向介质表面.

3. 试求置于平行的滑移平面上的两个平行刃型位错在各向同性介质中的相互作用力.

解: 令滑移平面平行于 xz 平面, z 轴平行于位错线. 与 §27 习题 4 同样,置 $\tau_z = -1, b_x = b$. 此时在弹性应力场 σ_{ik} 中作用于单位长度位错上的力的各分量为

$$f_x = b\sigma_{xy}, \quad f_y = -b\sigma_{xx}.$$

在此情况下, σ_{ik} 由 §27 习题 4 得到的表达式确定. 如果一个位错与 z 轴重合,则其作用于过 xy 平面上 x, y 点的第二个位错的力在极坐标中的分量等于

$$f_r = \frac{b_1 b_2 B}{r}, \quad f_\varphi = \frac{b_1 b_2 B}{r}\sin 2\varphi, \quad B = \frac{\mu}{2\pi(1-\sigma)}.$$

此力在滑移面上的投影等于

$$f_x = b_1 b_2 B \frac{\cos\varphi \cos 2\varphi}{r}.$$

当 $\varphi = \pi/2$ 与 $\varphi = \pi/4$ 时,此力为零. $\varphi = \pi/2$ 对应于 $b_1 b_2 > 0$ 情况下的稳定平衡, $\varphi = \pi/4$ 对应于 $b_1 b_2 < 0$ 情况下的稳定平衡.

§29 位错的连续分布

如果在晶体中相对较小的距离(当然与晶格常数相比仍是很大的)上同时存在许多位错,则应当对它们进行平均化的处理.用另一句话说,这里考察的是有许多位错线穿过的"物理无限小"体积元.

描述位错形变基本性质的方程可通过对方程(27.1)的自然推广得到.引入张量 ρ_{ik}(**位错密度张量**),使得沿在任意回路 L 上所张表面的积分等于此一回路包含的所有位错线的伯格斯矢量之和 $\boldsymbol{b}$:

$$\int_{S_L} \rho_{ik} df_i = b_k. \tag{29.1}$$

连续函数 ρ_{ik} 描述位错在晶体中的分布.这个张量现在取代了方程(27.6)右端的表达式

$$e_{ilm} \frac{\partial w_{mk}}{\partial x_l} = -\rho_{ik}. \tag{29.2}$$

由此方程可见,张量 ρ_{ik} 应当满足条件:

$$\frac{\partial \rho_{ik}}{\partial x_i} = 0 \tag{29.3}$$

(在单一位错情况下,此条件表示沿位错线伯格斯矢量为常量).

在采用这种方法研究位错时,张量 w_{ik} 成为描述形变和按照式(27.4)确定应变张量的首要物理量.此时一般不能再引入按定义(27.2)与 w_{ik} 相联系的位移矢量 $\boldsymbol{u}$.这点可由以下事实看出:因如按照这种定义,方程(29.2)的左端在晶体的全部体积内恒等于零.

迄今为止,我们都一直假定位错是静止的.现在说明,当允许位错在介质中以给定方式运动①时,我们应如何在原则上确定表述介质中弹性形变和应力的方程组.

方程(29.2)与位错静止或是运动无关.此时张量 w_{ik} 依然是确定弹性形变的量,其对称部分为弹性应变张量,它通常按照胡克定律与应力张量相联系.

然而,这个方程现在不足以对问题作完全表述.完备方程组还应该确定介质中各点的移动速度 $\boldsymbol{v}$.

这种情况下必须考虑到,与位错运动相伴随的除了弹性形变的变化外,还有与应力的出现无关的晶体形状的改变,即**塑性形变**.如前所述,位错运动正好可当作塑性形变的机制.图25清楚地显示出位错运动与塑性形变的联系;作为刃型位错从左向右运动的结果,滑移平面以上的上半部分晶体移动了一个晶格

---

① 此处我们不讨论确定作用于物体的力引起位错运动的问题.解决这个问题需要细致地研究位错运动的微观机制及其被不同缺陷的阻滞,这样做必须考虑真实晶体的物理数据.

周期;因为晶格最后成为完整晶格,所以晶体处于无应力状态.与由物体热力学状态唯一确定的弹性形变相反,塑性形变是过程的函数.研究静止位错时无需区分弹性形变与塑性形变,那时我们只对与晶体以前的历史无关的应力感兴趣.

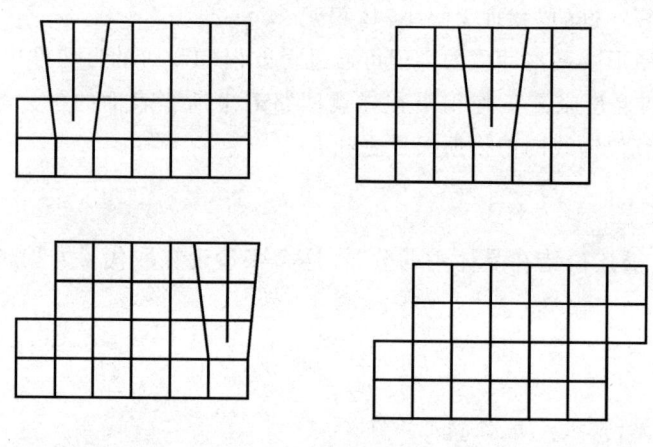

图 25

令 u 为介质中各点的几何位移矢量(从形变过程开始前其所在位置起算),其对时间的导数 $\dot{u}=v$. 如果借助矢量 u 构成"总畸变"张量 $W_{ik}=\partial u_k/\partial x_i$,那么从张量 W_{ik} 中减去与式(29.2)给出的张量 w_{ik} 相同的"弹性畸变"张量,我们就得到了畸变张量的"塑性部分" $w_{ik}^{(\mathrm{pl})}$. 引入记号

$$-j_{ik} = \frac{\partial w_{ik}^{(\mathrm{pl})}}{\partial t}; \qquad (29.4)$$

j_{ik} 的对称部分确定塑性形变张量变化的速率:在无限小时间 δt 内,$u_{ik}^{(\mathrm{pl})}$ 的改变等于

$$\delta u_{ik}^{(\mathrm{pl})} = -\frac{1}{2}(j_{ik}+j_{ki})\delta t. \qquad (29.5)$$

(E. Kröner, G. Rieder, 1956). 特别要指出的是,如果塑性形变没有破坏介质的连续性,则张量 j_{ik} 的迹等于零. 事实上,塑性形变不会使物体拉伸或压缩(这两种形变总是和内应力的出现有关),亦即 $u_{kk}^{(\mathrm{pl})}=0$,从而 $j_{kk}=-\partial u_{kk}^{(\mathrm{pl})}/\partial t=0$.

将 $w_{ik}^{(\mathrm{pl})}=W_{ik}-w_{ik}$ 代入定义(29.4)后,可将其写为联系弹性形变和塑性形变的变化速率的方程:

$$\frac{\partial w_{ik}}{\partial t} = \frac{\partial v_k}{\partial x_i} + j_{ik}. \qquad (29.6)$$

此处应将 j_{ik} 看作已知量,这些量应当满足使方程(29.6)和(29.2)相容的条件.

§29 位错的连续分布

这些条件可由式(29.2)对时间求导后再将(29.6)代入得到,它们的形式为

$$\frac{\partial \rho_{ik}}{\partial t} + e_{ilm}\frac{\partial j_{mk}}{\partial x_l} = 0. \tag{29.7}$$

方程(29.2),(29.6)连同动力学方程

$$\rho \dot{v}_i = \frac{\partial \sigma_{ik}}{\partial x_k}, \quad \sigma_{ik} = \lambda_{iklm} u_{lm} = \lambda_{iklm} w_{lm} \tag{29.8}$$

一起,构成了描述具有位错运动的弹性介质动力学的完备方程组(科谢维奇,1962). 在这些方程中出现的张量 ρ_{ik} 和 j_{ik} 分别表征位错分布和位错运动,它们是坐标(和时间)的已知函数. 这些函数应当满足等式(29.3)和(29.7),其中式(29.3)是(29.2)诸方程间的相容性条件,而式(29.7)则是方程(29.2)与(29.6)的相容性条件.

可将相容性条件(29.7)看作是介质中伯格斯矢量守恒定律的微分表示. 实际上,将方程(29.7)的两端在某一封闭曲线 L 支撑的表面上作积分,根据式(29.1)引入曲线 L 所包含位错的总伯格斯矢量 b,并利用斯托克斯定理,得到

$$\frac{\mathrm{d}b_k}{\mathrm{d}t} = -\oint_L j_{ik}\mathrm{d}x_i. \tag{29.9}$$

由该等式显然可见,等式右端的积分决定单位时间内流过回路 L 的伯格斯矢量的多少,也就是穿过曲线 L 的位错所带走的伯格斯矢量的多少. 因此,很自然地将 j_{ik} 称作**位错通量密度张量**.

在孤立位错环的特殊情况下,与位错移动时塑性形变的表达式(28.2)相对应,张量 j_{ik} 显然具有如下形式:

$$j_{ik} = e_{ilm}\rho_{lk}V_m = e_{ilm}\tau_l V_m b_k \delta(\xi). \tag{29.10}$$

此处 V 为位错线上给定点的速度. 在此情况下,通过回路 L 上线元 $\mathrm{d}l$ 的通量矢 $j_{ik}\mathrm{d}l_i$ 正比于 $\mathrm{d}l \cdot \boldsymbol{\tau} \times V = V \cdot \mathrm{d}l \times \boldsymbol{\tau}$,即速度 V 在与 $\mathrm{d}l$ 和 $\boldsymbol{\tau}$ 二者都垂直的方向上的分量,由几何概念显然可见,这一结果是正确的,因为只有速度的这个分量才导致位错与线元 $\mathrm{d}l$ 相交.

我们注意到,张量(29.10)的迹正比于位错速度在其滑移平面法线上的分量. 前面说过,介质密度没有非弹性变化是由条件 $j_{ii} = 0$ 保障的. 与前述位错运动的物理本质相应(参见§28 第二个脚注),我们看到,在孤立位错环情况下这个条件意味着位错运动是在其滑移平面上进行的.

最后,我们讨论位错环在晶体中的分布使得其总伯格斯矢量(标记为 B)等于零的情况[①]. 这个条件意味着沿物体任意横截面的积分

$$\int \rho_{ik}\mathrm{d}f_i = 0. \tag{29.11}$$

[①] 图26 较为夸张地表示出位错的存在会引起晶体的弯曲. 条件 $B = 0$ 表示晶体总体上没有宏观弯曲.

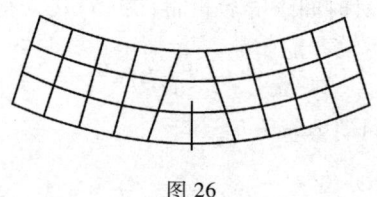

图 26

由此得出,位错密度可以表示为以下形式

$$\rho_{ik} = e_{ilm}\frac{\partial P_{mk}}{\partial x_i} \tag{29.12}$$

(F. Kroupa,1962),此时积分(29.11)变换为沿物体外部回路的积分并等于零. 同样我们也要指出,表达式(29.12)自动满足相容性条件(29.3).

容易看出,这样定义的张量 P_{ik} 表示形变晶体的位错矩密度(因此自然地将它称为**位错极化张量**). 实际上,按照定义,晶体的总位错矩 D_{ik} 等于

$$D_{ik} = \sum S_i b_k = \frac{1}{2}e_{ilm}\sum b_k \oint_D x_l \mathrm{d}x_m = \frac{1}{2}\int e_{ilm}x_l \rho_{mk}\mathrm{d}V,$$

其中求和的范围为所有的位错环,积分在晶体全部体积上进行. 将式(29.12)代入上式,有

$$D_{ik} = \frac{1}{2}\int e_{ilm}e_{mpq}x_l\frac{\partial P_{qk}}{\partial x_p}\mathrm{d}V = \frac{1}{2}\int x_m\left(\frac{\partial P_{mk}}{\partial x_i} - \frac{\partial P_{ik}}{\partial x_m}\right)\mathrm{d}V,$$

对积分号内的两项作分部积分,最后得到

$$D_{ik} = \int P_{ik}\mathrm{d}V. \tag{29.13}$$

于是,位错通量密度也可通过同样的 P_{ik} 表示为

$$j_{ik} = -\frac{\partial P_{ik}}{\partial t}. \tag{29.14}$$

这点很容易得到证实,例如在对物体的任意一部分体积计算积分 $\int j_{ik}\mathrm{d}V$ 时,借助于表达式(29.10),便可给出该部分体积所包含的全部位错环的总和. 我们注意到,表达式(29.14)与(29.12)一起自动满足相容性条件(29.7).

比较(29.14)与(29.4)两式,我们看到 $\delta w_{ik}^{(\mathrm{pl})} = \delta P_{ik}$. 如果我们约定,将具有 $P_{ik}=0$ 的状态看作是无塑性形变状态,则将有 $w_{ik}^{(\mathrm{pl})} = P_{ik}$. 当然,整个形变过程是在 $B=0$ 的条件下进行的. 这点必须加以强调,因为张量 P_{ik} 和 $w_{ik}^{(\mathrm{pl})}$ 之间存在原则区别:张量 P_{ik} 是物体状态的函数,而张量 $w_{ik}^{(\mathrm{pl})}$ 不是,后者依赖于导致物体进入该状态的过程. 在这些条件下,我们有

$$w_{ik} = W_{ik} - w_{ik}^{(\mathrm{pl})} = \frac{\partial u_k}{\partial x_i} - P_{ik}, \tag{29.15}$$

其中 u_k 仍然是偏离未形变状态时位置的总几何位移矢量. 在此情况下, 方程(29.6) 恒能满足, 而动力学方程(29.8) 有如下形式:

$$\rho \ddot{u}_i - \lambda_{iklm} \frac{\partial^2 u_m}{\partial x_k \partial x_l} = - \lambda_{iklm} \frac{\partial P_{lm}}{\partial x_k}. \tag{29.16}$$

这样一来, 确定具有 $\boldsymbol{B}=0$ 的诸运动位错所产生的弹性形变的问题, 就转化为求解在晶体中具有密度分布为 $-\lambda_{iklm} \partial P_{lm}/\partial x_k$ 的体积力的通常弹性理论问题了.

§30 相互作用位错的分布

我们考虑在同一个滑移面上分布有大量平行的相同直线位错的总体情形, 并推导出决定其平衡分布的方程. 令 z 轴平行于位错, xz 平面与滑移平面重合.

出于确定性的要求, 我们假定位错的伯格斯矢量的指向沿 x 轴. 此时作用在滑移面单位长度位错上的力等于 $b\sigma_{xy}$, 其中 σ_{xy} 为位错所在处的应力.

一个直线位错所产生并作用于另一个位错的应力, 以反比于二者之间距离的方式减小. 因此处于 x' 点的位错在 x 点产生的应力具有 $bD/(x-x')$ 的形式, 其中 D 为具有晶体弹性模量数量级的常数. 可以证明, 此常数 $D > 0$, 亦即处于同一滑移面的两个同样的位错相互排斥 (对于各向同性介质, 已在 §28 习题 3 中作出证明).

我们采用 $\rho(x)$ 表示分布在 x 轴上线段 (a_1, a_2) 内的位错的线密度, $\rho(x)\mathrm{d}x$ 为穿过 $\mathrm{d}x$ 区间上各点的位错的伯格斯矢量之和. 此时, 所有位错在 x 轴的 x 点上产生的总应力可表示为积分形式:

$$\sigma_{xy} = - D \int_{a_1}^{a_2} \frac{\rho(\xi)\mathrm{d}\xi}{\xi - x}. \tag{30.1}$$

对于处于线段 (a_1, a_2) 内部的任一点, 应当将这个积分理解为主值, 以便消去毫无物理意义的位错的自作用.

如果在 xy 平面还存在由外载荷产生的平面应力场 $\sigma_{xy}^{(e)}(x, y)$, 则每一个位错将受到力 $b(\sigma_{xy} + p(x))$ 的作用, 这里为了简洁, 我们记 $p(x) = \sigma_{xy}^{(e)}(x, 0)$. 平衡条件归结为此力为零: $\sigma_{xy} + p = 0$, 也就是

$$\mathrm{P}\int_{a_1}^{a_2} \frac{\rho(\xi)\mathrm{d}\xi}{\xi - x} = \frac{p(x)}{D} \equiv \omega(x), \tag{30.2}$$

这里 P 表示主值积分. 上式便是确定平衡分布 $\rho(x)$ 的积分方程. 就方程类别而言, 它属于具有柯西型积分核的奇异积分方程.

对这种方程的求解, 可转化为以以下方式表述的复变函数理论问题.

令 $\Omega(z)$ 为在具有割线 (a_1, a_2) 的复平面 z 上以积分

$$\Omega(z) = \int_{a_1}^{a_2} \frac{\rho(\xi)\mathrm{d}\xi}{\xi - z} \tag{30.3}$$

定义的函数.用 $\Omega^+(x)$ 和 $\Omega^-(x)$ 表示 $\Omega(z)$ 在割线上岸和下岸的极限值,它们分别等于以一无限小半圆在割线上方或下方绕过 $z=x$ 点的沿割线 (a_1, a_2) 所取的积分,亦即

$$\Omega^\pm(x) = P\int_{a_1}^{a_2}\frac{\rho(\xi)\mathrm{d}\xi}{\xi - x} \pm \mathrm{i}\pi\rho(x). \tag{30.4}$$

如果 $\rho(\xi)$ 满足方程(30.2),则积分主值等于 $\omega(x)$,于是我们有

$$\Omega^+(x) + \Omega^-(x) = 2\omega(x), \tag{30.5}$$

$$\Omega^+(x) - \Omega^-(x) = 2\mathrm{i}\pi\rho(x). \tag{30.6}$$

这样一来,解方程(30.2)就等价于寻求具有式(30.5)性质的解析函数 $\Omega(z)$ 的问题,之后按照式(30.6)即可确定 $\rho(x)$.此时,由所研究问题的物理条件还要求 $\Omega(\infty) = 0$,这个条件来源于在远离位错系统的地方(即 $x \to \pm\infty$)应力 σ_{xy} 应该趋于零(按照定义(30.3),在线段 (a_1, a_2) 之外,$\sigma_{xy}(x) = -D\Omega(x)$).

我们先来研究这样一种情况,此时不存在外应力 ($p(x) \equiv 0$),而位错在线段 (a_1, a_2) 两端被某些障碍物(晶格缺陷)所阻滞.当 $\omega(x) = 0$ 时,由式(30.5)有 $\Omega^+(x) = -\Omega^-(x)$,亦即,当绕过 a_1, a_2 两点中的每一点时,函数 $\Omega(z)$ 应该变号.满足这个条件的任意函数具有以下形式:

$$\Omega(z) = \frac{P(z)}{\sqrt{(a_2 - z)(z - a_1)}}, \tag{30.7}$$

其中 $P(z)$ 为多项式.条件 $\Omega(\infty) = 0$ 将这个多项式最后确定为 $P(z) = 1$(准确到任意常系数),这样

$$\Omega(z) = \frac{1}{\sqrt{(a_2 - z)(z - a_1)}}. \tag{30.8}$$

根据式(30.6),所求函数 $\rho(x)$ 也有同样的形式.根据条件

$$\int_{a_1}^{a_2}\rho(\xi)\mathrm{d}\xi = B \tag{30.9}$$

(B 为所有位错的伯格斯矢量之和)确定函数 $\rho(x)$ 中的系数后,我们得到

$$\rho(x) = \frac{B}{\pi\sqrt{(a_2 - x)(x - a_1)}}. \tag{30.10}$$

由此我们知道,位错以反比于到达其距离的平方根的密度向线段边界的障碍物塞积.线段 (a_1, a_2) 之外的应力在接近 a_1 或 a_2 时也以同样的规律增长,例如,当 $x > a_2$ 时,

$$\sigma_{xy} \approx \frac{BD}{\sqrt{(x - a_2)(a_2 - a_1)}}.$$

换言之,位错在边界附近的塞积导致了边界另一侧的应力集中.

现在我们假定在同样条件下(在线段两端存在障碍物)也存在外应力场

$p(x)$. 我们用 $\Omega_0(z)$ 表示形如式(30.7)的函数,并将等式(30.5)改写(将等式除以 $\Omega_0^+ = -\Omega_0^-$)为

$$\frac{\Omega^+(x)}{\Omega_0^+(x)} - \frac{\Omega^-(x)}{\Omega_0^-(x)} = \frac{2\omega(x)}{\Omega_0^+(x)}.$$

将这个等式与式(30.6)比较,我们得出以下结论:

$$\frac{\Omega(z)}{\Omega_0(z)} = \frac{1}{i\pi}\int_{a_1}^{a_2} \frac{\omega(\xi)}{\Omega_0^+(\xi)} \frac{d\xi}{\xi - z} + i\pi P(z), \qquad (30.11)$$

其中 $P(z)$ 为多项式. 选取函数(30.8)作为 $\Omega_0(z)$,并置 $P(z)=C$(C 为常数),我们得到满足条件 $\Omega(\infty)=0$ 的解. 由此,根据公式(30.6)寻得待求函数 $\rho(x)$ 为

$$\rho(x) = -\frac{1}{\pi^2 \sqrt{(a_2-x)(x-a_1)}} P\int_{a_1}^{a_2} \omega(\xi)\sqrt{(a_2-\xi)(\xi-a_1)}\frac{d\xi}{\xi-x} +$$

$$+ \frac{C}{\sqrt{(a_2-x)(x-a_1)}}, \qquad (30.12)$$

其中常数 C 由条件(30.9)确定. 当 $x\to a_2$ 时,此处 $\rho(x)$ 依照 $(a_2-x)^{-1/2}$ 的规律增长($x\to a_1$ 时也有类似规律),而在障碍物的另一侧出现同样的应力集中.

如果只在一端存在障碍物(比如说在 a_2 点),那么所求的解应当满足包括 $x=a_1$ 点在内的所有 $x<a_2$ 的点上应力有限的条件,此时 a_1 的位置事先并不知道,需要由问题的解来确定. 就函数 $\Omega(z)$ 而言,这表示 $\Omega(a_1)$ 必须是有限的. 如果选取与式(30.7)有关的函数

$$\sqrt{\frac{z-a_1}{a_2-z}}$$

为 $\Omega_0(z)$,并在式(30.11)中令 $P(z)=0$,则满足这一条件(同时也满足条件 $\Omega(\infty)=0$)的函数可由同样的公式(30.11)求得. 结果我们得到

$$\rho(x) = -\frac{1}{\pi^2}\sqrt{\frac{x-a_1}{a_2-x}} P\int_{a_1}^{a_2} \sqrt{\frac{a_2-\xi}{\xi-a_1}} \frac{\omega(\xi)}{\xi-x} d\xi. \qquad (30.13)$$

当 $x\to a_1$ 时,$\rho(x)$ 以 $\sqrt{x-a_1}$ 的方式趋于零. 在点 a_1 的另一侧,总应力 $\sigma_{xy}(x)+p(x)$ 也以同样的规律趋于零.

最后,令线段两端均无障碍,且位错仅由外应力 $p(x)$ 约束. 将

$$\Omega_0(z) = \sqrt{(a_2-z)(z-a_1)}, \quad P(z) = 0$$

代入式(30.11)后,我们得到相应的 $\Omega(z)$. 但此时条件 $\Omega(\infty)=0$ 要求满足另一附加补充条件:在式(30.11)中取 $z\to\infty$ 的极限,我们得到

$$\int_{a_1}^{a_2} \frac{\omega(\xi)d\xi}{\sqrt{(a_2-\xi)(\xi-a_1)}} = 0. \qquad (30.14)$$

待求函数 $\rho(x)$ 由公式

$$\rho(x) = -\frac{1}{\pi^2}\sqrt{(a_2-x)(x-a_1)}\,\mathrm{P}\!\int_{a_1}^{a_2}\frac{\omega(\xi)}{\sqrt{(a_2-\xi)(\xi-a_1)}}\frac{\mathrm{d}\xi}{\xi-x}$$

(30.15)

给出,线段两端点 a_1, a_2 的坐标则由条件(30.9)和(30.14)确定.

习 题

试在线段一端或两端存在障碍物的情况下,求出均匀应力场($p(x)=p_0$)中位错的分布.

解:在障碍物只存在于线段一端(比如 a_2 端)的情况下,计算积分(30.13)给出

$$\rho(x) = \frac{p_0}{\pi D}\sqrt{\frac{x-a_1}{a_2-x}}.$$

位错分布区域的长度则由条件(30.9)确定,为 $a_2 - a_1 = 2BD/p_0$. 在障碍物附近另一侧的应力集中的规律为

$$\sigma_{xy} \approx p_0\sqrt{\frac{a_2-a_1}{x-a_2}}.$$

在长度为 $2L$ 的区域两端均被障碍物限制的情况下,将 x 的原点取在线段中点,根据(30.12)我们得到

$$\rho(x) = \frac{1}{\pi}\frac{1}{\sqrt{L^2-x^2}}\left(\frac{p_0}{D}x+B\right).$$

附录* 弹性介质中裂缝的平衡

裂缝的平衡在一系列弹性力学问题中带有显著的独特性. 从理论的观点看,裂缝是弹性介质中的一种空腔,当介质中存在应力时这个空腔存在,而当载荷撤去后它即会闭合. 裂缝的形状和大小显著地依赖于作用于其上的应力. 因此这个问题数学上的特殊性在于所要求解问题的边界条件给在一个表面上,而这个表面一开始我们并不知道,它本身要由问题的求解结果来确定.①

我们考察各向同性介质中的一条裂缝,裂缝在 z 方向上均匀、长度无限且处于平面应力场 $\sigma_{ik}^{(e)}(x,y)$ 中. 换句话说,这是一个二维弹性理论问题. 我们假定

---

* 1965年出版的本书俄文第三版新增了位错一章,其中含有题为"弹性介质中裂缝的平衡"一节. 但在以后的俄文第四、第五两版(1987,2004)中这一节不知为何被删去了. 奇怪的是,经栗弗希兹本人作序的本书英文修订第三版(1986)中仍然保留了这一节,以后的英文版虽根据俄文新版做过多次修正,仍一直保留这一节. 鉴于这一节无论在物理内容和数学处理方法上都较为独特,且从未有过中文译文,为利于有兴趣的读者参考,我们根据俄文第三版和英文第三版将此节译出,作为第四章的附录.——译者注

① 此处讨论的裂缝的定量理论是由 Г. И. Баренблатт (1959) 提出的.

附录 弹性介质中裂缝的平衡

应力关于裂缝截面的中心对称. 于是裂缝的截面的轮廓线也是对称的(见图 A1). 令截面轮廓线的长度为 $2L$, 且其宽度是随 x 变化的 $h(x)$, 由于裂缝是对称的, 故 $h(-x) = h(x)$.

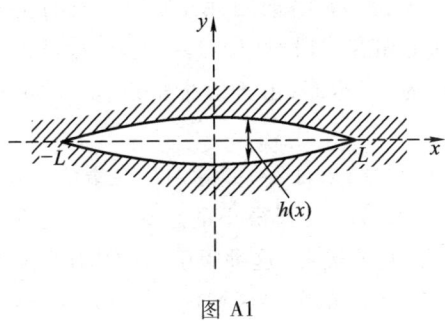

图 A1

假设裂缝很窄 ($h \ll L$). 于是裂缝表面的边界条件可应用于 x 轴的相应线段上. 这样一来, 裂缝就可以看作是 xy 平面内的一条间断线, 在这条线上位移的法向分量 $u_y = \pm \frac{1}{2} h$ 是不连续的.

我们引入另一个未知函数 $\rho(x)$ 代替 $h(x)$, 这个函数的定义由以下公式给出:

$$h(x) = \int_x^L \rho(x) \mathrm{d}x, \quad \rho(-x) = -\rho(x). \tag{A1}$$

可以方便地将函数 $\rho(x)$ 纯形式地解释为在 x 轴上连续分布的直线位错 (沿 z 轴) 的密度, 这些位错的伯格斯矢量平行于 y 轴①. 在 §27 中已经指出, 可以把位错线看作其上位移 $\boldsymbol{u}$ 经受跃变 $\boldsymbol{b}$ 的间断表面的边缘线. 在式 (A1) 的表示中, 可将法向位移在 x 点的跃变 h 视为通过这点右侧的所有位错的伯格斯矢量之和. 等式 $\rho(-x) = -\rho(x)$ 则意味着在点 $x = 0$ 左侧和右侧的位错带有相反的符号.

在这样的表示下, 可以立即写出 x 轴上正应力 σ_{yy} 的表达式. 这些应力由两部分相加而成, 第一部分是外载荷产生的应力 $\sigma_{yy}^{(e)}(x, 0)$ (可将之简记为 $p(x)$), 另一部分是由裂缝的形变形成的应力 $\sigma_{yy}^{(cr)}(x)$. 将第二部分应力看作是由分布在线段 $(-L, L)$ 上的位错形成的, 类似于式 (30.1), 我们得到

$$\sigma_{yy}^{(cr)}(x) = -D \int_{-L}^{L} \frac{\rho(\xi)}{\xi - x} \mathrm{d}\xi. \tag{A2}$$

对于处在线段 $(-L, L)$ 上的点, 以上积分应理解为主值积分. 对于各向同性

---

① 正因为如此, 我们才把裂缝理论放在位错一章来讨论, 尽管从物理上看, 裂缝理论讲的是与位错完全不同的物理现象.

介质，

$$D = \frac{\mu}{2\pi(1-\sigma)} = \frac{E}{4\pi(1-\sigma^2)} \tag{A3}$$

(参见§28习题3). 这些位错在各向同性介质中形成的应力 σ_{xy} 在 x 轴上为零.

如上所述，与 x 轴上相应线段对应的裂缝自由表面上的边界条件要求法向应力 $\sigma_{yy} = \sigma_{yy}^{(cr)} + p(x)$ 为零. 然而，由于以下情形，必须将这个条件进一步精确化.

我们假设（它将由所得结果证实）裂缝两岸在裂缝边缘处弥合得相当光滑，以至于在边缘附近两个表面靠近到很小的距离上. 在这种条件下，有必要考虑两表面间的分子吸引力，众所周知，这种吸引力的作用距离 r_0 比原子间距离大，因此在靠近裂缝边缘的 $h \leqslant r_0$ 的狭小区域内，这种力将会起到重要作用（我们将这个区域长度的数量级记为 d，下面将给出对它的估计）.

令 G 为裂缝单位面积表面上的分子聚合力，它依赖于表面间距离 h[①]. 计及这些力后，边界条件可重写为

$$\sigma_{yy}^{(cr)} + p(x) - G = 0. \tag{A4}$$

自然可以假定，在靠近边缘的区域内，裂缝的形状是由聚合力的特征确定的，与施加在物体上的外载荷无关. 因此在由外力 $p(x)$ 确定裂缝主要部分的形状时，G 为一不依赖于 $p(x)$ 的已知函数 $G(x)$（当然只在 d 的范围内，因为 G 仅在这个范围内才是重要的）.

将(A2)中的 $\sigma_{yy}^{(cr)}(x)$ 代入(A4)，于是我们得到如下形式的 $\rho(x)$ 的积分方程：

$$P\int_{-L}^{L} \frac{\rho(\xi)d\xi}{\xi - x} = \frac{1}{D}p(x) - \frac{1}{D}G(x) \equiv \omega(x). \tag{A5}$$

由于裂缝的边缘并未固定，其上所受应力应当是有限的. 这表明，我们在求解积分方程(A5)时仅需处理§30中讨论过的最后一种情况，其结果已由公式(30.15)给出. 若坐标原点选在线段 $(-L,L)$ 的中点，则该公式形为

$$\rho(x) = -\frac{1}{\pi^2}\sqrt{L^2-x^2}P\int_{-L}^{L} \frac{\omega(\xi)}{\sqrt{L^2-\xi^2}} \frac{d\xi}{\xi-x}. \tag{A6}$$

此时这个解应当满足条件(30.14)，该条件的形式现在应为

$$\int_0^L \frac{p(x)dx}{\sqrt{L^2-x^2}} - \int_0^L \frac{G(x)dx}{\sqrt{L^2-x^2}} = 0 \tag{A7}$$

（利用问题的对称性，上式中我们将在线段 $(-L,L)$ 上的积分化为了从0到 L 的积分）. 由于 $G(x)$ 仅在 $L-x \sim d$ 的区域内不为零，故在上式的第二项积分中可

[①] 在宏观理论中，函数 $G(x)$ 是随 $L-x$ 减小而光滑增长的函数，在裂缝边缘这个函数达到其极大值.

令 $L^2 - x^2 \cong 2L(L-x)$，于是条件（A7）的形式变为

$$\int_0^L \frac{p(x)\,\mathrm{d}x}{\sqrt{L^2 - x^2}} = \frac{M}{\sqrt{2L}}, \qquad (A8)$$

式中我们用 M 表示与介质材料有关的常量

$$M = \int_0^d \frac{G(\xi)\,\mathrm{d}\xi}{\sqrt{\xi}}. \qquad (A9)$$

这个常量可通过物体的普通宏观特征量，亦即其弹性模量 E 和表面张力系数 α 表示，今后我们将会看到，此一关系的表达式为

$$M = \sqrt{\frac{\pi \alpha E}{1 - \sigma^2}}. \qquad (A10)$$

方程（A8）可由给定应力分布 $p(x)$ 确定裂缝长度 $2L$. 例如，对于施加在裂缝两侧中心的集中力 $f(p(x) = f\delta(x))$ 拉开的裂缝，我们求得

$$2L = \frac{f^2}{M^2} = \frac{f^2(1-\sigma^2)}{\pi \alpha E}. \qquad (A11)$$

然而我们应当注意，并非所有的应力分布 $p(x)$ 都可能给出裂缝的稳定平衡. 例如，对于均匀拉伸应力 $p(x) = \mathrm{const} \equiv p_0$，由式（A8）可得

$$2L = \frac{4M^2}{\pi^2 p_0^2} = \frac{4\alpha E}{\pi(1-\sigma^2)p_0^2}. \qquad (A12)$$

这一依赖关系的特性（p_0 增大时 L 减小）表明裂缝处于不稳定状态. 由式（A12）确定的 L 值对应于不稳定平衡并给出裂缝的"临界"长度：更长的裂缝会任意增大，更短的裂缝则会自动"闭合"（这个结果是 A. A. Griffith（1920）首先得到的）.

我们现在来研究裂缝的轮廓线. 当 $L - x \leqslant d$ 时，在式（A6）的积分中起主要作用的是 $L - \xi \sim d$ 的区域，在这个区域内 $\omega(\xi) \cong -D(\xi)/D$. 此时积分可用其在 $x \to L$ 的极限值代替[①]，故得 $\rho = \mathrm{const}\sqrt{L-x}$，由此，

$$h(x) = \mathrm{const}(L-x)^{3/2} \qquad (L - x \sim d). \qquad (A13)$$

我们看到，在裂缝两边的端点 d 内，裂缝确实是以相当光滑的方式弥合的. 式（A13）中的常系数值与分子聚合力的性质有关，它不可能通过通常的宏观参量表示[②].

在裂缝轮廓线离其端点更远的 $d \ll L - x \ll L$ 范围内，区域 $L - \xi \sim d$ 重又在

[①] 为了得到极限值，我们首先必须将（A6）中的积分分为两个分别以 $\omega(\xi) - \omega(L)$ 和 $\omega(L)$ 为分子的积分，第二个积分对极限值无贡献.

[②] 式（A13）系数估计值的数量级为 $\sqrt{a/d}$，即 $\mathrm{const} \sim \sqrt{a/d}$，其中 a 为原子尺度（利用 $\alpha \sim aE, M \sim E\sqrt{a}$). 对 d 的长度的估计可由条件 $h(d) \sim r_0$ 得到，故 $d \sim r_0^2/a \gg r_0$. 应当指出，实际上所要求的不等式仅在很小的范围内才满足，故所求得的裂缝末端的"鸟嘴"不应当看作是准确解.

式(A6)的积分中起主要作用. 除令 $L^2 - \xi^2 \cong 2L(L-\xi)$ 和 $L^2 - x^2 \cong 2L(L-x)$ 外, 此处我们可使用代换 $\xi - x \cong L - x$. 结果得到

$$\rho = \frac{M}{\pi^2 D \sqrt{L-x}},$$

其中 M 与式(A9)和(A10)中的常量相同. 由此得到

$$h(x) = \frac{2M}{\pi^2 D} \sqrt{L-x} \quad (d \ll L - x \ll L). \tag{A14}$$

由此,裂缝轮廓线的末段在 $L - x \ll L$ 的整个区域内与所施加的外力无关(因此也与裂缝长度无关);当 $L - x \gg d$ 时,轮廓线由式(A14)给出;而当 $L - x \sim d$ 时, 轮廓线具有由式(A13)表示的无限尖锐的"鸟嘴"形状(见图A2). 其余部分的裂缝形状则依赖于所施加的力.

如此一来,如果将聚合力作用半径 r_0 数量级范围内的细节忽略不计,则整条裂缝就具有一条端点被抛物线(A14)光滑了的匀整的轮廓线,同时这条轮廓线是借助于通常的宏观参量完全由外加作用力确定的. 但是,实际上出现的端部小($\sim d$)"鸟嘴"具有根本性的意义,正是它们保证了应力在裂缝端部取有限值.

裂缝在 x 轴延长线上产生的应力由方程(A2)确定. 在 $d \ll x - L \ll L$ 的 $x - L$ 距离处①:

$$\sigma_{yy} \cong \sigma_{yy}^{(\text{cr})} \cong \frac{M}{\pi \sqrt{x-L}}. \tag{A15}$$

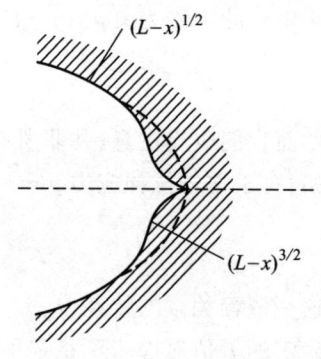

图 A2

在接近裂缝边缘时,应力以这一规律一直增长到距离 $x - L \sim d$ 处,之后 σ_{yy} 在 $x = L$ 点降为零.

余下的问题是推导前面已经用到的联系常量 M 与宏观物理量的公式(A10). 为此,我们通过在长度 L 变化时令自由能的变分为零,写出总自由能取极小值的条件.

首先,当裂缝长度增加 δL 时裂缝的两个自由表面的表面能增加 $\delta F_{\text{surf}} = 2\alpha \delta L$. 其次,裂缝的两个端点被"打开"使弹性能 F_{elas} 减小了

$$\frac{1}{2} \int \sigma_{yy}(x) \eta(x) \, dx,$$

式中 $\eta(x)$ 为裂缝轮廓移动后和移动前的宽度之差. 因为裂缝端点的轮廓与裂

---

① 这个积分很容易算出,但如果考虑到§30结论中所述的 $x < L$ 时函数 $\rho(x)$ 与 $x > L$ 时 $\sigma_{yy}^{(\text{cr})}$ 间的明显联系,完全不必计算这个积分.

缝长度无关,故 $\eta(x) = h(x - \delta L) - h(x)$. 当 $x < L$ 时,应力 $\sigma_{yy} = 0$;而当 $x > L$ 时,$h(x) = 0$. 因此我们有

$$\delta F_{\text{elas}} = -\frac{1}{2}\int_{L}^{L+\delta L}\sigma_{yy}(x)h(x - \delta L)\,\mathrm{d}x.$$

将式(A14)和(A15)代入上式,我们得到

$$\delta F_{\text{elas}} = -\frac{M^2}{\pi^3 D}\int_{L}^{L+\delta L}\sqrt{\frac{L + \delta L - x}{x - L}}\mathrm{d}x = -\frac{M^2}{\pi^3 D}\int_{0}^{\delta L}\frac{\sqrt{y}\mathrm{d}y}{\sqrt{\delta L - y}} = -\frac{M^2}{2\pi^2 D}\delta L.$$

最后,从条件 $\delta F_{\text{sur}} + \delta F_{\text{elas}} = 0$,我们得到关系式 $M^2 = 4\pi^2\alpha D$,从而得到式(A10)[①].

---

① 我们注意到,上述理论(包括关系式(A10))就其实质而言只适用于理想脆体,亦即直至被破坏之前仍保持线性弹性关系的物体(如玻璃、熔融石英). 在具有塑性的物体中,裂缝的形成伴随有裂缝端点的塑性形变.

第五章

固体的热传导和黏性

§31 固体中的热传导方程

对固体介质的非均匀加热不会像在液体中通常发生的那样引起对流. 这里热的传输只有热传导一种方式. 因此, 描述固体中热传导过程的方程比在液体中要简单得多, 由于对流的存在, 液体中描述热传导过程的方程相当复杂.

固体中的热传导方程可以直接由以热量的连续性方程形式表示的能量守恒定律导出. 单位体积物体在单位时间内吸收的热量等于 $T\partial S/\partial t$, 其中 S 为体积熵. 这个量应当等同于 $-\nabla \cdot \boldsymbol{q}$, 这里 $\boldsymbol{q}$ 为热流密度. 热流实际上永远正比于温度梯度, 也就是说, 可以写为 $\boldsymbol{q} = -\varkappa \nabla T$ ($\varkappa$ 为热导率). 于是

$$T\frac{\partial S}{\partial t} = \nabla \cdot (\varkappa \nabla T). \tag{31.1}$$

根据公式 (6.4), 可以将熵改写为

$$S = S_0(T) + K\alpha u_{ii},$$

其中 α 为热膨胀系数, S_0 为物体处于未形变状态时的熵. 我们如通常一样假定物体内的温差足够小, 使得可将诸如 $\varkappa, \alpha$ 等物理量当作常量. 将上面写出的 S 表达式代入后, 方程 (31.1) 取以下形式

$$T\frac{\partial S_0}{\partial t} + \alpha KT \frac{\partial u_{ii}}{\partial t} = \varkappa \Delta T.$$

根据熟知的热力学公式, 我们有

$$C_p - C_v = K\alpha^2 T.$$

S_0 的导数可写为

$$\frac{\partial S_0}{\partial t} = \frac{\partial S_0}{\partial T} \frac{\partial T}{\partial t} = \frac{C_v}{T} \frac{\partial T}{\partial t}$$

(偏导数 $\partial S_0/\partial T$ 是在 $u_{ii} \equiv \nabla \cdot \boldsymbol{u} = 0$,亦即体积恒定条件下取的).

结果我们得到如下形式的热传导方程

$$C_v \frac{\partial T}{\partial t} + \frac{C_p - C_v}{\alpha} \frac{\partial}{\partial t} \nabla \cdot \boldsymbol{u} = \varkappa \Delta T. \tag{31.2}$$

为了得到完备方程组,热传导方程还必须与确定非均匀加热物体形变的方程联立. 这个方程便是平衡方程(7.8):

$$2(1-\sigma)\nabla\nabla\cdot\boldsymbol{u} - (1-2\sigma)\nabla\times\nabla\times\boldsymbol{u} = \frac{2\alpha(1+\sigma)}{3}\nabla T. \tag{31.3}$$

由方程(31.3)原则上可以确定出任意给定温度分布下物体的形变. 把由式(31.3)求出的 $\nabla \cdot \boldsymbol{u}$ 的表达式代入方程(31.2)后,得到只含一个未知函数 $T(x,y,z,t)$ 的确定温度分布的方程.

现在我们来研究无限介质中的这样一个热传导问题,介质中的温度分布仅满足一个条件:在无穷远处温度趋于固定极限值 T_0,且在该处介质无形变. 在此情况下,由方程(31.3)推得 $\nabla \cdot \boldsymbol{u}$ 与 T 之间的关系(参见§7 习题8):

$$\nabla \cdot \boldsymbol{u} = \frac{1+\sigma}{3(1-\sigma)} \alpha (T - T_0).$$

将此表达式代入式(31.2)后,我们得到

$$\frac{(1+\sigma)C_p + 2(1-2\sigma)C_v}{3(1-\sigma)} \frac{\partial T}{\partial t} = \varkappa \Delta T, \tag{31.4}$$

这是通常的热传导方程.

假如杆的两端中有一端(或两端都)是不固定的,这类方程也可以描述沿细直杆长度方向的温度分布. 假定在杆的每一横截面上温度均为常量,于是 T 就只是沿杆的长度方向坐标 x 和时间的函数. 杆的这种热膨胀仅导致其长度的变化,而不引起其直线形状的变化以及内应力的出现. 所以十分清楚,一般方程(31.1)中的偏导数 $\partial S/\partial t$ 应当在固定压强下取,因为 $(\partial S/\partial t)_p = C_p/T$,故温度分布将由一维热传导方程

$$C_p \frac{\partial T}{\partial t} = \varkappa \frac{\partial^2 T}{\partial x^2}$$

描述.

还应当注意的是,具有在实用上足够精确度的固体中的温度分布,永远可以由通常的热传导方程确定. 问题在于,方程(31.2)左端第二项与第一项比较只是数量级为 $(C_p - C_v)/C_v$ 的修正. 然而,固体的不同热容的区别通常很小,如果将之略去不计,固体中的热传导方程总可以写作

$$\frac{\partial T}{\partial t} = \chi \Delta T, \tag{31.5}$$

其中 χ 为**温导率***,它是由热导率 $\varkappa$ 与某一单位体积平均热容 C 通过关系式 $\chi = \varkappa/C$ 确定的.

§32 晶体的热传导

一般而言,在各向异性介质中热流密度矢量 $\boldsymbol{q}$ 不一定与温度梯度重合.因此,在晶体中,$\boldsymbol{q}$ 与温度梯度之间应当以更为一般的关系式

$$q_i = -\varkappa_{ik}\frac{\partial T}{\partial x_k} \tag{32.1}$$

代替 $\boldsymbol{q} = -\varkappa\nabla T$. 二阶张量 $\varkappa_{ij}$ 称为晶体**热导率张量**. 与式(32.1)相对应,热传导方程(31.5)也将有更为一般的形式

$$C\frac{\partial T}{\partial t} = \varkappa_{ik}\frac{\partial^2 T}{\partial x_i \partial x_k}. \tag{32.2}$$

热导率张量是对称的:

$$\varkappa_{ik} = \varkappa_{ki}. \tag{32.3}$$

我们现在证明这一结论是动理系数对称性原理(参见本教程第五卷§120)的推论.

因为不可逆热传导过程引起的物体熵增加率等于

$$\dot{S}_{\text{tot}} = -\int \frac{\nabla \cdot \boldsymbol{q}}{T}dV = -\int \nabla \cdot \frac{\boldsymbol{q}}{T}dV + \int \boldsymbol{q} \cdot \nabla \frac{1}{T}dV.$$

变换为面积分后,等式右端第一个积分等于零. 于是我们得到

$$\dot{S}_{\text{tot}} = \int \boldsymbol{q} \cdot \nabla \frac{1}{T}dV = -\int \frac{\boldsymbol{q} \cdot \nabla T}{T^2}dV,$$

或

$$\dot{S}_{\text{tot}} = -\int \frac{1}{T^2}q_i\frac{\partial T}{\partial x_i}dV. \tag{32.4}$$

根据动理学系数的一般定义①,从(32.4)我们可以得出如下结论,即在此情况下,关系式

$$q_i = -T^2\varkappa_{ik}\left(\frac{1}{T^2}\frac{\partial T}{\partial x_k}\right)$$

---

* 这个术语的俄文原文为"температуропроводность",英文版将其译为"thermometric conductivity". 按照现行国家标准 GB3102.4-95(热学的量和单位),这个术语的中文译法应当是"热扩散率",与之对应的英文术语为"thermal diffusivity". 这个术语的内容只与热传导过程有关,而"热扩散"本身则是与热传导完全不同的另一种输运过程,为描述它已有"热扩散"、"热扩散系数"和"热扩散比"三个通用术语(参见本教程第六卷§58,第十卷§11).因此如果将这个术语按国标译为"热扩散率",有可能会引起读者的概念混淆. 为了避免这种情况发生,我们这里将此一术语译成"温导率".

① 采用本教程第六卷§59给出的定义形式.

中的系数 $T^2 \varkappa_{ik}$ 是动理学系数. 所以, 由动理学系数的对称性可直接给出所求关系式(32.3).

二次型

$$- q_i \frac{\partial T}{\partial x_i} = \varkappa_{ik} \frac{\partial T}{\partial x_i} \frac{\partial T}{\partial x_k}$$

应当是正定的, 这是因为熵的时间导数(32.4)应当为正. 众所周知, 一个二次型正定的条件是其系数矩阵的本征值为正. 因此热导率张量 $\varkappa_{ik}$ 的所有本征值恒为正, 这点从热流方向的直观概念看来是显然的.

张量 $\varkappa_{ik}$ 的不同独立分量数目取决于晶体的对称性. 因为张量 $\varkappa_{ik}$ 是对称的, 这个数目应当与二阶对称张量 α_{ik} (热膨胀系数张量, 参见本卷 §10) 所具有的独立分量数目一样.

§33 固体的黏性

迄今为止, 我们在研究弹性物体中的运动时, 一直认为形变过程是以可逆方式进行的. 实际上, 仅当过程以无限小的速率进行, 使得在每一给定时刻物体中都来得及建立热力学平衡状态时, 该过程才是热力学上可逆的. 然而, 真实的运动都是以有限速率进行的, 物体在每一给定时刻并不处于平衡状态, 因此在物体中进行的过程都力图使之趋于平衡态. 这些过程的存在导致运动的不可逆性, 特别是表现为机械能的耗散, 最终转换为热[①].

能量的耗散由两类过程引起. 其一, 在物体内部不同位置上温度不相同的情况下, 物体中出现的热传导不可逆过程. 其二, 如果在物体中发生某种内部运动, 于是出现了与有限运动速率相联系的不可逆过程, 同在液体中一样, 这些能量耗散过程可称为内摩擦或黏滞过程[*].

在大多数情况下, 物体内部宏观运动速率是如此之小, 以致能量耗散并不显著. 这种"准可逆"过程可借助于耗散函数(参见本教程第五卷 §121)来描述.

正因为这样, 如果存在某一个力学系统, 其运动伴随有能量耗散, 那么系统的运动仍可用通常的运动方程描述, 但在这些方程中需在作用于系统的力中加入作为速度线性函数的**耗散力**或**摩擦力**. 这些力可以表示为耗散函数 R (它是速度的某种二次函数)对速度的导数. 于是, 与系统某一广义坐标 q_a 相对应的摩擦力 f_a 此时形为

$$f_a = - \frac{\partial R}{\partial \dot{q}_a}.$$

---

① 这里所说的机械能应理解为弹性物体中宏观运动的动能与因形变引起的(弹性)势能之和.

* 耗散的本质含义关系到系统作功能力的损失, 参见本教程第五卷 §20.——译者注

耗散函数是广义速度 $\dot{q}_a$ 的正定二次型. 上一关系式等价于

$$\delta R = - \sum_a f_a \delta \dot{q}_a, \tag{33.1}$$

其中 δR 为无限小速度变化时耗散函数的改变. 还可以证明, 耗散函数的二倍 $2R$ 为单位时间内系统机械能的减少.

容易将关系式(33.1)推广到连续介质中存在摩擦时的运动情况. 这种情况下, 系统的状态由一系列连续广义坐标确定. 这些坐标即为在物体每一点上给定的位移矢量 $\boldsymbol{u}$. 与此相应, 关系式(33.1)应改写为积分形式

$$\delta \int R \mathrm{d}V = - \int f_i \delta v_i \mathrm{d}V, \tag{33.2}$$

其中 $\boldsymbol{v} = \dot{\boldsymbol{u}}$, 而 f_i 为物体单位体积内的耗散力矢量 $\boldsymbol{f}$ 的分量, 我们将整个物体的总耗散函数写作 $\int R \mathrm{d}V$, 其中 R 为单位体积的耗散函数.

现在我们来确定形变物体耗散函数 R 的一般形式. 如果在物体中没有内部运动, 特别是, 如果物体只进行整体平动或转动, 描述内摩擦的函数 R 应当趋于零. 换言之, 在 $\boldsymbol{v} = \mathrm{const}$ 及 $\boldsymbol{v} = \boldsymbol{\Omega} \times \boldsymbol{r}$ 的情况下, 耗散函数应当趋于零. 这表明, 耗散函数不依赖于速度本身而依赖于速度梯度, 而且它仅含有那些当 $\boldsymbol{v} = \boldsymbol{\Omega} \times \boldsymbol{r}$ 时趋于零的导数组合. 和式

$$v_{ik} = \frac{1}{2}\left(\frac{\partial v_i}{\partial x_k} + \frac{\partial v_k}{\partial x_i}\right),$$

亦即应变张量分量的时间导数正是这些组合[①]. 于是, 耗散函数应当是 v_{ik} 的二次函数. 这种函数最一般的形式为

$$R = \frac{1}{2} \eta_{iklm} v_{ik} v_{lm}. \tag{33.3}$$

四阶张量 η_{iklm} 可称为**黏性张量**. 这个张量具有以下显然的对称性质[②]:

$$\eta_{iklm} = \eta_{lmik} = \eta_{kilm} = \eta_{ikml}. \tag{33.4}$$

表达式(33.3)与晶体自由能的表达式(10.1)相似: 只是现在 η_{iklm} 取代了(10.1)中的弹性模量张量, 而张量 v_{ik} 则代替了其中的 u_{ik}. 所以, §10 中对具有不同对称性晶体的张量 λ_{iklm} 得到的所有结果, 全都适用于张量 η_{iklm}.

特别是, 在各向同性物体中, 张量 η_{iklm} 总共只有两个独立分量, 且与各向同性物体中的弹性能表达式(4.3)相似, R 的形式可写为

$$R = \eta \left(v_{ik} - \frac{1}{3}\delta_{ik} v_{ll}\right)^2 + \frac{\zeta}{2} v_{ll}^2, \tag{33.5}$$

[①] 试与液体黏性的类似推论比较(本教程第六卷 §15).

[②] 在此我们提醒, 耗散函数的存在是昂萨格动理学系数对称性原理的推论. 正是这个原理导致了作为线性关系式(33.7)的系数间关系的(33.4)中的第一个等式(这个等式与二次型(33.3)存在的事实等价). 我们将在 §41 中用类似的理由直接证明这点.

其中 η 与 ζ 为两个黏性系数. 由于 R 是恒正的函数, 系数 η 与 ζ 均应为正.

关系式(33.2)与弹性自由能的关系式类似:
$$\delta \int F \mathrm{d}V = -\int F_i \delta u_i \mathrm{d}V,$$
其中 $F_i = \partial \sigma_{ik}/\partial x_k$ 为作用于物体单位体积上的力. 因此与通过 u_{ik} 表示 F_i 相似, 可直接通过张量 v_{ik} 将耗散力 f_i 表示为
$$f_i = \frac{\partial \sigma'_{ik}}{\partial x_k}, \tag{33.6}$$
其中耗散应力张量 σ'_{ik} 由
$$\sigma'_{ik} = \frac{\partial R}{\partial v_{ik}} = \eta_{iklm} v_{lm} \tag{33.7}$$
确定. 于是, 通过在运动方程中将应力张量 σ_{ik} 换为和式 $\sigma_{ik} + \sigma'_{ik}$, 即可达到在运动方程中考虑黏性效应的目的.

在各向同性物体中
$$\sigma'_{ik} = 2\eta \left(v_{ik} - \frac{1}{3} \delta_{ik} v_{ll} \right) + \zeta v_{ll} \delta_{ik}. \tag{33.8}$$
十分自然, 这个表达式与液体中的黏性应力张量形式上完全一样.

§34 固体中的声吸收

可以完全类似于在液体中所作的那样(参见本教程第六卷§79)计算固体中的声吸收系数. 我们这里对各向同性固体进行相应的计算.

物体中的机械能耗散由和式
$$\dot{E}_{\text{mech}} = -\frac{\varkappa}{T} \int (\nabla T)^2 \mathrm{d}V - 2 \int R \mathrm{d}V$$
给出, 其中第一项来源于热传导, 第二项则来源于黏性. 利用表达式(33.5), 我们得到公式
$$\dot{E}_{\text{mech}} = -\frac{\varkappa}{T} \int (\nabla T)^2 \mathrm{d}V - 2\eta \int \left(v_{ik} - \frac{1}{3} \delta_{ik} v_{ll} \right)^2 \mathrm{d}V - \zeta \int v_{ll}^2 \mathrm{d}V. \tag{34.1}$$

为了计算温度梯度, 我们利用一级近似下声振动是绝热的这个事实. 借助于熵表达式(6.4), 将绝热条件写作
$$S_0(T) + K\alpha u_{ii} = S_0(T_0)$$
的形式, 其中 T_0 为未形变状态下的温度. 将差式 $S_0(T) - S_0(T_0)$ 展开为 $T - T_0$ 的幂级数, 准确到一阶项, 我们得到:
$$S_0(T) - S_0(T_0) = (T - T_0) \frac{\partial S_0}{\partial T_0} = \frac{C_v}{T_0}(T - T_0)$$
(熵的偏导数是在 $u_{ii} = 0$, 亦即定容条件下取的). 这样我们就有

$$T - T_0 = -\frac{T\alpha K}{C_v}u_{ii}.$$

同时,利用关系式

$$K \equiv K_{iso} = \frac{C_v}{C_p}K_{ad}, \quad \frac{K_{ad}}{\rho} = c_l^2 - \frac{4}{3}c_t^2,$$

我们将以上表达式改写为

$$T - T_0 = -\frac{T\alpha\rho}{C_p}\left(c_l^2 - \frac{4}{3}c_t^2\right)u_{ii} \tag{34.2}$$

的形式.

我们首先研究横弹性波的吸收.在所考虑的近似下,热传导一般不可能导致这类波的吸收.实际上,横波中 $u_{ii}=0$,因而根据(34.2)式,温度为常量.选取波的传播方向为 x 轴,此时

$$u_x = 0, \quad u_y = u_{0y}\cos(kx - \omega t), \quad u_z = u_{0z}\cos(kx - \omega t),$$

且应变张量的分量中不为零的仅有

$$u_{xy} = -\frac{u_{0y}k}{2}\sin(kx - \omega t), \quad u_{xz} = -\frac{u_{0z}k}{2}\sin(kx - \omega t).$$

下面我们讨论物体单位体积的耗散能,由(34.1)式我们得到这个量的时间平均值为

$$\overline{\dot{E}}_{mech} = -\frac{\eta\omega^4}{2c_t^2}(u_{0y}^2 + u_{0z}^2),$$

这里我们令 $k = \omega/c_t$.波的总平均能量等于平均动能的二倍,也在单位体积物体中计算此量,得

$$\overline{E} = \rho\overline{\dot{u}}^2 \equiv \frac{\rho\omega^2}{2}(u_{0y}^2 + u_{0z}^2).$$

将平均耗散能与波的二倍平均能流密度之比定义为声吸收系数 γ,这个量确定波振幅正比于 $e^{-\gamma x}$ 随距离衰减的规律.这样我们就找到横波吸收系数的如下表达式:

$$\gamma_t = \frac{\left|\overline{\dot{E}}_{mech}\right|}{2c_t\overline{E}} = \frac{\eta\omega^2}{2\rho c_t^3}. \tag{34.3}$$

在纵声波中,$u_x = u_0\cos(kx - \omega t)$,$u_y = u_z = 0$.借助于公式(34.1)和(34.2)进行类似计算,所得结果为

$$\gamma_l = \frac{\omega^2}{2\rho c_l^3}\left[\left(\frac{4}{3}\eta + \zeta\right) + \frac{\varkappa T\alpha^2\rho^2 c_l^2}{C_p^2}\left(1 - \frac{4c_t^2}{3c_l^2}\right)^2\right]. \tag{34.4}$$

严格说来,前面得到的这些公式仅适用于完全各向同性的非晶态物体.但就数量级而言,他们也可确定各向异性单晶体中的声吸收规律.

§34 固体中的声吸收

多晶体中的声吸收有其独具的特点. 假如声波波长 λ 远小于单个微晶的尺度 a, 则在每一微晶中声波依然如同在大晶体中那样被吸收, 且吸收系数正比于 ω^2.

如果 $\lambda \gg a$, 则吸收特性发生改变. 在这样的声波中, 可以认为每一个微晶受到均匀分布压强的作用. 然而由于微晶以及其接触表面上边界条件的各向异性, 它们在此情况下所发生的形变是不均匀的. 在微晶颗粒尺度的距离上, 形变发生重大改变(与形变本身的数量级相同). 这和在均匀物体中在一个波长距离上形变才发生显著变化不同. 形变的变化速率和温度梯度的出现对声吸收有重要影响. 其中形变变化速率具有通常的数量级, 而温度梯度在每一微晶的范围内却反常地巨大. 因此, 由热传导引起的声吸收比与黏性相关的声吸收大得多, 所以只需计算前者就够了.

现在来研究两类极限情况. 在数量级为 a 的距离上, 热传导使温度达到相等所需的时间(热传导弛豫时间)约为 a^2/χ 量级. 首先, 我们假定 $\omega \ll \chi/a^2$. 这表明弛豫时间小于波的振动周期, 因而在每一个微晶的范围内可在很大程度上来得及建立热平衡, 故我们在此讨论的是准等温振动.

令 T' 为微晶中出现的温差, T'_0 为在绝热过程中出现的温差. 单位体积物体通过热传导散出的热量为

$$-\nabla \cdot q = \varkappa \Delta T' \sim \frac{\varkappa T'}{a^2}.$$

形变产生的热量为 $\dot{T}'_0 C \sim \omega T'_0 C$ 的量级(C 为热容). 令这两个热量表达式相等, 即得

$$T' \sim T'_0 \frac{\omega a^2}{\chi}.$$

在微晶尺寸的范围内, 温度变化的量级约为 T', 因而温度梯度 $\sim T'/a$. 最后, 我们从(34.2)求得 T'_0:

$$T'_0 \sim \frac{T \alpha \rho c \omega}{C} u, \tag{34.5}$$

计算时我们令 $u_{ii} \sim ku \sim u\omega/c$ (u 为位移矢量振幅). 在数量级估计中, 我们自然对不同的声速 c 不作区分. 借助于这些结果, 即可算出物体单位体积内的耗散能:

$$\overline{\dot{E}}_{\text{mech}} \sim \frac{\varkappa}{T}(\nabla T)^2 \sim \frac{\varkappa}{T}\left(\frac{T'}{a}\right)^2.$$

而且, 将上式除以能流 $c\overline{\dot{E}} \sim c\rho\omega^2 u^2$, 我们得到所要求的吸收系数

$$\gamma \sim \frac{T\alpha^2 \rho c a^2}{\chi C}\omega^2 \quad \left(\omega \ll \frac{\chi}{a^2}\right) \tag{34.6}$$

(C. Zener,1938). 将这个表达式与通常的表达式(34.3)与(34.4)比较,我们可以认为在所研究的情况下,多晶体对声的吸收就如同其具有黏度

$$\eta \sim \frac{T\alpha^2\rho^2 c^4 a^2}{\chi C}$$

一样,这个黏度比组成它的微晶的真实黏度大得多.

其次,我们来研究相反的极限情况,即 $\omega \gg \chi/a^2$ 的情况. 换句话说,这种极限情况指的是弛豫时间远大于波的振动周期,亦即在每一个振动周期内,形变产生的温差还来不及明显地变得均衡. 然而,此时再把确定声吸收的温差梯度的数量级当作 T_0'/a 就不对了,这是因为,这样做只考虑了每一微晶中的热传导过程. 其实,在我们所讨论的问题中起主要作用的是相邻微晶间的热交换(M. А. Исакович,1948). 假如微晶之间是相互绝热的,则在二者之间的边界上会建立起与单个微晶范围内温差同数量级的温差 T_0'. 实际上,边界条件要求穿过微晶之间接触面时温度是连续的. 因此,出现了由边界向微晶内部"传播"的"温度波",其衰减距离[①]为

$$\delta \sim \left(\frac{\chi}{\omega}\right)^{1/2}.$$

在所考虑情况中, $\delta \ll a$,亦即基本温度梯度为 T_0'/δ 量级,且其出现在小于微晶总尺度的距离上. 与此相应的那部分微晶体积 $\sim a^2\delta$,将之除以微晶总体积 $\sim a^3$,得到平均耗散能:

$$\overline{\dot{E}}_{max} \sim \frac{\varkappa}{T}\left(\frac{T_0'}{\delta}\right)^2 \frac{a^2\delta}{a^3} \approx \frac{\varkappa T_0'^2}{Ta\delta}.$$

将 T_0' 的表达式(34.5)代入上式并除以 $c\overline{E} \sim c\rho\omega^2 u^2$,即得待求的吸收系数:

$$\gamma \sim \frac{T\alpha^2\rho c}{aC}\sqrt{\chi\omega} \quad \left(\omega \gg \frac{\chi}{a^2}\right). \tag{34.7}$$

这个吸收系数与频率的平方根成正比[②].

因此,多晶体中的声吸收系数在极小频率时($\omega \ll \chi/a^2$)以 ω^2 方式变化,然后在 $\chi/a^2 \ll \omega \ll c/a$ 范围内以正比于 $\omega^{1/2}$ 的形式变化,而当 $\omega \gg c/a$ 时,声吸收系数又重新正比于 ω^2.

类似的考虑也适用于细杆与薄板中横波的阻尼. 如令 h 为杆或板的厚度,则在 $\lambda \gg h$ 的情况下,横向温度梯度十分重要且阻尼主要由热传导引起(参见

[①] 我们提醒,如果热传导介质以 $x=0$ 的平面为边界,边界上过剩温度按 $T' = T_0'e^{-i\omega t}$ 的规律周期性变化,则温度在介质中的分布用"温度波"

$$T' = T_0'\exp[-i\omega t - (1+i)x\sqrt{\omega/2\chi}]$$

描述(参见本教程第六卷§52).

[②] 在接近固体壁的液体或气体(如在管道中的液体或气体)中传播的声波的吸收系数也具有这种频率特性,参见本教程第六卷§79.

§34 固体中的声吸收

本节的习题). 如果此时满足不等式 $\omega \ll \chi/h^2$, 则可认为振动是等温的; 因此, 例如, 在确定杆和板的固有振动频率时, 必须使用等温弹性模量值.

习 题

1. 试确定杆中纵向固有振动的阻尼系数.

解: 振动的阻尼系数定义为

$$\beta = \frac{\left|\overline{\dot E_{\text{mech}}}\right|}{2\overline{E}};$$

振动振幅正比于 $e^{-\beta t}$ 随时间衰减.

在纵波情况下, 杆的每一小段都会发生简单的拉伸和压缩, 应变张量的分量为

$$u_{zz} = \frac{\partial u_z}{\partial z}, \quad u_{xx} = u_{yy} = -\sigma_{\text{ad}}\frac{\partial u_z}{\partial z}.$$

我们将 u_z 写为 $u_z = u_0 \cos kz \cos \omega t$, 其中

$$k = \frac{\omega}{\sqrt{E_{\text{ad}}/\rho}}.$$

类似于正文中的计算, 得出下列阻尼系数表示式:

$$\beta = \frac{\omega^2}{2\rho}\left\{\frac{\eta}{3}\frac{3c_l^2 - 4c_t^2}{(c_l^2 - c_t^2)c_l^2} + \frac{\zeta c_l^2}{(c_l^2 - c_t^2)(3c_l^2 - 4c_t^2)} + \frac{\varkappa T\rho^2\alpha^2}{9C_p^2}\right\}.$$

根据公式(22.4), 我们这里引入速度 c_l, c_t 替代了 $E_{\text{ad}}, \sigma_{\text{ad}}$.

2. 对板的纵向固有振动解与习题 1 同样的问题.

解: 对于具有平行于波传播方向(x 轴)振动的波, 我们有以下不为零的应变张量分量:

$$u_{xx} = \frac{\partial u_x}{\partial x}, \quad u_{zz} = -\frac{\sigma_{\text{ad}}}{1 - \sigma_{\text{ad}}}\frac{\partial u_x}{\partial x}$$

(参见公式(13.1)). 这些波的传播速度等于

$$\left[\frac{E_{\text{ad}}}{\rho(1 - \sigma_{\text{ad}}^2)}\right]^{1/2}.$$

进一步计算给出的结果为:

$$\beta = \frac{\omega^2}{2\rho}\left\{\frac{\eta}{3}\frac{3c_l^4 + 4c_t^4 - 6c_l^2c_t^2}{c_l^2c_t^2(c_l^2 - c_t^2)} + \frac{\zeta c_t^2}{c_l^2(c_l^2 - c_t^2)} + \frac{\varkappa T\alpha^2\rho^2(1 + \sigma_{\text{ad}})^2}{9C_p^2}\right\}.$$

对于振动垂直于波传播方向的波, $u_{ll} = 0$, 故其阻尼仅由黏度 η 一项因素所引起. 这种情况下, 阻尼系数恒由以下公式确定:

$$\beta = \frac{\eta\omega^2}{2\rho c_t^2}.$$

杆的扭转振动阻尼也属于这种情况.

3. 试确定杆的横向固有振动(振动频率满足条件 $\omega \gg \chi/h^2$, h 为杆的厚度)的阻尼系数.

解:热传导对波的阻尼起主导作用. 根据§17,对于杆中每一体元,我们有

$$u_{zz} = \frac{x}{R}, \quad u_{xx} = u_{yy} = -\sigma_{ad}\frac{x}{R}$$

(弯曲发生在 xz 平面). 当 $\omega \gg \chi/h^2$ 时,振动是绝热的. 在小挠度弯曲情况下,曲率半径为 $R = 1/X''$,使得

$$u_{ii} = (1 - 2\sigma_{ad})xX''$$

(X 右上角的撇号"'"表示对 z 求导数). 在杆的横截方向上温度变化最快;因此 $(\nabla T)^2 \approx (\partial T/\partial x)^2$. 借助于式(34.1)和(34.2),我们得到全杆的平均耗散能

$$-\frac{\varkappa T\alpha^2 E_{ad}^2 S}{9 C_p^2} \int \overline{X''^2} \mathrm{d}z$$

(S 为杆的横截面面积). 总平均能量可以作为势能

$$E_{ad} I_y \int \overline{X''^2} \mathrm{d}z$$

的二倍来求.

最终我们得到阻尼系数

$$\beta = \frac{\varkappa T\alpha^2 S E_{ad}}{18 I_y C_p^2}.$$

4. 对板的横向固有振动解与习题3同样的问题.

解:按照(11.4)式,对于板的每一体元,我们有

$$u_{ii} = -\frac{1 - 2\sigma_{ad}}{1 - \sigma_{ad}} z \frac{\partial^2 \zeta}{\partial x^2}$$

(弯曲发生在 xz 平面). 按公式(34.1)和(34.2)求得总耗散能,再通过取表达式(11.6)二倍的办法求得总平均能量. 阻尼系数为

$$\beta = \frac{2\varkappa T\alpha^2 E_{ad}}{3 C_p^2 h^2} \frac{1 + \sigma_{ad}}{1 - \sigma_{ad}} = \frac{2\varkappa T\alpha^2 \rho}{3 C_p^2 h^2} \frac{(3c_l^2 - 4c_t^2)^2 c_t^2}{(c_l^2 - c_t^2) c_l^2}.$$

5. 试确定因振动非绝热而引起的杆的横向振动固有频率的变化. 杆的形状是厚度为 h 的长板. 假定杆的表面是绝热的.

解:令 $T_{ad}(x,t)$ 为绝热振动情况下杆内温度分布,而 $T(x,t)$ 为杆内真实的温度分布(x 为沿杆的厚度方向的坐标,沿 yz 平面的温度变化因变化过于缓慢而可忽略). 因为 $T = T_{ad}$ 时物体不同部分间没有热交换,显然热传导方程应取以下形式:

$$\frac{\partial}{\partial t}(T - T_{ad}) = \chi \frac{\partial^2 T}{\partial x^2}.$$

在频率为 ω 的周期振动情况下，$T_{ad}(x,t)$ 和 $T(x,t)$ 两种温度与平衡温度 T_0 值的偏差 $\tau_{ad} = T_{ad} - T_0$ 和 $\tau = T - T_0$ 均正比于 $e^{-i\omega t}$，于是我们有

$$\tau'' + \frac{i\omega}{\chi}\tau = \frac{i\omega}{\chi}\tau_{ad}$$

（撇号表示对 x 求导）. 根据式 (34.2)，τ_{ad} 正比于 u_{ll}，而分量 u_{ik} 正比于 x（参见 §17），因而 $\tau_{ad} = Ax$，其中 A 为一不必计算的常量（它在最终结果中会自动消去）. 方程

$$\tau'' + \frac{i\omega}{\chi}\tau = \frac{i\omega}{\chi}Ax$$

满足边界条件 $x = \pm h/2$ 时 $\tau' = 0$（杆表面隔热）的解为

$$\tau = A\left(x - \frac{\sin kx}{k\cos(kh/2)}\right), \quad k = (1+i)\sqrt{\frac{\omega}{2\chi}}.$$

弯曲杆内（在 xz 平面弯曲）内应力的力矩 M_y 由等温部分 $M_{y,\mathrm{iso}}$（等温弯曲时的力矩）和因杆的非均匀加热引起的部分相加而成. 如果 $M_{y,\mathrm{ad}}$ 为绝热弯曲时的力矩，则在非完全绝热过程情况下，力矩的附加部分与量 $M_{y,\mathrm{ad}} - M_{y,\mathrm{iso}}$ 相比按以下的比率减小：

$$1 + f(\omega) = \int_{-h/2}^{h/2} z\tau \mathrm{d}z \Big/ \int_{-h/2}^{h/2} z\tau_{ad}\mathrm{d}z.$$

在任意频率 ω 的情况下，定义杨氏模量 E_ω 为 M_y 与 I_y/R 之间的比例系数（参见 (17.8)），并注意到 $E_{ad} - E = E^2 T\alpha^2/9C_p$（参见 (6.8)，$E$ 为等温杨氏模量），我们可以令

$$E_\omega = E + [1 + f(\omega)]E^2\frac{T\alpha^2}{9C_p}.$$

通过计算，给出 $f(\omega)$ 的表示式：

$$f(\omega) = \frac{24}{h^3 k^3}\left(\frac{kh}{2} - \tan\frac{kh}{2}\right).$$

当 $\omega \to \infty$ 时，我们得到 $f = 1$，因为 $E_\infty = E_{ad}$，故这个结果是正确的；而当 $\omega \to 0$ 时，$f = 0$ 且 $E_0 = E$.

振动的固有频率正比于杨氏模量的平方根（参见 §25 的习题 4—6）. 因此我们有

$$\omega = \omega_0\left[1 + f(\omega_0)\frac{ET\alpha^2}{18C_p}\right],$$

其中 ω_0 为完全绝热振动情况下的固有频率值. 上式中的 ω 为复数. 分离 ω 的实部和虚部（$\omega = \omega' + i\beta$），我们最后得到固有频率

$$\omega' = \omega_0\left[1 - \frac{ET\alpha^2}{3C_p}\frac{1}{\xi^3}\frac{\sinh\xi - \sin\xi}{\cosh\xi + \cos\xi}\right]$$

与阻尼系数
$$\beta = \frac{2ET\alpha^2\chi}{3C_p h^2}\left[1 - \frac{1}{\xi}\frac{\sinh\xi + \sin\xi}{\cosh\xi + \cos\xi}\right],$$
这里引入了符号 $\xi = h(\omega_0/2\chi)^{1/2}$.

当 ξ 很大时, 频率 ω 理所当然地趋于 ω_0, 而阻尼系数则趋于
$$\beta = \frac{2ET\alpha^2\chi}{3C_p h^2},$$
与习题 3 的结果一致.

ξ 取小值对应于准等温条件, 在此情况下
$$\omega \approx \omega_0\left(1 - \frac{ET\alpha^2}{18C_p}\right) \approx \omega_0\left(\frac{E}{E_{\text{ad}}}\right)^{1/2},$$
而阻尼系数
$$\beta = \frac{ET\alpha^2 h^2}{180 C_p \chi}\omega_0^2.$$

§35 高黏度液体

对于典型的液体, 只要流动周期远大于分子运动的特征时间, 纳维－斯托克斯方程就是适用的. 但此论断不适用于高黏度液体. 对于这种液体, 通常的流体动力学方程在运动周期非常大时已不再适用. 存在这样一些黏性流体, 它们在足够短的时间间隔内(但仍大于分子运动的特征时间)表现得像固体(如甘油, 松香). 非晶态固体(如玻璃)可看作是这类黏度非常高的液体的极限情况.

这类液体的性质可用由麦克斯韦提出来的以下办法来描述. 在很短的时间间隔内它们发生弹性形变, 形变停止之后, 这些液体中仍残留着随时间衰减的剪切应力. 需要经过很长的时间, 它们才会真正地达到实际上无任何内应力残留的状态. 令 τ 为应力衰减所经历时间的数量级 (τ 有时被称为**麦克斯韦弛豫时间**). 我们假定, 液体受到某些频率为 ω 的随时间周期性变化的外力的作用. 如果力的变化周期 $1/\omega$ 远远大于弛豫时间 τ, 亦即 $\omega\tau \ll 1$, 则所研究的液体表现得像通常黏性液体一样. 相反, 当频率 ω 足够大时 ($\omega\tau \gg 1$), 液体就表现得如同非晶态固体.

与所研究液体的这种"过渡"性质相对应, 可同时用黏度 η 和某种"剪切模量" μ 来表征这些液体. 不难得到联系物理量 η, μ 与弛豫时间 τ 的数量级之间的关系. 在具有足够小频率的周期力作用下, 当液体表现得如同通常液体时, 其应力张量由液体中黏性应力的通常表达式给出, 即
$$\sigma_{ik} = 2\eta\dot{u}_{ik} = -2\mathrm{i}\eta\omega u_{ik}.$$
相反, 在高频率的极限情况下, 液体表现得像固体, 且其内应力应按弹性理论的

公式确定,亦即 $\sigma_{ik} = 2\mu u_{ik}$(我们这里所述指的都是"纯剪切形变",因为我们假定 $u_{ii} = 0, \sigma_{ii} = 0$).当频率 ω 的数量级为 $1/\tau$ 时,由前述两个表达式得出的应力应当在数量级上相等.于是我们有 $\eta u/\lambda\tau \sim \mu u/\lambda$,由此得出

$$\eta \sim \tau\mu. \tag{35.1}$$

这正是我们所要求的关系式.

最后,我们来推导定性描述所考察液体行为的运动方程.为此,我们将假定运动停止之后内应力遵从最简单的衰减规律:确切地说,我们将认为应力是按照与方程

$$\frac{d\sigma_{ik}}{dt} = -\frac{1}{\tau}\sigma_{ik}$$

相对应的简单指数规律衰减的.从另一方面看,固体中应有 $\sigma_{ik} = 2\mu u_{ik}$,从而

$$\frac{d\sigma_{ik}}{dt} = 2\mu\frac{du_{ik}}{dt}.$$

容易看出,方程

$$\frac{d\sigma_{ik}}{dt} + \frac{1}{\tau}\sigma_{ik} = 2\mu\frac{du_{ik}}{dt} \tag{35.2}$$

在慢运动和快运动两个极限下都会得出正确的结果,因此它可以作为"过渡状态"情况的内插方程.

于是,对于周期运动,在 u_{ik} 和 σ_{ik} 通过因子 $e^{-i\omega t}$ 依赖于时间的情况下,由(35.2)式我们有

$$-i\omega\sigma_{ik} + \frac{1}{\tau}\sigma_{ik} = -2i\omega\mu u_{ik},$$

由此

$$\sigma_{ik} = \frac{2\mu}{1 + i/(\omega\tau)}u_{ik}. \tag{35.3}$$

当 $\omega\tau \gg 1$ 时,上式给出 $\sigma_{ik} = 2\mu u_{ik}$,亦即固体的通常表达式;而当 $\omega\tau \ll 1$ 时

$$\sigma_{ik} = -2i\mu\tau\omega u_{ik} = 2\mu\tau\dot{u}_{ik},$$

为黏度为 $\mu\tau$ 的液体的通常表达式.

第六章

液晶力学[①]

§36 向列相液晶的静力学形变

从宏观的观点看,液晶是各向异性的流动介质.这类介质的力学既具有一般液体固有的特点,也具有弹性介质固有的特点.从这个意义上讲,液晶力学介于流体动力学和弹性理论之间.

存在各种类型的液晶.[*]那些未形变时不仅宏观均匀而且微观也均匀的介质构成的是一种**向列相液晶**(或者,简单称为向列相),这种介质的各向异性仅与分子在空间的各向异性取向有关(参见本教程第五卷§139,§140).绝大多数已知向列相液晶属于其中最简单的一种类型,在该类型液晶中,各向异性完全由在介质每一点上给定的单位矢量 n 确定,它从所有方向中选出了一个特定方向,矢量 n 称作**指向矢**.此时 n 与 $-n$ 仅有符号的差别,在物理上是等价的,这是因为它们选取出来的仅为一指向轴,这个轴的两个方向是等价的.最后,这一类型的向列相液晶的每一体元的性质是反演不变的,亦即在三个坐标都变号后其性质不变[②].在这里我们只讨论这种类型的向列相液晶.

因此,描写向列相液晶的状态,除了要在每一点上给出普通液体的那些物

[①] 本章是与皮塔耶夫斯基(Л. П. Питаевский)共同撰写的.

[*] 液晶就其产生根源分为热致液晶和溶致液晶两大类,本章只讨论热致液晶.热致液晶主要分为三种相,英文术语分别为 nematics, cholesterics 和 smectics. 这三种相的中文译名最早是由化学界确定的,分别译为向列相液晶,胆甾相液晶和近晶相液晶.1996 年全国科学技术名词审定委员会公布的《物理学名词》中将这三个词规范为"丝状液晶","螺状相液晶"和"层状相液晶",而《化学名词》仍坚持原有定名,于是就出现了两套术语.鉴于两套术语各有千秋,我们在本节中对这三种相液晶的中文分别采用向列相液晶,胆甾相液晶和层状相液晶的译名. ——译者注

[②] 不具有坐标反演不变性的向列相液晶在转变为胆甾相液晶的形变过程中是不稳定的,参见§43.

理量:密度 ρ,压强 p 和速度 v 之外,还要给出该点上的指向矢 n. 所有这些物理量都作为坐标和时间的未知函数出现在向列相液晶的运动方程中.

在平衡状态下,未受外力作用(包括容器壁的作用)的静止向列相液晶是均匀的;在其整个体积内,n = const. 在形变的向列相液晶中,指向矢的方向在空间缓慢改变. 此处所谓缓慢是从通常宏观理论的意义上理解的:即形变发生实质性变化的特征长度比分子尺度大得多,以至于偏导数 $\partial n_i/\partial x_k$ 应看作小量.

在本章中我们将认为所有的热力学量都是属于单位体积形变物体的,而不是像在以前各章那样属于单位体积未形变物体. 以这种方式确定的向列相液晶的自由能密度 F 由未形变向列相液晶的自由能 $F_0(\rho,T)$ 与形变的自由能 F_d 相加而成. 后者的表达式由 n 的偏导数的平方项组成,其一般形式(C. W. Oseen, 1933;F. C. Frank, 1958;J. L. Ericksen, 1962)为:

$$F_d = F - F_0 = \frac{K_1}{2}(\nabla \cdot n)^2 + \frac{K_2}{2}(n \cdot \nabla \times n)^2 + \frac{K_3}{2}(n \times \nabla \times n)^2$$
(36.1)

(参见本教程第五卷§140);我们注意到,对于单位矢量 $n(r)$,由于恒等式 $\nabla n^2 \equiv 0$,等式

$$n \times \nabla \times n = -(n \cdot \nabla)n \qquad (36.2)$$

是正确的,因此式(36.1)中最后一项也可以写为其等价形式 $K_3[(n \cdot \nabla)n]^2/2$.

在向列相液晶力学中,能量(36.1)起着形变固体中弹性能的作用,且正因为它的存在赋予了这一力学某些弹性理论的特点[1].

式(36.1)中的三个偏微分组合的平方项是相互独立的:其中任何一项在其它两项等于零时均可不为零. 因此,非形变状态的稳定性条件要求所有的三个系数 K_1,K_2,K_3(均为密度与温度的函数)都为正,我们将把它们称作**向列相液晶的弹性模量**(它们也被称作**弗朗克弹性模量**)

顺便提到,只引起 $\nabla \cdot n, n \cdot \nabla \times n, n \times \nabla \times n$ 之一不为零的那些形变相应地称为**展曲**、**扭曲**和**弯曲**[2]. 当然,一般情况下向列相的形变同时包含这三种因素. 为了演示这几种基本形变的特征,下面我们举一些简单例子. 令向列相介质充满两同轴圆柱表面之间的空间;r,φ,z 为以圆柱轴为 z 轴的柱坐标系. 如果介质中每点的指向矢 n 都指向径向($n_r = 1, n_\varphi = n_z = 0$),形变为展曲形变($\nabla \cdot n = 1/r$). 如果每点的指向矢都沿着以 z 轴为圆心的圆周($n_\varphi = 1, n_r = n_z = 0$),所出现的形变便是弯曲形变($(\nabla \times n)_z = 1/r$). 最后,假如在向列相液晶的

---

[1] 一般而论,液晶的形变将引起其介电极化,从而导致电场的产生(参见本教程第八卷§17);这一效应通常较弱,故我们将不考虑其对介质力学性质的影响. 我们也不考虑外磁场对液晶性质的影响;鉴于向列相液晶磁化率(事实上是抗磁性的)的各向异性,磁场对其显示指向作用.

[2] 这几个形变的英文术语分别为:splay,twist 以及 bend.

平行平面层内,指向矢沿厚度(z轴方向)遵从 $n_x = \cos\varphi(z)$, $n_y = \sin\varphi(z)$, $n_z = 0$ 的规律变化,我们得到的是纯扭曲形变($\boldsymbol{n} \cdot \nabla \times \boldsymbol{n} = -\varphi'(z)$).

约束液晶介质所占空间的壁面,甚至液晶的自由表面都会对介质施以指向作用(下面将会对此进行详细讨论).所以,一般而言,边界面的存在本身就会导致静止液晶介质的形变.这就提出了寻找决定此一形变的方程的问题;也就是说,寻找在给定边界条件下决定 $\boldsymbol{n}(\boldsymbol{r})$ 的平衡分布方程的问题(J. L. Ericksen, 1966).

为此,我们从一般热力学平衡条件出发.按照一般平衡条件,在平衡分布时物体的总自由能,亦即作为函数 $\boldsymbol{n}(\boldsymbol{r})$ 泛函的积分 $\int F \mathrm{d}V$ 应取极小值.由于 $\boldsymbol{n}$ 是单位矢量,这个泛函应当在附加条件 $\boldsymbol{n}^2 = 1$ 的情况下取极小值.采用熟知的拉格朗日不定乘子法,要求变分

$$\delta \int \left\{ F - \frac{1}{2}\lambda(\boldsymbol{r})\boldsymbol{n}^2 \right\} \mathrm{d}V \tag{36.3}$$

等于零,其中乘子 $\lambda(\boldsymbol{r})$ 为 $\boldsymbol{r}$ 的某一函数.积分号下的表达式既依赖于函数 $n_i(\boldsymbol{r})$ 本身,也依赖于其偏导数.我们有①

$$\delta \int F \mathrm{d}V = \int \left\{ \frac{\partial F}{\partial n_i} \delta n_i + \frac{\partial F}{\partial (\partial_k n_i)} \partial_k \delta n_i \right\} \mathrm{d}V =$$
$$= \int \left\{ \frac{\partial F}{\partial n_i} - \partial_k \frac{\partial F}{\partial (\partial_k n_i)} \right\} \delta n_i \mathrm{d}V + \oint \frac{\partial F}{\partial (\partial_k n_i)} \delta n_i \mathrm{d}f_k, \tag{36.4}$$

其中第二项对物体表面的积分仅对寻找边界条件重要.暂时在边界上令 $\delta \boldsymbol{n} = 0$,我们求得总自由能变分

$$\delta \int F \mathrm{d}V = -\int \boldsymbol{H} \cdot \delta \boldsymbol{n} \mathrm{d}V, \tag{36.5}$$

其中 $\boldsymbol{H}$ 是一矢量,其分量分别为

$$H_i = \partial_k \pi_{ki} - \frac{\partial F}{\partial n_i}, \quad \pi_{ki} = \frac{\partial F}{\partial (\partial_k n_i)}. \tag{36.6}$$

矢量 $\boldsymbol{H}$ 起着力图将液晶整个体积内的指向矢"排直"的场的作用,故被称作**分子场**.

于是,方程(36.3)取如下形式:

$$\int (\boldsymbol{H} + \lambda \boldsymbol{n}) \cdot \delta \boldsymbol{n} \mathrm{d}V = 0,$$

鉴于变分 $\delta \boldsymbol{n}$ 是任意的,我们求得形如 $\boldsymbol{H} = -\lambda \boldsymbol{n}$ 的平衡方程.由此得到 $\lambda = -\boldsymbol{H} \cdot \boldsymbol{n}$,亦即满足这个方程的纵向分量是由拉格朗日乘子 λ 的选择确定的.因此,平衡条件实际上归结为矢量 $\boldsymbol{H}$ 和 $\boldsymbol{n}$ 在介质每一点上都共线的要求,$\boldsymbol{H}$ 的纵

---

① 为了简化公式书写,本章中我们将使用现代文献中采用的坐标微分算子的简化符号:$\partial_i = \partial/\partial x_i$.

向分量没有物理意义. 所以, 平衡条件可表示为
$$h \equiv H - n(n \cdot H) = 0, \tag{36.7}$$
这里我们引入了矢量 h, 它满足 $n \cdot h = 0$.

下面我们来求与自由能(36.1)对应的分子场的显式. 为了取对 $\partial_k n_i$ 的导数, 我们注意到
$$\nabla \cdot n = \partial_i n_i, \quad (\nabla \times n)_l = e_{lki} \partial_k n_i$$
(其中 e_{ikl} 为反对称单位张量), 因此
$$\frac{\partial \nabla \cdot n}{\partial(\partial_k n_i)} = \delta_{ik}, \quad \frac{\partial}{\partial(\partial_k n_i)}(\nabla \times n)_l = e_{lki}.$$
结果我们得到张量 π_{ki} 的表达式:
$$\pi_{ki} = K_1 \delta_{ik} \nabla \cdot n + K_2 (n \cdot \nabla \times n) n_l e_{lki} + K_3 [(n \times \nabla \times n) \times n]_l e_{lki}. \tag{36.8}$$
根据式(36.6)的定义进一步作微分, 导出以下足够复杂的分子场公式:
$$\begin{aligned} H = &\nabla(K_1 \nabla \cdot n) - \{K_2(n \cdot \nabla \times n) \nabla \times n + \nabla \times [K_2(n \cdot \nabla \times n)n]\} + \\ &+ \{K_3 [n \times \nabla \times n] \times \nabla \times n + \\ &+ \nabla \times [K_3 n \times (n \times \nabla \times n)]\}. \end{aligned} \tag{36.9}$$

平衡方程的边界条件不能以一般形式确定, 这些条件不仅依赖于弹性能如公式(36.1), 而且与液晶和约束液晶的器壁之间相互作用的具体种类有关, 此一项表面能本应包括在通过取极小值来确定平衡条件的总自由能中. 实际上, 这些表面力通常是如此之大, 以至于不论样品体积中形变的特征如何, 表面能本身就可以确定 n 在边界上的方向. 如果固态边界表面是各向异性的, n 的方向可以完全确定(或确定几个方向中的一个). 如果表面是各向同性的(自由表面属于这种情况), 则只可给定 n 与表面法线之间的夹角. 假如这个角度等于零, n 的方向是完全确定的, 也就是在表面的法线方向. 假如夹角不等于零, 则 n 的允许方向布满以此夹角张开的锥面.

对于后一种情况, 必须提供附加边界条件. 确定这个附加条件的办法是, 对于在表面每一点上保持固定倾角绕法线旋转的 n 作变分 δn (亦即作不改变表面能的变分), 要求式(36.4)中的面积分项等于零. 这种变分的形式为 $\delta n = \nu \times n \delta \varphi$, 其中 ν 为单位法向矢量, $\delta \varphi$ 为(在表面任一点的)任意旋转角. 将表面面元表示为 $d\boldsymbol{f} = \boldsymbol{\nu} df$ 的形式, 我们得到
$$\oint \pi_{ki} e_{imn} n_n \nu_m \nu_k \delta\varphi df = 0.$$
由于 $\delta\varphi$ 为任意变分, 由此得出边界条件为
$$\pi_{ki} e_{imn} n_n \nu_m \nu_k = 0, \tag{36.10}$$
或者, 将 z 轴调整到沿 ν 方向后

$$\pi_{zx}n_y - \pi_{zy}n_x = 0. \tag{36.11}$$

最后,我们对出现在式(36.1)中的弹性模量再作如下的几点注解.因为这些模量是作为自由能中各项的系数引入的,故等温形变是由它们决定的.但是,容易看出在向列相液晶的情况下,这些系数也决定绝热形变.实际上,在§6中我们已经看到,在固体中之所以有等温模量和绝热模量的区别,是因为在自由能表达式中存在应变张量的线性项.在向列相液晶情况下,起类似作用的项是偏微分$\partial_k n_i$的线性项.这样的项应当是标量,而且是当n变号时不变的量.构造这样的项显然是不可能的(乘积$n \cdot \nabla \times n$是赝标量,而唯一的真标量$\nabla \cdot n$会随n改变符号).出于这个理由,向列相液晶的等温模量与绝热模量互相等同(与§6中各向同性固体剪切模量出现的情况相似).这些论断也可以用另外的方式表述为:在没有线性项的情况下,以平方项组成的弹性能(36.1)成为未形变物体热力学量的一阶小"修正";根据"小增量定理"(参见本教程第五卷§15),当通过相应的热力学变量(温度或熵)表示时,这个能量修正对自由能和内能都是一样的.

§37 向列相液晶中的直线向错

在给定边界条件情况下,向列相介质的平衡态不一定处处与$n(r)$的连续分布相对应,所谓$n(r)$的连续分布指的是在介质的每一点上n都有完全确定的方向.在向列相液晶力学中,也必须考虑具有含奇点或奇异线的$n(r)$场的形变,在奇点或奇异线上,n的方向不确定.线性奇异性称为**向错**.

出现向错的可能性可用简单例子来说明.考虑处于长柱形容器中的向列相液晶,边界条件要求n垂直于容器壁面.我们自然会期待,平衡时每一点上的矢量n将位于柱体的横截面上且指向此截面的径向(如图27(a)所示);显然在这种情况下,n的方向在柱轴上不确定,因此柱轴将成为向错.如果边界条件要求在圆柱的横截面上n平行于器壁表面,则矢量n将会建立起这样的分布:即在这些平面上它处处沿着以柱轴为圆心的同心圆排布(如图27(b)所示),此种情况下,矢量n在轴上的方向不定.

这两个例子是直线向错的简单特殊情况.现在我们来研究无限向列相介质中$n(r)$分布为直线向错的可能性的一般问题.显然,$n(r)$在这种向错上的分布与向错长度方向的坐标无关,因此只需在垂直于向错轴的平面上考虑它.我们将认为矢量n本身处处位于这些平面上.故而我们这里处理的是向列相液晶力学的平面问题.这时不必研究具体的平衡方程,仅从普遍概念出发即可阐明问题之解的若干性质.

§37 向列相液晶中的直线向错

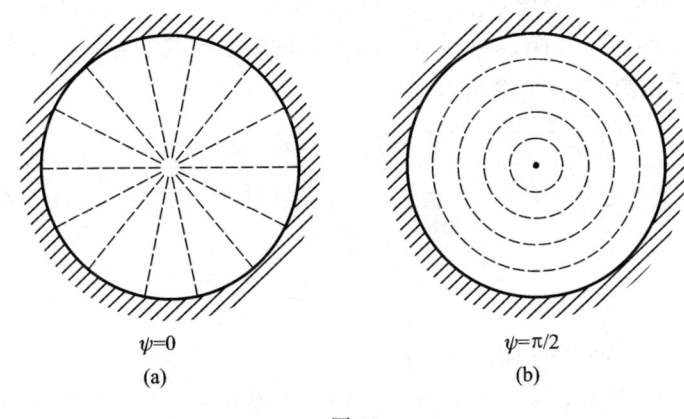

$\psi=0$ (a) $\psi=\pi/2$ (b)

图 27

引入柱坐标 r,φ,z,令 z 轴沿向错轴. 前面已经提到, $n(r)$ 的分布不依赖于 z 坐标. 这个分布也不可能依赖于坐标 r,因为在所设问题(无限介质中的向错)中没有任何带有长度量纲的参量,使得人们可借助于这些参量构造出变量 r 的无量纲函数来,而 $n(r)$ 正是这种函数. 因而我们所要求的分布只能依赖于角变量: $n = n(\varphi)$.

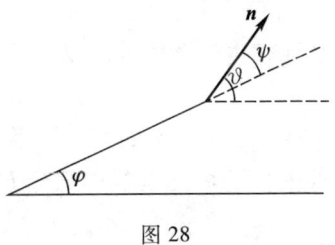

图 28

在平面 $z =$ const 上引入 n 与到该平面某给定点的径矢之间的夹角 ψ(见图 28),则处于此平面的二维矢量 n 的分量为

$$n_r = \cos\psi, \quad n_\varphi = \sin\psi.$$

极角 φ 由平面上某一选定方向(极轴)起算. 同时引进 n 与极轴间的夹角 ϑ;易见 $\vartheta = \varphi + \psi$.

所要求的解由函数 $\psi(\varphi)$ 确定. 这个解应当满足物理唯一性条件,即变量 φ 改变 2π(亦即绕坐标原点转一圈)时,准确到正负号,矢量 n 应当不变(因为 n 与 $-n$ 的方向在物理上等价,故允许符号改变). 这表明,应当有

$$\vartheta(\varphi + 2\pi) = \vartheta(\varphi) + 2\pi n,$$

其中 n 为正、负整数或半整数($n = 0$ 对应于"未形变"状态 $n =$ const). 由此,对于函数 $\psi(\varphi) = \vartheta - \varphi$,我们有

$$\psi(\varphi + 2\pi) = 2\pi(n-1) + \psi(\varphi). \tag{37.1}$$

其中数 n 称为向错的**弗朗克指标**.

导数 $d\psi/d\varphi$ 由如下平衡方程决定,其形式为:

$$\frac{d\psi}{d\varphi} = \frac{1}{f(\psi)}, \tag{37.2}$$

方程的右端不含独立变量 φ，这是方程应当在整个（向列相液晶）系统绕 z 轴作任意转动时（亦即在变换 $\varphi \to \varphi + \varphi_0$ 下）不变的自然推论；因为 ψ 与 $\psi + \pi$ 在物理上等同，故函数 $f(\psi)$ 是周期为 π 的周期函数. 由此

$$\varphi = \int_0^\psi f(x)\,\mathrm{d}x, \tag{37.3}$$

其中积分常数按 $\varphi = 0$ 时 $\psi = 0$ 选取. 将此表达式代入式（37.1）后，在 $n \ne 1$ 时得到

$$\bar{f} \equiv \frac{1}{\pi}\int_0^\pi f(x)\,\mathrm{d}x = \frac{1}{n-1}, \tag{37.4}$$

（f 上的横线表示对函数周期作平均）.

由此我们可以得出关于向错对称性的重要结论：当这个图像绕 z 轴旋转角度 $\varphi_0 = 2\pi/2(n-1)$ 时，ψ 改变了 π，也就是说所有分布保持不变. 实际上，考虑到函数 $f(\psi)$ 的周期性，这一变换导出恒等式

$$\varphi + \frac{\pi}{n-1} = \int_0^{\psi+\pi} f(x)\,\mathrm{d}x = \int_0^\psi f(x)\,\mathrm{d}x + \int_\psi^{\psi+\pi} f(x)\,\mathrm{d}x = \varphi + \bar{f}\pi.$$

从而仅由一个单值性要求就自动得出 z 轴为 C_m 度对称轴的结果：

$$m = 2|n-1|, \quad n \ne 1. \tag{37.5}$$

定义指向矢的"流线"为这样的线，即其上每一线元 $\mathrm{d}\boldsymbol{l}$（$\mathrm{d}l_r = \mathrm{d}r, \mathrm{d}l_\varphi = r\mathrm{d}\varphi$）都平行于 $\boldsymbol{n}$. 这些线的微分方程为

$$\frac{\mathrm{d}l_\varphi}{\mathrm{d}l_r} = \frac{n_\varphi}{n_r},$$

亦即

$$\frac{\mathrm{d}\varphi}{\mathrm{d}\ln r} = \tan\psi. \tag{37.6}$$

由此可见，流线中包括了 $\psi = p\pi$（p 为整数）的直线在内. 这些直线是极角为

$$\varphi = \frac{\pi}{|n-1|}p \equiv \varphi_p, \quad \psi = p\pi, \quad p = 0,1,2,\cdots,m-1 \tag{37.7}$$

的 $2|n-1|$ 条径向射线. 向错的横截面被这些射线分成 m 个相互重复的同样的扇形.

我们转而具体构造向列相液晶平衡分布的解[①]，液晶的形变能由式（36.1）给出.

[①] 向列相液晶中 $K_1 = K_3$ 的特殊情况的问题是由奥森（C. W. Oseen, 1933）和弗朗克（F. C. Frank, 1958）解出的. 以下叙述的普遍解由加洛辛斯基（И. Е. Дзялошинский, 1970）给出.

对于指向矢的平面分布,我们有

$$\nabla \cdot \boldsymbol{n} = \frac{1}{r}\frac{\mathrm{d}n_\varphi}{\mathrm{d}\varphi} + \frac{n_r}{r} = \frac{1}{r}\cos\psi \cdot (1 + \psi'),$$

$$(\nabla \times \boldsymbol{n})_z = -\frac{1}{r}\frac{\mathrm{d}n_\varphi}{\mathrm{d}\varphi} + \frac{n_r}{r} = \frac{1}{r}\sin\psi \cdot (1 + \psi'),$$

$$\boldsymbol{n} \cdot \nabla \times \boldsymbol{n} = 0$$

($\psi' \equiv \mathrm{d}\psi/\mathrm{d}\varphi$). 在自由能中仅剩下带有 K_1 和 K_3 的项①:

$$\int F_\mathrm{d} r \mathrm{d}r\mathrm{d}\varphi = \frac{K_1 + K_3}{4}\int (1 - \alpha\cos 2\psi)(1 + \psi'^2)\frac{\mathrm{d}\varphi\mathrm{d}r}{r},$$

$$\alpha = \frac{K_3 - K_1}{K_3 + K_1}.$$

对 $\mathrm{d}r$ 的积分是对数发散的. 处理实际问题时,这一积分向上在样品长度量级的 R 处截断,向下则在宏观理论不再适用的分子尺度量级的距离上截断. 在 $a \ll r \ll R$ 的距离上确定我们感兴趣的解时,可将因子

$$L = \int \frac{\mathrm{d}r}{r} \approx \ln\frac{R}{a}$$

当作常数,于是就可通过求泛函的极小值:

$$\int_0^{2\pi} (1 - \alpha\cos 2\psi)(1 + \psi'^2)\mathrm{d}\varphi = \min \tag{37.8}$$

来确定平衡分布 $\psi(\varphi)$.

这个变分问题的欧拉-拉格朗日方程为

$$(1 - \alpha\cos 2\psi)\psi'' = \alpha\sin 2\psi(1 - \psi'^2). \tag{37.9}$$

首先,这个方程有两个明显的解:

$$\psi = 0 \tag{37.10}$$

和

$$\psi = \pi/2. \tag{37.11}$$

这是两个轴对称解,分别对应于图 27(a) 与 (b)② 所示的解. 这些解是单值的,亦即这些向错的弗朗克指标 $n = 1$ (参见式(37.1)).

为了求得 $n \neq 1$ 的解,我们注意到方程(37.9)有第一积分③

---

① 在下面的被积函数表达式中,我们略去了全导数 $(1 - \alpha\cos 2\psi)2\psi' = (2\psi - \alpha\sin 2\psi)'$,这样做并不影响变分问题的表述. 我们在此将重新导出平衡方程,而不去使用实际上需要更为繁复计算的一般方程 (36.7),(36.8).

② 我们注意到,在 $K_1 = K_3, \alpha = 0$ 的"简并"情况下,存在具有任意 $\psi =$ const 的解.

③ 如果把(37.8)中的被积函数表达式看作一维力学系统的拉格朗日函数(而且把 ψ 当作广义坐标,φ 当作时间),则(37.12)式便是能量积分.

$$(1 - \alpha\cos 2\psi)(\psi'^2 - 1) = \text{const} \equiv \frac{1}{q^2} - 1. \tag{37.12}$$

由此求得形如式(37.3)的解，其中函数 $f(x)$ 为：

$$f(x) = q\left[\frac{1 - \alpha\cos 2\psi}{1 - \alpha q^2\cos 2\psi}\right]^{1/2}. \tag{37.13}$$

常量 q 由条件(37.4)，亦即

$$(n - 1)q\int_0^\pi \left[\frac{1 - \alpha\cos 2\psi}{1 - \alpha q^2\cos 2\psi}\right]^{1/2} d\psi = \pi \tag{37.14}$$

确定(此时应有 $|\alpha|q^2 < 1$). 这些公式决定了所要寻求的解. 对于每一个 n，解都是唯一的，这是因为条件(37.14)左边是 q 的单调递增函数，只有单一的 q 值能满足这个等式. 函数 $f(x)$ 是偶函数，因此 $\psi(\varphi)$ 是奇函数. 这意味着平面 $\varphi = 0$ 是分布的对称平面. 鉴于 C_m 对称轴的存在，还会有过 z 轴的 $m - 1$ 个对称面出现. 最后，显然平面 $z = 0$ 也是对称面. 因此弗朗克指标为 n 的向错具有完全对称点群 $\boldsymbol{D}_{mh}$.

当 $n = 2$ 时，由(37.14)可显然得出 $q = 1$，且相应的解为

$$\psi = \varphi = \vartheta/2. \tag{37.15}$$

为了定性地阐明所得到的解的特性，我们来探讨由式(37.7)给出的径向射线 $\varphi = \varphi_p$ 附近指向矢流线的行为. 在这些射线上 $\psi = p\pi$，而在它们的附近 $\psi \approx p\pi$ 且函数(37.3)成为常数，即

$$\frac{d\varphi}{d\psi} = f(\psi) \approx q\left(\frac{1 - \alpha}{1 - \alpha q^2}\right)^{1/2} \equiv \lambda. \tag{37.16}$$

由此，

$$\psi - \pi p \approx \frac{1}{\lambda}(\varphi - \varphi_p).$$

流线的微分方程为

$$\frac{d\ln r}{d\varphi} = \cot\psi \approx \frac{1}{\psi - \psi_p} \approx \frac{\lambda}{\varphi - \varphi_p},$$

从这个方程我们得到射线近旁流线的形状为

$$r = \text{const} \cdot |\varphi - \varphi_p|^\lambda. \tag{37.17}$$

如果以射线为 x 轴建立直角坐标系，则在射线附近 $r \approx x$，$\varphi - \varphi_p \approx y/x$ 且流线方程改写为

$$y = \text{const} \cdot x^{1 + 1/\lambda}. \tag{37.18}$$

下面需要考察各种不同情况. 当 $n \geq 3/2$ 时，我们有 $n - 1 > 1$，而且从式(37.14)显然有 $q > 0$，故而 $\lambda > 1$. 在这种情况下，流线自坐标原点出发，且与射线相切.

当 $n = 1/2$ 时，参量 $q < 0$ 且与之相应 $\lambda < 0$. 对方程(37.14)的数值分析表明

$q^2 > 0$, 从而 $|\lambda| > 1$. 由式(37.18)可见, y 随着 x 增长. 接近坐标原点的区域不能用这个办法研究, 因为根据式(37.17), 在 $\lambda < 0$ 时, 小量 $\varphi - \varphi_p$ 所对应的是大的 r 值.

最后, 当 $n < 0$ 时, 参量 $-1 < \lambda < 0$, 而且根据式(37.18), 当 $x \to \infty$ 时 $y \to 0$. 流线渐近地接近射线.

图29中示意地绘出了具有 $n = 3/2, n = 1/2$ 和 $n = -1/2$ 的向错的流线.

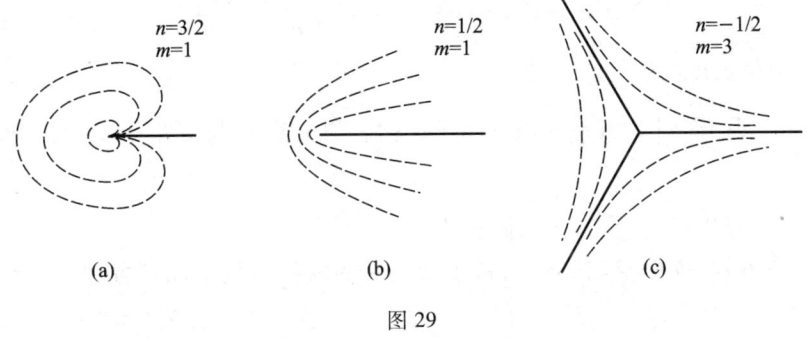

图 29

§38 向列相液晶平衡方程的轴对称非奇异解

具有弗朗克指标 $n = 1$ 的向错的轴对称形变(37.10), (37.11)(参见图27)是在器壁上给定边界条件的向列相介质平衡方程的精确解, 但它们并非这些问题的唯一解. 它们只是平面解范畴的唯一解. 如果我们去掉指向矢 **n** 处处都位于垂直于容器轴的平面上这个假设, 方程可能还有其它的解, 而且这些解在轴上不具有奇异性. 例如, 如果边界条件要求指向矢 **n** 垂直于器壁, 则在这种非奇异性解中, 指向矢的流线处于子午面上并有图30所示的形状. 这些流线开始垂直于壁面, 然后逐步弯曲地趋向轴 $r = 0$, 因此在轴上 **n** 的方向是完全确定的. 不仅如此, 我们将看到, 这种没有奇异性的解因为比在轴上有奇异性的解总弹性自由能更小, 所以在热力学上更有利(P. E. Cladis, M. Kléman, 1972). 下面我们就着手构造这个解.

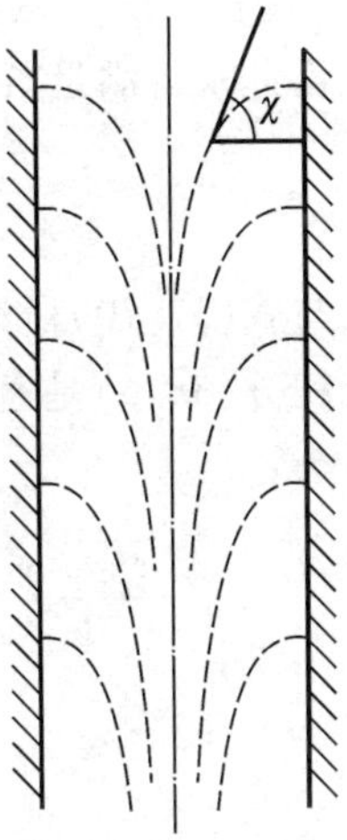

图 30

我们将在柱坐标 r, φ, z 中寻求轴对称且沿 z 轴均匀的形如

$$n_r = \cos\chi(r), \quad n_\varphi = 0, \quad n_z = \sin\chi(r) \tag{38.1}$$

的解(χ 的含义见图30). 器壁上的边界条件为

$$\chi = 0 \quad (r = R), \tag{38.2}$$

其中 R 为柱半径,在柱轴上我们设置条件

$$\chi = \pi/2 \quad (r = 0), \tag{38.3}$$

与前面指出的无奇异性相对应. 我们有

$$(\nabla \times \boldsymbol{n})_\varphi = -\frac{\mathrm{d}n_z}{\mathrm{d}r} = -\cos\chi\frac{\mathrm{d}\chi}{\mathrm{d}r},$$

$$\nabla \cdot \boldsymbol{n} = \frac{1}{r}\frac{\mathrm{d}(rn_r)}{\mathrm{d}r} = -\sin\chi\frac{\mathrm{d}\chi}{\mathrm{d}r} + \frac{\cos\chi}{r}.$$

沿 z 轴单位长度的形变自由能为

$$\int_0^R 2\pi r F_\mathrm{d}\mathrm{d}r = \pi\int_{-\infty}^{\ln R}\{(K_1\sin^2\chi + K_3\cos^2\chi)\}\chi'^2 + K_1\cos^2\chi - K_1\sin 2\chi\cdot\chi'\}\mathrm{d}\xi, \tag{38.4}$$

其中的 "$'$" 号指对变量 $\xi = \ln r$ 求导. ①

平衡方程(亦即泛函(38.4)极小值问题的欧拉 – 拉格朗日方程)的第一积分为

$$(K_1\sin^2\chi + K_3\cos^2\chi)\chi'^2 - K_1\cos^2\chi = \mathrm{const}. \tag{38.5}$$

根据条件(38.3),当 $\xi\to-\infty$ 时应有 $\chi\to\pi/2$. 显然,此时应有 $\chi\to\pi/2$ 时 $\chi'\to 0$;所以上式中的常数等于零,结果得到

$$\chi' = -\frac{\sqrt{K_1}\cos\chi}{(K_1\sin^2\chi + K_3\cos^2\chi)^{1/2}}.$$

由此求得满足条件(38.2)的解:

$$\ln\frac{R}{r} = \frac{1}{\sqrt{K_1}}\int_0^\chi\frac{(K_1\sin^2\chi + K_3\cos^2\chi)^{1/2}}{\cos\chi}\mathrm{d}\chi. \tag{38.6}$$

与式(37.10)所给出的向错相反,这个解不是自相似解,其中含有尺度参量 R. 积分(38.6)是通过初等函数表示的. 在 $K_3 > K_1$ 的假设下,我们可写出解的显式为:

$$\left.\begin{array}{l}\dfrac{r}{R} = \left\{\dfrac{\sqrt{1-k^2\sin^2\chi} - k'\sin\chi}{\sqrt{1-k^2\sin^2\chi} + k'\sin\chi}\right\}^{1/2}\exp\left\{-\dfrac{k}{k'}\arcsin(k\sin\chi)\right\}, \\ k^2 = \dfrac{K_3 - K_1}{K_3}, \quad k'^2 = 1 - k_2 = \dfrac{K_1}{K_3}, \end{array}\right\} \tag{38.7}$$

当 $r\to 0$ 时,$\pi/2 - \chi$ 以正比于 r 的方式趋于零,而流线则按照指数规律 $r\propto\exp(\mathrm{const}\cdot z)$ 接近 z 轴.

经计算,给出与此解相关的自由能为

---

① 被积函数表达式中的最后一项对变分问题的表述无关紧要,但对求总自由能则是必需的.

§38 向列相液晶平衡方程的轴对称非奇异解

$$\int_0^R F_d \cdot 2\pi r dr = \pi K_1 \left\{ 2 + \frac{1}{kk'}\arcsin k \right\}. \tag{38.8}$$

我们注意到,该表达式一般与容器半径 R 无关. 而图 27(a) 所示的解式 (37.10) 给出的向错的能量为

$$\int_0^R F_d \cdot 2\pi r dr = \pi K_1 L, \tag{38.9}$$

其中 $L = \ln(R/a)$ 是一个很大的对数值,它的出现与轴上的奇异性密切相关. 我们看到,与具有奇异性的解相比,无奇异性的解在能量上更有利(假如系数 K_1 不是反常地小).

其实,可以通过连续形变的(亦即不发生任何间断的)途径,即采用将矢量 $\boldsymbol{n}$ 逐步从平面 $z = \text{const}$ 移开的办法,从指标 $n = 1$ 的向错场 $\boldsymbol{n}(\boldsymbol{r})$ 得到我们这里所研究的平衡方程的轴对称非奇异解 $\boldsymbol{n}(\boldsymbol{r})$. 这是我们将要在下一节阐明的非常普遍情况的一个实际体现.

习 题

1. 试求出柱形容器中向列相介质平衡方程的在轴上无奇异性的轴对称解,边界条件与图 27(b) 对应.

解:我们寻求形为

$$n_r = 0, \quad n_\varphi = \cos\chi(r), \quad n_z = \sin\chi(r)$$

的解,边界条件为

$$\chi(R) = 0, \quad \chi(0) = \frac{\pi}{2}.$$

由于我们有

$$(\nabla \times \boldsymbol{n})_\varphi = -\cos\chi \frac{d\chi}{dr},$$

$$(\nabla \times \boldsymbol{n})_z = \frac{\cos\chi}{r} - \sin\chi \frac{d\chi}{dr},$$

$$\nabla \cdot \boldsymbol{n} = 0.$$

自由能为

$$\int_0^R 2\pi r F_d dr = \pi \int_{-\infty}^{\ln R} \left\{ K_2 (\sin\chi\cos\chi - \chi')^2 + K_3 \cos^4\chi \right\} d\xi.$$

平衡方程的第一积分为

$$K_2 \chi'^2 - (K_2 \sin^2\chi \cos^2\chi + K_3 \cos^4\chi) = 0.$$

积分这一方程得到以下结果(假定 $K_3 > K_2$):

$$\frac{r}{R} = \left\{ \frac{\sqrt{1 - k^2\sin^2\chi} - k'\sin\chi}{\sqrt{1 - k^2\sin^2\chi} + k'\sin\chi} \right\}^{1/2},$$

$$k^2 = \frac{K_3 - K_2}{K_3}, \quad k'^2 = \frac{K_2}{K_3}.$$

当 $r \to 0$ 时,角 χ 以

$$\frac{\pi}{2} - \chi = 2k' \frac{r}{R}$$

的方式趋于 $\pi/2$.

这一形变的自由能为

$$\int_0^R F_d \cdot 2\pi r dr = \pi K_2 \left\{ 2 + \frac{1}{kk'} \arcsin k \right\},$$

图 27(b) 所示出的平面向错的自由能则为 $\pi K_3 L$.

2. 试研究指标 $n = 1$ 的向错对形如 $\delta n(\varphi)$ 的小扰动的稳定性(С. И. Анисимов, И. Е. Дзялошинский, 1972).

解:(a) 未扰动径向向错场(图 27(a))为 $n_r = 1, n_\varphi = n_z = 0$. 而扰动场的形式为:

$$n_r = \cos\Theta\cos\Phi \approx 1 - \frac{1}{2}(\Theta^2 + \Phi^2),$$

$$n_\varphi = \cos\Theta\sin\Phi \approx \Phi,$$

$$n_z = \sin\Theta \approx \Theta,$$

其中角度 Θ 与 Φ 均为角坐标 φ 的函数. 与该扰动有关的能量是

$$\int F_d r dr d\varphi = \frac{R^2}{4} \int \{ K_1 \Phi'^2 + K_2 \Theta'^2 + (K_3 - K_1)\Phi^2 - K_1 \Theta^2 \} d\varphi.$$

为了做普遍的研究,需令

$$\Theta(\varphi) = \sum_{s=-\infty}^{\infty} \Theta_s e^{is\varphi}, \quad \Phi(\varphi) = \sum_{s=-\infty}^{\infty} \Phi_s e^{is\varphi}$$

并将能量表示为所有 Θ_s, Φ_s 的函数. 但即使不这样做已可马上看出,我们所研究的向错对 Θ_0 的扰动始终是不稳定的(因能量中含 $-K_1 \Theta_0^2$ 项).

(b) 未扰动的环形向错场(图 27(b))为:$n_r = n_z = 0, n_\varphi = 1$. 扰动场可写为

$$n_r = \cos\Theta\cos\left(\frac{\pi}{2} + \Phi\right) \approx -\Phi,$$

$$n_\varphi = \cos\Theta\sin\left(\frac{\pi}{2} + \Phi\right) \approx 1 - \frac{1}{2}(\Theta^2 + \Phi^2),$$

$$n_z = \sin\Theta \approx \Theta$$

的形式(注意与情况(a)比较,这里 Φ 的定义有改变). 相应的能量为

$$\int F_d r dr d\varphi = \frac{R^2}{4} \int \{ K_3(\Theta'^2 + \Phi'^2) + (K_1 - K_3)\Phi^2 + (K_2 - 2K_3)\Theta^2 \} d\varphi.$$

Θ_0 和 Φ_0 是最"危险"的扰动;相对这些扰动的稳定性条件为:

$$K_1 > K_3, \quad K_2 > 2K_3.$$

在正文和习题 1 中所得到的 $n=1$ 向错形变自由能高于轴对称非奇异解能量的论断,只是表明这些向错在最好的情况下也只能是亚稳的. 现在我们看到,径向向错一般而言是不稳定的, 而环形向错在符合弹性模量间确定关系的情况下,相对于所给出的扰动是稳定的.

3. 向列相介质充满两平行平面之间的空间,同时, 边界条件要求在一个平面上指向矢垂直于平面, 而在另一个平面上指向矢平行于表面. 试确定 $n(r)$ 的平衡位形.

解:显然平衡位形将是平面型的, 将此平面选为 xz 平面, 其中 z 轴垂直于边界面($z=0$ 和 $z=h$ 的平面). 令

$$n_x = \sin\chi(z), \quad n_z = \cos\chi(z).$$

形变自由能为

$$\int F_d \mathrm{d}z = \frac{1}{2}\int \{K_1\sin^2\chi + K_2\cos^2\chi\}\chi'^2 \mathrm{d}z.$$

平衡方程的第一积分为

$$(K_1\sin^2\chi + K_2\cos^2\chi)\chi'^2 = \mathrm{const},$$

考虑到边界条件,由此得到

$$\int_0^\chi (K_1\sin^2\chi + K_2\cos^2\chi)^{1/2}\mathrm{d}\chi = \frac{z}{h}\int_0^{\pi/2}(K_1\sin^2\chi + K_2\cos^2\chi)^{1/2}\mathrm{d}\chi,$$

或

$$z = h\frac{E(\chi,k)}{E(\pi/2,k)}, \quad k^2 = \frac{K_2 - K_1}{K_1},$$

其中 $E(\chi,k)$ 为第二类椭圆积分.

§39 向错的拓扑性质

§37 中给出的弗朗克指标的定义本质上是以向错中形变的平面特性及其沿向错长度方向的均匀性为前提的. 现在我们将要表明, 在向列相介质中存在任意曲线向错的普遍情况下, 如何引入这个概念.

当所有点的指向矢同时作任意旋转时, 向列相液晶的能量不变. 从这个意义上讲, 向列相液晶的状态对指向矢的方向是简并的; 这些方向起着**简并参量**的作用. 这里我们引进有关**简并空间**的概念, 即不引起能量改变的简并参量变化区域. 在此情况下, 简并空间为具有单位半径的球面, 球面上的每一点对应 n 的一个确定方向. 但必须考虑到, 仅有 n 的正负号区分的向列相液晶状态在物理上是等同的. 换言之, 球面上直径两端的点在物理上是等价的. 因此, 向列相

液晶的简并空间是这样一个单位球面①,在这个球面上,处于任意一条直径上的两点在物理上等价.

我们想象在向列相的物理体积内沿某一封闭回路(我们称之为 γ 回路)围绕位于其中的向错线转圈.在转圈时我们跟踪每一点上矢量 n 的方向.将 γ 回路上的每一点的 n 在简并空间——球面上标出后,也会绘出一条封闭回路(我们称之为 Γ 回路).这里我们必须区分两种不同情况.

第一种情况下,Γ 回路是一条真正的封闭回路.返回到出发点之后,所绘点描出一条含整数 n 个环的回路(如图 31 中的 Γ_1 和 Γ_2 回路,它们对应的整数 n 分别为 1 和 2).这个数就是整数弗朗克指标.

在另一种情况下,Γ 回路从球面上的某一点出发,而终结在过出发点直径的另一端点上.由于直径的两个端点在物理上等价,这一回路也应当看作是"封闭"的.这种情况下弗朗克指标定义为所绘点描出的半整数环的数目(例如,对于图 31 中的 $\Gamma_{1/2}$ 半圆回路,这个数 $n = 1/2$).

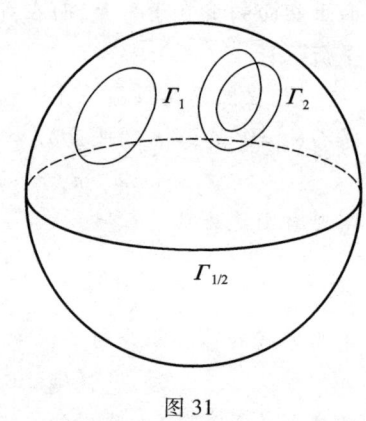

图 31

球面上任意封闭回路均可通过连续(即不使回路断开的)形变的方式变换为另一条任意回路.而且,任意一条封闭回路可以通过连续的方式收缩为一点②.

起点和终点在直径两端点的任意回路也可互相转化,但不会收缩为一点,这是因为尽管在形变时回路的端点可以移动,但这两个端点一定要处于某一球直径的两端.

因此,弗朗克指标不是拓扑不变量,拓扑不变的仅是弗朗克指标的整数性和半整数性这个事实.

由以上所述可知,向列相液晶中的全部向错分为两类,其中每一类里的所有向错都是等价的,这些向错可以通过场 $n(r)$ 的连续形变相互转变(С. И. Анисимов, И. Е. Дзялошинский, 1972).具有整数弗朗克指标的向错组成一类向错;这些向错是拓扑上不稳定的,它们一般可通过连续形变的方式消除.整数指标的向错可以在向列相液晶体积中结束.

另一类向错由具有半整数弗朗克指标的向错组成.这类向错是不可消除的,它们是拓扑稳定的.

---

① 这一几何图像对应于拓扑学中所谓的射影平面.
② 回路的形变可反映物理空间内 γ 回路的改变或场 $n(r)$ 本身的变化.

在不同给定条件下,拓扑等价结构中究竟哪些结构实际上会存在,取决于这些结构在热力学上是否有利.因此,这一问题超出了拓扑分析的范围.

和具有线奇异性的向错一样,向列相介质中也可以存在点奇异性.这种奇异性的最简单的例子是这样的点,在这种点上矢量 n 可指向一切方向(像一个"刺猬").

为了弄清楚点奇异性的拓扑分类,我们重新回到作为简并空间的单位球的映射上来.如图 32 所示,在充满向列相液晶的物理空间内,选取由某一围绕奇点 O 的 γ 回路连接的两个点 A 和 B.在单位球上有一确定的 Γ 回路与 γ 回路对应.现在我们

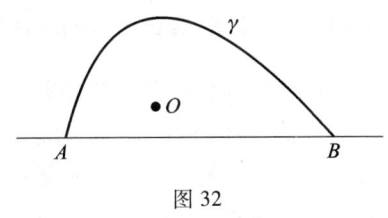

图 32

使 γ 回路绕直线 AB 旋转.转完一圈之后,γ 回路回归原位,并在物理空间内绘出一个封闭曲面 σ.由 Γ 回路绘出的 σ 的映射 Σ 可能会不止一次地覆盖单位球.映射 Σ 覆盖单位球的次数 N 是奇点的拓扑特征.可以把映射 Σ 想象为张在单位球面上的一层封闭薄膜;显然,这层薄膜(不对它进行任何切割)无论如何都不能收缩成一个点.这表示了奇点的不可消除性.如果 $N=0$,则薄膜根本没有包覆单位球.这对应于奇点不存在或奇点的可消除性,这样的薄膜可以收缩为一个点.对于向列相液晶中的奇点,N 的符号无意义:它的反号只意味着 n 的方向在全空间全部倒转,并不影响向列相的状态.

表征点奇异性的数 N 只能取整数.容易看出,半整数 N 实际上表示的是不可消除的线奇异性的存在,而不是点奇异性的存在.例如,如果 Σ 覆盖了半个球面($N=1/2$),这表明,跟踪 γ 上任意一点在单位球面的映射时,我们都会发现这个点在单位球面上描绘出的是形如 $\Gamma_{1/2}$ 的回路(见图 31),这恰好证明了具有弗朗克指标 $n=1/2$ 的不可消除向错的存在[①].

与向列相液晶中奇异性的拓扑性质的讨论相联系,我们简短地谈一谈晶格中的奇异线——位错的拓扑解释.想象晶格没有边界并引入指向三个晶格基本周期的轴 x_1, x_2, x_3,令这些晶格周期的量值分别为 a_1, a_2, a_3.晶格沿轴 x_1, x_2, x_3 的任意平行移动不改变晶格能量.简并参量(移动量)的变化区域是长度为 a_1, a_2, a_3 的线段,而且每一线段的两个端点应看作是等价的(因为移动一个晶格周期后晶格回复到自身,亦即保持晶格状态不发生变化).含等价端点的线段拓扑上等同于圆周.因此,晶格的简并空间是建立在三个圆周上的三维区域.这个区域可想象为相对侧面两两等价的立方体或者四维空间的三维环面[②].在这样的

[①] 在整数 N 情况下,类似的讨论不会导致相似的结果,因为整数指标的向错是可消除的,而具有整数 N 的映射对应的是不可消除奇异性.

[②] 与把对边两两等价的正方形拓扑等价于三维空间的二维环面类似.

环面上,不存在缩为一点的回路 Γ,这些回路中的每一个都由三个拓扑不变量 n_1, n_2, n_3 表征,n_1, n_2, n_3 分别为环绕形成环面的三个圆周的数目. 如果回路 Γ 为在物理空间内围绕奇异线(位错)的回路 γ 的映像,则其三个不变量等同于伯格斯矢量的(以相应的周期 a_1, a_2, a_3 度量的)三个分量. 因此,位错是拓扑稳定的不可消除奇异线,而其伯格斯矢量是拓扑不变量.

§40 向列相液晶的运动方程

运动向列相液晶介质的状态是由四个物理量在空间的分布确定的,这四个物理量是:指向矢 $\boldsymbol{n}$,质量密度 ρ,速度 $\boldsymbol{v}$ 和熵密度 S. 与此相应,向列相液晶运动的流体动力学完备方程组由给出上述物理量的时间导数的四个方程组成(J. L. Ericksen,1960;F. M. Leslie,1966)[①].

先从指向矢的方程开始. 如果向列相处于平衡(以致 $\boldsymbol{h} = 0$)且以常速度在空间作整体运动,则这个方程应当表述的是 $\boldsymbol{n}$ 的值在空间内以同样的速度移动这一简单事实. 换句话说,是每一液体质点带着自己的 $\boldsymbol{n}$ 值在空间移动. 这一事实应当以 $\boldsymbol{n}$ 对时间的全导数(或称随体导数)等于零来表示,即

$$\frac{\mathrm{d}\boldsymbol{n}}{\mathrm{d}t} = \frac{\partial \boldsymbol{n}}{\partial t} + (\boldsymbol{v}\cdot\nabla)\boldsymbol{n} = 0. \tag{40.1}$$

在任意运动的一般情况下,方程右端会出现与 $\boldsymbol{h}$ 以及速度对坐标的导数有关的项;在一级流体力学近似中,不消失的仅限于这些量的线性项. 导数 $\partial v_i/\partial x_k$ 组成的张量可分为如下对称部分和反对称部分:

$$v_{ik} = \frac{1}{2}(\partial_i v_k + \partial_k v_i), \quad \Omega_{ik} = \frac{1}{2}(\partial_i v_k - \partial_k v_i). \tag{40.2}$$

为了确定对 Ω_{ik} 的依赖关系,仅需注意到向列相液晶以角速度 $\boldsymbol{\Omega}$ 作整体匀速转动时,所有的场 $\boldsymbol{n}(\boldsymbol{r})$ 也将以同样的速度转动. 这样的转动由以下方程描述:

$$\frac{\mathrm{d}\boldsymbol{n}}{\mathrm{d}t} = \frac{1}{2}\nabla\times\boldsymbol{v}\times\boldsymbol{n} \quad \text{或} \quad \frac{\mathrm{d}n_i}{\mathrm{d}t} = \Omega_{ki}n_k.$$

整体转动的物体上点的速度为 $\boldsymbol{v} = \boldsymbol{\Omega}\times\boldsymbol{r}$,此时 $\nabla\times\boldsymbol{v} = 2\boldsymbol{\Omega}$,同时,对指向矢的变化速率也得到表示式 $\mathrm{d}\boldsymbol{n}/\mathrm{d}t = \boldsymbol{\Omega}\times\boldsymbol{n}$. 与 v_{ik} 有关的各项的组成受到从 $\boldsymbol{n}^2 = 1$ 得出的 $\boldsymbol{n}\cdot\mathrm{d}\boldsymbol{n}/\mathrm{d}t = 0$ 的限制,因此,我们得到指向矢运动方程的如下一般形式:

$$\frac{\mathrm{d}n_i}{\mathrm{d}t} = \Omega_{ki}n_k + \lambda(\delta_{il} - n_i n_l)n_k v_{kl} + N_i, \tag{40.3}$$

其中[②]

[①] 本节我们部分地仿效了 D. Foster,T. C. Lubensky,P. C. Martin,J. Swift,P. S. Pershan(1971)对此问题的表述.

[②] 引进符号 N 的目的,一是为了将后面某些公式表示得更清楚,二是为了在 §43 中作进一步推广.

$$N = \frac{h}{\gamma}. \tag{40.4}$$

式(40.3)中 N 这一项表示指向矢 n 在分子场作用下向平衡态的弛豫,而第二项表示速度梯度对指向矢的定向作用. 这些项的系数 γ(具有黏度的量纲)和 λ(无量纲)具有动理学(而非热力学)本质[①].

液体密度的时间导数的方程是连续性方程:

$$\frac{\partial \rho}{\partial t} + \nabla \cdot (\rho \boldsymbol{v}) = 0. \tag{40.5}$$

我们注意到,这个方程实质上是把流体力学速度当作单位质量流体所携带的物质流密度来确定的.

速度的时间导数的方程是动力学方程:

$$\rho \frac{\mathrm{d}\boldsymbol{v}}{\mathrm{d}t} = \boldsymbol{F}, \tag{40.6}$$

其中 $\boldsymbol{F}$ 为作用于单位体积上的力. 根据在 §2 中所述的一般结论,此积力可表示为张量的散度:

$$F_i = \partial_k \sigma_{ik},$$

其中 σ_{ik} 为应力张量. 这时动力学方程改写为

$$\rho \frac{\mathrm{d} v_i}{\mathrm{d} t} \equiv \rho \left(\frac{\partial v_i}{\partial t} + (\boldsymbol{v} \cdot \nabla) v_i \right) = \partial_k \sigma_{ik} \tag{40.7}$$

的形式. 应力张量的具体形式留待下面确定.

最后还剩下一个熵的方程. 不存在耗散过程时,液体运动应当是绝热的,而且在每一液体元中都是绝热的,这些液体元携带着自己的恒定的熵值移动. 表示熵守恒的方程可直接写为熵的连续性方程:

$$\frac{\partial S}{\partial t} + \nabla \cdot (S\boldsymbol{v}) = 0,$$

其中 S 为体积熵,而 $\boldsymbol{v}S$ 为熵流密度[②]. 考虑耗散过程时,熵方程的形式为:

$$\frac{\partial S}{\partial t} + \nabla \cdot \left(S\boldsymbol{v} + \frac{\boldsymbol{q}}{T} \right) = \frac{2R}{T}. \tag{40.8}$$

其中 R 为所谓耗散函数,$2R/T$ 确定熵增加率[③],这个量是由张量 v_{ik} 的分量以及矢量 $\boldsymbol{h}$ 和温度梯度 ∇T 组成的二次型. 而矢量 $\boldsymbol{q}$ 则是与热传导有关的热流密度.

---

① 方程(40.3)右端没有密度梯度和熵(或温度)梯度,这与方程对于空间反演以及 n 反号的不变性有关. 关于这点详见 §43.

② 这个方程可表示为其等价形式

$$\frac{\mathrm{d}}{\mathrm{d}t} \frac{S}{\rho} = \frac{\partial}{\partial t} \frac{S}{\rho} + (\boldsymbol{v} \cdot \nabla) \frac{S}{\rho} = 0.$$

方程所表示的是单位质量流体粒子所携带的熵为常量.

③ 如同在 §33 中一样,函数 $2R$ 本身给出机械能耗散率(参见本教程第六卷 §79).

热流密度的各分量是温度梯度矢量各分量的线性函数：
$$q_i = -\varkappa_{ik}\partial_k T. \tag{40.9}$$
在向列相中，热导率张量 $\varkappa_{ik}$ 有两个独立分量并可表示为
$$\varkappa_{ik} = \varkappa_\parallel n_i n_k + \varkappa_\perp(\delta_{ik} - n_i n_k) \tag{40.10}$$
的形式，其中 $\varkappa_\parallel, \varkappa_\perp$ 分别描述纵向和横向（相对于 $\boldsymbol{n}$ 方向而言）的热导率。

流体动力学中的能量守恒定律方程为
$$\frac{\partial}{\partial t}\left[\frac{\rho\boldsymbol{v}^2}{2} + E\right] + \nabla\cdot\boldsymbol{Q} = 0, \tag{40.11}$$
其中 E 为内能密度，而 $\boldsymbol{Q}$ 为能流密度。内能密度 $E = E_0 + E_d$，其中 $E_0(\rho, S)$ 对应于未形变均匀介质，而能量 E_d 与场 $\boldsymbol{n}(\boldsymbol{r})$ 的畸变有关。根据在 §36 中最后一段所述，量 E_d 与式(36.1)中的自由能 F_d 相同，区别仅在于此时应将弹性模量 K_1，K_2，K_3 理解为由密度和熵表示而不是由温度表示。

运动方程中自然应当包括能量守恒定律。我们需要利用这个定律建立上面提到过的函数 R、应力张量 σ_{ik} 与矢量 $\boldsymbol{N}$ 之间的联系。

将方程(40.11)中对时间的导数展开，并计及热力学关系式
$$\left(\frac{\partial E}{\partial S}\right)_{\rho, n} = T, \qquad \left(\frac{\partial E}{\partial \rho}\right)_{S, n} = \mu,$$
其中 μ 为化学势①，我们有
$$\frac{\partial}{\partial t}\left[\frac{\rho v^2}{2} + E\right] = \frac{v^2}{2}\frac{\partial \rho}{\partial t} + \rho\boldsymbol{v}\cdot\frac{\partial \boldsymbol{v}}{\partial t} + \mu\frac{\partial \rho}{\partial t} + T\frac{\partial S}{\partial t} + \left(\frac{\partial E_d}{\partial t}\right)_{\rho, S}. \tag{40.12}$$

我们来单独考察一下上式中最后一项。引入式(36.6)中的记号 π_{ki}，我们写出
$$\left(\frac{\partial E_d}{\partial t}\right)_{\rho, S} = \left(\frac{\partial E_d}{\partial n_i}\right)_{\rho, S}\frac{\partial n_i}{\partial t} + \pi_{ki}\partial_k\frac{\partial n_i}{\partial t} =$$
$$= \left\{\frac{\partial E_d}{\partial n_i} - \partial_k \pi_{ki}\right\}\frac{\partial n_i}{\partial t} + \partial_k\left(\pi_{ki}\frac{\partial n_i}{\partial t}\right) = -\boldsymbol{h}\cdot\frac{\partial \boldsymbol{n}}{\partial t} + \partial_k\left(\pi_{ki}\frac{\partial n_i}{\partial t}\right)$$
（这里我们用 $\boldsymbol{h}$ 取代了 $\boldsymbol{H}$，因等式 $\boldsymbol{n}\cdot\partial\boldsymbol{n}/\partial t = 0$ 成立，$\boldsymbol{H}$ 的纵向部分自动消失）。将式(40.3)中的 $\partial\boldsymbol{n}/\partial t$ 代入上式后，我们写出
$$\left(\frac{\partial E_d}{\partial t}\right)_{\rho, S} = (v_k\partial_k n_i + \Omega_{ik}n_k - \lambda v_{ik}n_k)h_i - \boldsymbol{N}\cdot\boldsymbol{h} + \nabla\cdot(\cdots).$$
从中再分出一个散度项后，得

---

① 在此我们要强调，这里 E 是对应于给定单位体积的，而在此体积内的粒子（分子）数 N 是变量。在本教程第五卷中，化学势处处都与一个粒子相对应，亦即定义为 $\mu = \partial E/\partial N$。由于 $N = \rho/m$（m 为分子质量），所以这里所采取的定义与第五卷中的定义只差一个因子 m。为避免在与热力学关系(3.2a)比较时出现误解，我们特别提醒，此处的 E 是准确意义上的体积内能，而在 §3 中，量 $\mathscr{E}$ 定义为未形变物体单位体积内的物质的能量。

$$\left(\frac{\partial E_d}{\partial t}\right)_{\rho,S} = -\boldsymbol{G}\cdot\boldsymbol{v} - \frac{1}{\gamma}h^2 + \nabla\cdot(\cdots), \tag{40.13}$$

其中

$$G_i = -h_k\partial_i n_k + \frac{1}{2}\partial_k(n_i h_k - n_k h_i) - \frac{\lambda}{2}\partial_k(n_i h_k + n_k h_i). \tag{40.14}$$

为了不使公式过于庞杂,我们在此处以及后面的公式中,对散度号内各项的具体形式一律略去不写. 这些项对于求解所设问题并不重要,在本节的末尾,我们还会返回来讨论它们.

表达式(40.14)还可写成

$$G_i = \partial_k\sigma_{ik}^{(r)} + (\partial_i E_d)_{\rho,S} \tag{40.15}$$

的形式,其中

$$\sigma_{ik}^{(r)} = -\pi_{kl}\partial_i n_l - \frac{\lambda}{2}(n_i h_k + n_k h_i) + \frac{1}{2}(n_i h_k - n_k h_i). \tag{40.16}$$

在作此一变换时,使用了等式

$$(\partial_i E_d)_{\rho,S} = \frac{\partial E_d}{\partial n_k}\partial_i n_k + \pi_{lk}\partial_i\partial_l n_k.$$

张量 $\sigma_{ik}^{(r)}$ 的定义不唯一,原因在于在 $\sigma_{ik}^{(r)}$ 上加一个形如 $\partial_l\chi_{ilk}$ 的任意项时表达式(40.15)没有变化,其中 χ_{ilk} 为对后两个指标反对称($\chi_{ilk} = -\chi_{ikl}$)的任意张量. 尽管张量(40.16)不对称,但通过添加前述经适当选择的张量 χ_{ilk} 的项,可将之写成对称的形式. 事实上,我们将把这一相当冗长烦琐的推导留在本节的最后进行,现在我们假定 $\sigma_{ik}^{(r)}$ 的对称化已经完成.

将式(40.15)代入式(40.13)并分出一个散度项(考虑到 $\sigma_{ik}^{(r)}$ 的对称性),我们得到①

$$\left(\frac{\partial E_d}{\partial t}\right)_{\rho,S} = -\boldsymbol{N}\cdot\boldsymbol{h} + \sigma_{ik}^{(r)}v_{ik} - (\partial_i E)_{\rho,S}v_i + \nabla\cdot(\cdots). \tag{40.17}$$

最后,将式(40.5),(40.7),(40.8)以及式(40.17)中出现的时间导数代入式(40.12),同时根据

$$\partial_i E = (\partial_i E)_{\rho,S} + \mu\partial_i\rho + T\partial_i S,$$

将 E 的(ρ 及 S 保持不变时的)偏导数用全导数表示. 经过一系列变换(分出散度项)之后,结果得到:

$$\frac{\partial}{\partial t}\left[\frac{\rho\boldsymbol{v}^2}{2} + E\right] = -\sigma'_{ik}v_{ik} - \boldsymbol{N}\cdot\boldsymbol{h} + \frac{1}{T}\boldsymbol{q}\cdot\nabla T + 2R + \nabla\cdot(\cdots),$$
$$\tag{40.18}$$

其中 σ'_{ik} 与 σ_{ik} 之间的关系为

---

① 因为 $E_0 = E_0(\rho, S)$,所以 $(\partial_i E_d)_{\rho,S} = (\partial_i E)_{\rho,S}$.

$$\sigma_{ik} = -p\delta_{ik} + \sigma_{ik}^{(r)} + \sigma_{ik}'. \tag{40.19}$$

而压强则是根据其热力学定义

$$p = \rho\mu - E + TS \tag{40.20}$$

引入的($\rho\mu = \Phi$ 为体积热力学势,即体积吉布斯自由能),理所当然,它确定应力张量的各向同性部分.

将式(40.18)与能量守恒方程(40.11)比较后,我们看到

$$2R = \sigma_{ik}'v_{ik} + N\cdot h - \frac{1}{T}q\cdot\nabla T. \tag{40.21}$$

这个函数确定由耗散过程引起的熵增加. 因此十分清楚,在式(40.19)中引入的张量 σ_{ik}' 代表应力张量的耗散(黏性)部分. 方程(40.21)中不含 $\sigma_{ik}^{(r)}$,它代表向列相液晶所特有(与普通液体不同的)的应力张量的(除去与压强有关部分外的)非耗散部分[1].

我们也注意到,耗散函数中不含系数 λ. 尽管此无量纲量所描写的效应具有明显的动理学(而非热力学)特性,但它不是耗散性的[2].

运动向列相介质中的体积力密度为

$$F_i = -\partial_i p + \partial_k \sigma_{ik}^{(r)} + \partial_k \sigma_{ik}' \equiv -\partial_i p + F_i^{(r)} + F_i'.$$

在静止的平衡(尽管是有形变的)介质中 $F' = 0$,而按照平衡条件(36.7),也有 $h = 0$. 根据式(40.14)和(40.15),在此情况下力

$$F^{(r)} = -(\nabla E_d)_{\rho,S}, \quad F = -\nabla p - (\nabla E_d)_{\rho,S}.$$

如果认为弹性模量是不依赖于量 ρ 与 S 的常量,则有 $(\nabla E_d)_{\rho,S} = \nabla E_d$,此时 $F = -\nabla(p + E_d)$. 而在平衡时,应当有 $F = 0$. 由此得出,在前述假设下,压强在平衡的向列相介质中的分布由公式

$$p = \text{const} - E_d \tag{40.22}$$

给出[3].

现在我们进行前面提到过的将张量 $\sigma_{ik}^{(r)}$ 对称化的操作. 首先,我们以显式计算这个张量的反对称部分. 在差 $\sigma_{ik}^{(r)} - \sigma_{ki}^{(r)}$ 的计算中,必须考虑表达式

$$B_{ik} = \frac{\partial E_d}{\partial n_i}n_k + \pi_{li}\partial_l n_k - \pi_{kl}\partial_i n_l$$

对于指标 i, k 是对称的. 直接验证这个对称性并不容易. 利用能量 E_d 为标量从而相对于坐标系的任意转动不变的事实作间接证明要简单些. 对于无限小转动

---

[1] 有时称其为无功(reactive)部分(因此我们将这个张量符号的上标定为(r)).

[2] 这种情况不是唯一的,试回想电动力学中导体的霍尔效应,该效应也与耗散无关.

[3] 如果不作上述假定,则可将恒定温度下的力 F 写为 $F = -\rho\nabla\mu$ 的形式,以使平衡条件归结为通常的 $\mu = \text{const}$. 其实,对压强的表达式(40.20)求导并计及热力学关系 $dE = TdS + \mu d\rho + (dE_d)_{\rho,S}$,我们求得 $-\nabla p = -\rho\nabla\mu - S\nabla T + (\nabla E_d)_{\rho,S}$,由此,在 $T = \text{const}$ 情况下得到上述 F 的表达式.

$\delta\varphi$ 的坐标变换为

$$r' = r + \delta r, \quad \delta r = \delta\varphi \times r,$$

亦即

$$\delta x_i = \varepsilon_{ik} x_k, \quad \varepsilon_{ik} = e_{ilk}\delta\varphi_l = -\varepsilon_{ki}.$$

矢量 n 和张量 $\partial_k n_i$ 的改变分别为

$$\delta n_i = \varepsilon_{il} n_l, \quad \delta(\partial_k n_i) = \varepsilon_{il}\partial_k n_l + \varepsilon_{kl}\partial_l n_i.$$

函数 E_d 在此转动下的不变性意味着 $B_{ik}\varepsilon_{ik} = 0$. 因为 ε_{ik} 是任意反对称张量，由此必然得出 B_{ik} 是对称张量的结论，这正是我们要证明的.

知道了这个结论后，容易将 $\sigma_{ik}^{(r)}$ 写成(2.11)的形式，其中张量 φ_{ikl} 为

$$\varphi_{ikl} = n_i \pi_{lk} - n_k \pi_{li}.$$

此后即可直接按公式(2.13)得出对称张量 $\sigma_{ik}^{(r)}$. 经过若干推导后得：

$$\sigma_{ik}^{(r)} = -\frac{\lambda}{2}(n_i h_k + n_k h_i) - \frac{1}{2}(\pi_{kl}\partial_i n_l + \pi_{il}\partial_k n_l) -$$

$$-\frac{1}{2}\partial_l[(\pi_{ik} + \pi_{ki})n_l - \pi_{kl}n_i - \pi_{il}n_k]. \quad (40.23)$$

我们注意到这个表达式实际上只包含张量 π_{ik} 的横向(相对于指标 k)分量. 如果将 π_{ik} 表示为以下形式：

$$\pi_{ik} = \pi_{ik}^{(t)} + \pi_{il} n_k n_l,$$

(因而 $\pi_{ik}^{(t)} n_k = 0$)，则在式(40.23)中就只剩下含 $\pi_{ik}^{(t)}$ 的项.

最后，我们回过头来处理那些散度项，至今我们还一直没有把它们写出来. 比较式(40.18)与式(40.11)，我们看到在散度算符"$\nabla\cdot$"内所有项的总和定义了能流密度. 因此把所得的最后结果整理成：

$$Q_i = \left(W + \frac{v^2}{2}\right)v_i - \pi_{ik}\{-v_l\partial_l n_k + \Omega_{lk} n_l + \lambda n_l(v_{kl} - n_k n_m v_{lm})\} +$$

$$+\frac{1}{2}(n_i h_k - n_k h_i)v_k + \frac{\lambda}{2}(n_i h_k + n_k h_i)v_k - \sigma'_{ik}v_k - \varkappa_{ik}\partial_k T, \quad (40.24)$$

其中 $W = p + E$ 为焓. 式中第一项与通常的流体动力学中的能流密度表达式是一样的.

§41 向列相液晶的耗散系数

运动方程中带有 N 与 σ'_{ik} 的项表示因介质偏离热力学平衡所引起的弛豫过程；此一非平衡性导致 h 和 v_{ik} 不为零. 在通常的流体动力学近似中假定非平衡性微弱，亦即在一定意义上 h 和 v_{ik} 是小量. 此时 σ'_{ik} 是 h 和 v_{ik} 的线性函数.

但是，在我们这里所采用的运动方程的形式中，那些含 h 的项不必写进

σ'_{ik}. 其实，这些由 h 和 n 的分量组成的项的形式无非是 const $\cdot$ $(n_i h_k + n_k h_i)$. 而应力张量的非耗散部分 $\sigma^{(r)}_{ik}$ (40.23) 已经包含了这种形式的项；因此将类似的项添加到 σ'_{ik} 中仅归结为重新定义系数 λ.

σ'_{ik} 对 v_{ik} 的线性关系的一般形式为

$$\sigma'_{ik} = \eta_{iklm} v_{lm}, \tag{41.1}$$

同时，四阶张量 η_{iklm} 具有由 σ'_{ik} 和 v_{ik} 的对称性导致的显然的对称性质：

$$\eta_{iklm} = \eta_{kilm} = \eta_{ikml}. \tag{41.2}$$

除此之外，这个张量还具有源于昂萨格动理学系数对称性普遍原理的更深刻的对称性（参见本教程第五卷§120；如同在§32 中一样，本节后面的叙述中，将使用本教程第六卷§59 给出的有关昂萨格原理的表述以及在该处引进的 x_a 和 X_a 的定义）. 由熵增加率的表达式 $2R/T$ 可见①，如果我们将 $\dot{x}_a$ 理解为张量 σ'_{ik} 的分量，则与其"共轭"的量 X_a 将是张量 $-v_{lm}/T$ 的分量②. 而张量 η_{iklm} 的各个分量起着动理学系数 γ_{ab} 的作用. 昂萨格原理要求等式 $\gamma_{ab} = \gamma_{ba}$，亦即

$$\eta_{iklm} = \eta_{lmik}. \tag{41.3}$$

考虑到上述对称性质，张量 η_{iklm} 应当只能借助单位张量 δ_{ik} 与矢量 n 构成. 这样的独立线性组合总共有 5 个，即

$$n_i n_k n_l n_m, \quad n_i n_k \delta_{lm} + n_l n_m \delta_{ik},$$
$$n_i n_l \delta_{km} + n_k n_l \delta_{im} + n_i n_m \delta_{kl} + n_k n_m \delta_{il},$$
$$\delta_{ik} \delta_{lm}, \quad \delta_{il} \delta_{km} + \delta_{kl} \delta_{im}.$$

因此，张量 η_{iklm} 共有 5 个独立分量；我们将用这个张量所组成的应力张量③的形式表示为：

$$\sigma'_{ik} = 2\eta_1 v_{ik} + (\eta_2 - \eta_1) \delta_{ik} v_{ll} + (\eta_4 + \eta_1 - \eta_2)(\delta_{ik} n_l n_m v_{lm} + n_i n_k v_{ll}) +$$
$$+ (\eta_3 - 2\eta_1)(n_i n_l v_{kl} + n_k n_l v_{il}) + (\eta_5 + \eta_1 + \eta_2 - 2\eta_3 - 2\eta_4) n_i n_k n_l n_m v_{lm}$$
$$\tag{41.4}$$

上式中各种系数定义的合理性可由耗散函数的如下表达式看出（此时取 z 轴与 n 平行）：

$$2R = 2\eta_1 \left(v_{\alpha\beta} - \frac{1}{2} \delta_{\alpha\beta} v_{\gamma\gamma} \right)^2 + \eta_2 v_{\alpha\alpha}^2 + 2\eta_3 v_{\alpha z}^2 + 2\eta_4 v_{zz} v_{\alpha\alpha} +$$

---

① 这里我们提醒大家，熵增加率是通过 x_a 和 X_a 以公式 $2R/T = -\sum_a \dot{x}_a X_a$ 表达的.

② 在文献中通常将 $\dot{x}_a$ 和 X_a 称为相应的**热力学流**和**热力学力**.

③ 莱斯里（F. M. Leslie, 1966）与帕罗迪（O. Parodi, 1970）曾以另外的形式引入向列相液晶的耗散系数. 看来，文献上公认的向列相液晶黏性系数定义的选择尚待确立.

$$+ \eta_5 v_{zz}^2 + \frac{1}{T}\{ \varkappa_{\parallel}(\partial_z T)^2 + \varkappa_{\perp}(\partial_\alpha T)^2\} + \frac{1}{\gamma}h^2 \qquad (41.5)$$

其中下标 α, β, γ 可取 x 和 y 两值. 因为应有 $R > 0$（熵增加），故系数 η_1, η_2, η_3, $\eta_5, \varkappa_{\parallel}, \varkappa_{\perp}, \gamma$ 均为正, 此外

$$\eta_2 \eta_5 > \eta_4^2. \qquad (41.6)$$

由此可见,向列相介质总共由 9 个动理学系数表征：五个黏性系数,两个热导率,一个也具有黏度量纲的系数 γ 和一个非耗散的无量纲系数 λ.

在运动流体可看作是不可压缩流体（为此,流体运动速度应当比声速小）的重要情况下,运动方程中出现的黏性系数数目减少. 不可压缩流体的连续性方程简化为等式 $\nabla \cdot \boldsymbol{v} \equiv v_{ll} = 0$. 应力张量(41.4)中的第二项完全消失,而第三项取 $\mathrm{const} \cdot \delta_{ik}(n_l n_m v_{lm})$ 的形式. 我们发现,最后一项对耗散函数无贡献. 这是因为 $v_{ik}\delta_{ik} = v_{kk} = 0$, 该项在构成乘积 $\sigma'_{ik} v_{ik}$ 时结果为零. 除此而外,这一项与总应力张量 σ_{ik} 中的 $-p\delta_{ik}$ 项具有同样的张量结构. 同时在不可压缩流体动力学中,压强（和速度一样）纯粹是由运动方程解的结果所决定的坐标和时间的未知函数之一, 在此它不是与状态方程中其它类似量有关的热力学量. 因此应力张量中的 $-p\delta_{ik}$ 项和 $\mathrm{const} \cdot \delta_{ik}(n_l n_m v_{lm})$ 项可以互相结合,简单地归结为重新定义的压强. 这样一来, 不可压缩向列相液晶的黏性应力张量简化为表达式

$$\sigma'_{ik} = 2\eta_1 v_{ik} + (\eta_3 - 2\eta_1)(n_i n_l v_{kl} + n_k n_l v_{il}) + (\bar{\eta}_2 + \eta_1 - 2\eta_3) n_i n_k n_l n_m v_{lm} \qquad (41.7)$$

（其中 $\bar{\eta}_2 = \eta_2 + \eta_5 - 2\eta_4$），表达式中总共只有三个独立的黏性系数.

相应的耗散函数（z 轴沿 $\boldsymbol{n}$ 方向）是：

$$2R = 2\eta_1 \left(v_{\alpha\beta} - \frac{1}{2}\delta_{\alpha\beta}v_{\gamma\gamma}\right)^2 + \bar{\eta}_2 v_{zz}^2 + 2\eta_3 v_{\alpha z}^2 +$$
$$+ \frac{1}{T}\{ \varkappa_{\parallel}(\partial_z T)^2 + \varkappa_{\perp}(\partial_\alpha T)^2\} + \frac{1}{\gamma}h^2 \qquad (41.8)$$

（注意 $v_{\alpha\alpha} + v_{zz} = 0$），不等式(41.6)保证了上式中的 $\bar{\eta}_2$ 恒为正.

习 题

具有弗朗克指标 $n = 1$ 的直线向错垂直于其轴向运动,试确定作用于该向错上的力（H. Imura, K. Okano, 1973）.

解：考虑向错在坐标系内静止且与 z 轴重合,而液体以恒定速度 v 沿 x 轴运动. 在此坐标系内,向错中的分布 $\boldsymbol{n}(\boldsymbol{r})$ 是稳恒的,且由以下公式（图 27(a) 所示具有径向指向矢流线的向错）给出：

$$n_x = \cos\varphi, \quad n_y = \sin\varphi,$$

其中极角 $\varphi = \arctan(y/x)$. 由于是均匀流动,在方程(40.3)中,我们有 $\partial \mathbf{n}/\partial t = 0$ 及 $v_{ik} = 0$,于是该方程成为:

$$v \frac{\partial \mathbf{n}}{\partial x} = \frac{\mathbf{h}}{\gamma}.$$

由此,我们求得因运动而产生的弱分子场

$$\mathbf{h} = \gamma v \mathbf{v} \times \mathbf{n} \frac{\partial \varphi}{\partial x},$$

其中 $\mathbf{v}$ 为 z 轴方向的单位矢量(不存在运动时,分子场 $\mathbf{h} = 0$,因为静止向错是介质的平衡态). 耗散函数为

$$2R = \frac{\mathbf{h}^2}{\gamma} = \gamma v^2 \left(\frac{\partial \varphi}{\partial x}\right)^2 = \gamma v^2 \frac{y^2}{(x^2 + y^2)^2}.$$

单位长度的向错在单位时间内耗散的能量由以下积分给出:

$$\int 2R \mathrm{d}x \mathrm{d}y = \pi \gamma v^2 L, \quad L = \ln \frac{R}{a},$$

其中 R 为运动区域的横向尺度, a 为分子尺度. 这一耗散应由作用于向错的力 f 所作的功 vf 来补偿. 因此我们求出

$$f = \pi \gamma v L.$$

对于具有圆形流线的向错(见图 27(b)),也可得到同样结果.

§42 小振动在向列相液晶中的传播

向列相液晶的完备精确流体力学方程组非常复杂. 在小振动情况下,方程组自然可以简化,因为此时允许把方程线性化.

在着手研究小振动在向列相介质中传播之前,我们先回忆一下在普通液体中存在的那些振动模式. 首先是具有色散关系 $\omega = ck$ 及传播速度为

$$c = \sqrt{\left(\frac{\partial p}{\partial \rho}\right)_s} \tag{42.1}$$

的声波,所谓色散关系指的是频率 ω 和波矢 $\mathbf{k}$ 之间的关系. 声波中振动是纵向振动(参见本教程第六卷§64).

其次,存在色散关系为

$$i\omega = \frac{\eta}{\rho} k^2 \tag{42.2}$$

的强阻尼黏性波,其中 η 为黏度(参见本教程第六卷§24). 这些波是波速 $\mathbf{v}$ 垂直于波矢 $\mathbf{k}$ 的横波,因此常被称作**剪切波**. 剪切波可以有两个独立的偏振方向,色散关系与偏振方向无关.

最后,在静止液体中有温度(以及熵)的小振动传播,这种波具有强阻尼黏

性波那样的色散关系
$$\mathrm{i}\omega = \chi k^2, \tag{42.3}$$
其中 χ 为介质的温导率(参见本教程第六卷§52).

向列相介质中也存在相似模式的波. 然而, 向列相液晶中由于附加动力学变量——指向矢 $\boldsymbol{n}$ 的存在, 还会导致这种介质所特有的新类型波的出现(P. G. de Gennes, 1968).

我们从向列相中的普通声波开始. 容易看出, 在波长足够长(亦即 k 值足够小)的极限下, 与新动力学变量的存在有关的声速修正很小, 因此声速仍由原来的简单公式(42.1)给出. 将振动介质中的指向矢表示为 $\boldsymbol{n} = \boldsymbol{n}_0 + \delta\boldsymbol{n}$ 的形式, 其中 $\boldsymbol{n}_0$ 为在介质各处均取常量的未扰动值, 而 $\delta\boldsymbol{n}$ 则为变化的小量. 由于 $\boldsymbol{n}^2 = \boldsymbol{n}_0^2 = 1$, 故 $\boldsymbol{n}_0 \cdot \delta\boldsymbol{n} = 0$. 将方程(40.3)的左端与其右端的前两项相比较, 得出 $\omega \delta n \sim kv$, 亦即 $\delta n \sim v/c$. 在这一近似处理中, 根据式(36.9), 分子场 $h \propto k^2$, 故式(40.3)右端第三项 $N = h/\gamma$ 是更高阶的小量. 所以, 液体能量密度中的 E_d 项为
$$E_\mathrm{d} \sim K(k\delta n)^2 \sim K\left(\frac{vk}{c}\right)^2,$$
亦即相对于 $\sim \rho v^2$ 的主导项, 这一项的量级为 k^2. 所以, 在这一近似下这部分能量可忽略不计, 从而前面关于声速的论断得以证明.

在以下相对于小量 k 的近似中, 出现与耗散过程有关的声吸收. 与普通流体相比, 向列相液晶的特殊之处在于声吸收的各向异性, 在这种介质中, 声吸收依赖于声波的传播方向(参见习题1).

向列相中其它的振动类型都具有类似于式(42.2)和(42.3)所表示的色散关系: $\omega \propto k^2$. 这表明, 在 k 足够小的条件下, 对于所有情况都有 $\omega \ll ck$. 同样, 由此可以推断出, 在这些振动中液体可看作是不可压缩的[①]. 此时连续性方程化为 $\nabla \cdot \boldsymbol{v} = 0$, 或对平面波而言, $\boldsymbol{k} \cdot \boldsymbol{v} = 0$. 因此, 相对于振动传播速度, 我们所研究的振动为横向振动——剪切振动.

为了研究所有这些振动, 令 $\boldsymbol{n} = \boldsymbol{n}_0 + \delta\boldsymbol{n}$, $p = p_0 + \delta p$, 我们将运动方程线性化. 在一级近似下, 分子场与 $\boldsymbol{n}$ 的导数成线性关系, 从而与 $\delta\boldsymbol{n}$ 成线性关系:
$$\boldsymbol{H} = K_1 \nabla\nabla \cdot \delta\boldsymbol{n} - K_2 \nabla \times [\boldsymbol{n}_0(\boldsymbol{n}_0 \cdot \nabla \times \delta\boldsymbol{n})] +$$
$$+ K_3 \nabla \times [\boldsymbol{n}_0 \times (\boldsymbol{n}_0 \times \nabla \times \delta\boldsymbol{n})]. \tag{42.4}$$
应力张量的"无功"部分(40.16)中的第一项是 $\delta\boldsymbol{n}$ 的二次方项, 因此应略去. 还应当略去在方程(40.7)中构造张量梯度 $\partial_k \sigma_{ik}^{(r)}$ 时出现的二次方项和该方程左端的 $(\boldsymbol{v} \cdot \nabla)\boldsymbol{v}$ 项. 结果运动方程简化为:

[①] 我们注意到(参见本教程第六卷§10), 在 $v \ll c$ 和 $\tau \gg l/c$ 的条件下, 可将作非定常流动的液体看作不可压缩流体, 此处 τ 和 l 分别是液体速度发生显著变化的时间和空间间隔. 对于振动运动, 第一个条件在振动振幅足够小的情况下总能满足, 而第二个条件表达的恰好是 $\omega/k \ll c$ 的要求.

$$\rho \frac{\partial v_i}{\partial t} = -\partial_i \delta p + \frac{1}{2}(n_{0i}\partial_k h_k - n_{0k}\partial_k h_i) - \frac{\lambda}{2}(n_{0i}\partial_k h_k + n_{0k}\partial_k h_i) + \partial_k \sigma'_{ik}.$$
(42.5)

在方程(40.3)中,只需在方程右端的前两项中将 n 换作 n_0,并略去方程左端的 $(v \cdot \nabla)\delta n$ 项,即可得到

$$\frac{\partial \delta n_i}{\partial t} = \Omega_{ki} n_{0k} + \lambda(\delta_{il} - n_{0i} n_{0l}) n_{0k} v_{kl} + \frac{1}{\gamma} h_i.$$
(42.6)

鉴于等式 $n_0 \cdot \delta n = 0$ 和 $v \cdot k = 0$ 成立,矢量 δn 和 v 各自仅有两个独立分量. 因此方程(42.5)和(42.6)组成含 4 个线性方程的方程组. 这些方程确定 4 个振动模式,其中每一个模式内,无论速度还是指向矢都经受耦合振动. 然而,由于无量纲关系

$$\mu = \frac{K\rho}{\eta^2}$$
(42.7)

(此处 K 与 η 分别为向列相液晶的弹性模量与其黏性系数 $\eta_1, \bar{\eta}_2, \eta_3, \gamma$ 的数量级)通常是 $\sim 10^{-2}$—10^{-4} 的小量,情况可以大大简化. 以下将会证明,在此情况下,可以区分出两类本质上不同的振动类型,对其中的每一种类型,方程(42.5)和(42.6)都允许一定的简化.

其中之一的频率与波矢关系为:

$$i\omega \sim \frac{\eta k^2}{\rho},$$
(42.8)

与式(42.2)相似(根据下面将要给出的理由,这类振动称作**快剪切振动**). 此时在方程(42.5)和(42.6)中所有含 h 的项均可略去. 实际上,由式(42.8)可知

$$\delta n \sim \frac{kv}{\omega} \sim \frac{\rho v}{\eta k},$$

因此分子场

$$h \sim Kk^2 \delta n \sim \frac{\rho v k K}{\eta}.$$

利用这一估计容易确认,与方程中含 v_{ik} 的项相比,含 h 的项是比值 $\sim \mu$ 的小量. 于是对于快剪切,方程约化为

$$\rho \frac{\partial v_i}{\partial t} = \partial_k \sigma'_{ik} - \partial_i \delta p,$$
(42.9)

$$\frac{\partial \delta n_i}{\partial t} = \Omega_{ki} n_{0k} + \lambda(\delta_{il} - n_{0i} n_{0l}) n_{0k} v_{kl}.$$
(42.10)

因第一个方程不含 δn,故速度的振动和色散关系由它确定,然后由第二个方程直接给出伴随的指向矢振动(见习题2).

现在我们转到 $\mu \ll 1$ 条件下的第二类剪切振动,亦即向列相液晶特有的指

向矢慢振动的讨论. 在这些振动中, 指向矢变化部分的数量级是通过方程 (42.6) 左端的导数 $\partial \delta n / \partial t$ 与方程右端的 h/γ 项之间的大小相当来确定的: $\omega \delta n \sim h/\gamma$, 且由于 $h \sim K k^2 \delta n$, 这些振动的色散关系定性地由关系式

$$i\omega \sim \frac{Kk^2}{\gamma} \tag{42.11}$$

给出. 显然, 方程 (42.5) 左端的导数 $\rho \partial v / \partial t \sim \rho v \omega$ 远小于方程右端的项 $\partial_k \sigma'_{ik} \sim \eta v k^2$ 项要小, 因此可以略去.

方程

$$-\partial_i \delta p + \frac{1}{2}(n_{0i} \partial_k h_k - n_{0k} \partial_k h_i) - \frac{\lambda}{2}(n_{0i} \partial_k h_k + n_{0k} \partial_k h_i) + \partial_k \sigma'_{ik} = 0 \tag{42.12}$$

确定速度振动和指向矢振动之间的联系, 之后由方程 (42.6) 得出色散关系 (见习题 3).

注意式 (42.11) 和式 (42.8) 给出的两个频率之比 $\omega_s / \omega_f \sim \mu$. 因此对于同样的 k 值, 频率 ω_s 比频率 ω_f 小, 故而相应的振动被称作慢振动和快振动.

最后我们指出, 静止向列相液晶中的温度振动与通常液体中相似的振动稍有区别, 区别仅为前者在与式 (42.3) 相似的色散关系中出现了各向异性 (见习题 4).

习 题

1. 试确定向列相液晶中的声吸收系数.

解: 声吸收系数[①] 由比值

$$\Gamma = \frac{\overline{R}}{c\rho \overline{v^2}}$$

算出 (参见 §34), 同时耗散函数由公式 (41.5) 给出. 在此情况下, 式 (41.5) 中的 h^2/γ 项可忽略不计. 实际上如正文所述, 分子场 $h \propto k^2$, 因此 $h^2/\gamma \propto k^4$, 而 R 中其余各项均正比于波矢量的较低阶——k^2 阶. 简单的计算导出以下结果[②]:

$$\Gamma = \frac{\omega^2}{2\rho c^3} \{(\eta_1 + \eta_2) + 2(\eta_3 + \eta_4 - \eta_1 - \eta_2)\cos^2\theta +$$

$$+ (\eta_1 + \eta_2 + \eta_5 - 2\eta_3 - 2\eta_4)\cos^4\theta + [\varkappa_\perp + (\varkappa_\parallel - \varkappa_\perp)\cos^2\theta]\left(\frac{1}{c_v} - \frac{1}{c_p}\right)\},$$

其中 θ 是波矢 $\boldsymbol{k}$ (也是速度 $\boldsymbol{v}$) 与指向矢 $\boldsymbol{n}$ 之间的夹角. 吸收系数中热传导部分

---

① 这里我们把这个量记为 Γ, 以避免与耗散系数 γ 混淆.
② 计算平方项时, 所有的振动项当然都应写为实数形式, 这些项与 t 和 $\boldsymbol{r}$ 的关系由 $\cos(\boldsymbol{k} \cdot \boldsymbol{r} - \omega t)$ 给出.

的计算与对通常流体所作的计算完全相似——参见本教程第六卷 §79（式中 c_v, c_p 为质量热容）.

2. 试求出快剪切振动的色散关系.

解：对于平面波（$\boldsymbol{v} \propto \exp(\mathrm{i}\boldsymbol{k}\cdot\boldsymbol{r}-\mathrm{i}\omega t)$），方程（42.9）的形式为

$$-\mathrm{i}\rho\omega v_i = -\mathrm{i}k_i\delta p + \mathrm{i}k_k\sigma'_{ik}.$$

不可压缩向列相液晶的黏性应力张量由方程（41.7）给出. 考虑到 $\boldsymbol{v}$ 为横向振动，$\boldsymbol{v}\cdot\boldsymbol{k}=0$，通过简单计算，将方程化为以下形式：[①]

$$\mathrm{i}\rho\omega\boldsymbol{v} = \mathrm{i}\boldsymbol{k}\delta p + a_1 k^2 \boldsymbol{v} + a_2 k^2 \boldsymbol{n}(\boldsymbol{n}\cdot\boldsymbol{v}) + a_3 k\boldsymbol{k}(\boldsymbol{n}\cdot\boldsymbol{v}), \tag{1}$$

其中

$$a_1 = \eta_1 + \frac{1}{2}(\eta_3 - 2\eta_1)\cos^2\theta,$$

$$a_2 = \frac{1}{2}(\eta_3 - 2\eta_1) + (\bar{\eta}_2 + \eta_1 - 2\eta_3)\cos^2\theta,$$

$$a_3 = \frac{1}{2}(\eta_3 - 2\eta_1)\cos\theta,$$

式中的 θ 为 $\boldsymbol{k}$ 与 $\boldsymbol{n}$ 之间的夹角. 以矢量 $\boldsymbol{k}$ 点乘方程（1）后，我们得到用速度振动表示压强振动的公式：

$$\delta p = \mathrm{i}k(\boldsymbol{n}\cdot\boldsymbol{v})(a_3 + a_2\cos\theta). \tag{2}$$

我们所要求的色散关系由方程（1）的横向分量确定. 将此方程点乘矢量 $\boldsymbol{n}\times\boldsymbol{k}$，我们得到与矢量 $\boldsymbol{k}$ 和 $\boldsymbol{n}$ 组成的平面垂直的 $\boldsymbol{v}$ 振动所对应的色散关系：

$$\mathrm{i}\omega_\perp = \frac{k^2}{\rho}a_1(\theta) = \frac{k^2}{\rho}\left(\eta_1\sin^2\theta + \frac{1}{2}\eta_3\cos^2\theta\right).$$

偏振处于上述平面的振动的色散关系，可由方程（1）点乘 $\boldsymbol{n}$ 并借助方程（2）消去 δp 得到：

$$\mathrm{i}\omega_\parallel = \frac{k^2}{\rho}\{a_1(\theta) + a_2(\theta)\sin^2\theta\} = \frac{k^2}{\rho}\left\{\frac{1}{4}(\eta_1 + \bar{\eta}_2)\sin^2 2\theta + \frac{1}{2}\eta_3\cos^2 2\theta\right\}.$$

这两个色散关系显然与定性估计式（42.8）相符.

3. 试求出慢剪切振动的色散关系.

解：对于平面波（$\delta\boldsymbol{n} \propto \exp(\mathrm{i}\boldsymbol{k}\cdot\boldsymbol{r}-\mathrm{i}\omega t)$），线性化分子场为

$$\boldsymbol{h} = \boldsymbol{H} - \boldsymbol{n}(\boldsymbol{n}\cdot\boldsymbol{H}) = -K_1\{\boldsymbol{k} - \boldsymbol{n}(\boldsymbol{n}\cdot\boldsymbol{k})\}(\boldsymbol{k}\cdot\delta\boldsymbol{n}) -$$
$$- K_2\boldsymbol{\nu}(\boldsymbol{\nu}\cdot\delta\boldsymbol{n}) - K_3(\boldsymbol{k}\cdot\boldsymbol{n})^2\delta\boldsymbol{n},$$

其中

$$\boldsymbol{\nu} = \boldsymbol{n}\times\boldsymbol{k} \quad (\boldsymbol{\nu}^2 = k^2\sin^2\theta).$$

于是，方程（42.12）（其中 σ'_{ik} 采用公式（41.7））有以下形式：

[①] 为简化公式书写，在以下的习题中我们都略去了 $\boldsymbol{n}_0$ 的下标 0.

$$-\mathrm{i}k\delta p - a_1 k^2 \boldsymbol{v} - a_2 k^2 \boldsymbol{n}(\boldsymbol{n}\cdot\boldsymbol{v}) - a_3 \boldsymbol{k}\boldsymbol{k}(\boldsymbol{n}\cdot\boldsymbol{v}) +$$
$$+ \mathrm{i}\frac{1-\lambda}{2}\boldsymbol{n}(\boldsymbol{k}\cdot\boldsymbol{h}) - \mathrm{i}\frac{1+\lambda}{2}\boldsymbol{h}(\boldsymbol{n}\cdot\boldsymbol{k}) = 0 \qquad (1)$$

(方程中的函数 $a_1(\theta)$ 和 $a_2(\theta)$ 由习题 2 确定). 将此方程点乘 $\boldsymbol{\nu}$, 我们求得偏振垂直于 $\boldsymbol{k},\boldsymbol{n}$ 平面的 $\boldsymbol{v}$ 与 $\delta\boldsymbol{n}$ 振动之间的联系:

$$a_1(\boldsymbol{v}\cdot\boldsymbol{\nu}) = -\mathrm{i}\frac{1+\lambda}{2k^2}(\boldsymbol{n}\cdot\boldsymbol{k})(\boldsymbol{h}\cdot\boldsymbol{\nu}) = \mathrm{i}\frac{1+\lambda}{2}(\boldsymbol{k}\cdot\boldsymbol{n})K_\perp(\boldsymbol{\nu}\cdot\delta\boldsymbol{n}), \quad (2)$$

其中

$$K_\perp = K_2\sin^2\theta + K_3\cos^2\theta.$$

我们进而写出方程(42.6)点乘 $\boldsymbol{\nu}$ 之后的形式:

$$-\mathrm{i}\omega(\boldsymbol{\nu}\cdot\delta\boldsymbol{n}) = \frac{\mathrm{i}}{2}(1+\lambda)(\boldsymbol{n}\cdot\boldsymbol{k})(\boldsymbol{\nu}\cdot\boldsymbol{v}) - \frac{k^2 K_\perp}{\gamma}(\boldsymbol{\nu}\cdot\delta\boldsymbol{n}).$$

借助方程(2)从上式中消去 $(\boldsymbol{\nu}\cdot\boldsymbol{v})$, 我们得到偏振垂直于 $\boldsymbol{k},\boldsymbol{n}$ 平面的振动的色散关系:

$$\omega_\perp = k^2 K_\perp\left\{\frac{1}{\gamma} + \frac{(1+\lambda)^2\cos^2\theta}{4a_1}\right\}.$$

为了求得偏振在 $\boldsymbol{k},\boldsymbol{n}$ 平面内的振动的色散关系, 我们先在 $\boldsymbol{k},\boldsymbol{n}$ 平面内求出方程(1)垂直于矢量 $\boldsymbol{k}$ 方向的分量, 再点乘以 $\boldsymbol{n}$, 由此给出:

$$(\boldsymbol{n}\cdot\boldsymbol{v})(a_1 + a_2\sin^2\theta) = -\frac{\mathrm{i}}{2}(1+\lambda\cos 2\theta)K_\parallel(\boldsymbol{k}\cdot\delta\boldsymbol{n}),$$

其中

$$K_\parallel = K_1\sin^2\theta + K_3\cos^2\theta.$$

对方程(42.6)作同样运算, 我们得到

$$\mathrm{i}\omega(\boldsymbol{k}\cdot\delta\boldsymbol{n}) = \frac{\mathrm{i}}{2}k^2(1+\lambda\cos 2\theta)(\boldsymbol{n}\cdot\boldsymbol{v}) + \frac{k^2}{\gamma}K_\parallel(\boldsymbol{k}\cdot\delta\boldsymbol{n}).$$

从所得的两个方程中消去 $(\boldsymbol{n}\cdot\boldsymbol{v})$, 我们求得色散关系

$$\mathrm{i}\omega_\parallel = k^2 K_\parallel\left\{\frac{1}{\gamma} + \frac{(1+\lambda\cos 2\theta)^2}{4(a_1 + a_2\sin^2\theta)}\right\}.$$

这里求得的两个色散关系与定性估计式(42.11)也是一致的[①].

4. 试求出静止向列相液晶中温度振动的色散关系.

解: 对不可压缩向列相液晶的方程(40.8)作与对普通液体情况完全一样的变换(参见本教程第六卷§50), 导出方程

$$\frac{\partial T}{\partial t} = \chi_{ik}\partial_i\partial_k T, \quad \chi_{ik} = \frac{\varkappa_{ik}}{\rho c_p} = \chi_\parallel n_i n_k + \chi_\perp(\delta_{ik} - n_i n_k),$$

---

① 在 k 为实数情况下, 实数 $\mathrm{i}\omega$ 应当为正, 亦即振动应当随时间衰减(而非任意增长). 在习题 2 和习题 3 中求得的所有色散关系均具有这一性质.

χ_{ik} 由式(40.10)给出. 对于 $\delta T \propto \exp(\mathrm{i}\boldsymbol{k} \cdot \boldsymbol{r} - \mathrm{i}\omega t)$ 的温度振动,我们求得色散关系

$$\mathrm{i}\omega = k^2(\chi_{\parallel}\cos^2\theta + \chi_{\perp}\sin^2\theta).$$

§43 胆甾相液晶力学

胆甾相液晶(胆甾相) 与向列相液晶的差别在于,在胆甾相中缺少反演中心这一个对称元素. 而指向矢的方向 $\boldsymbol{n}$ 与 $-\boldsymbol{n}$ 仍像以前一样是等价的(参见本教程第五卷§140).

缺少反演中心的后果,表现在形变自由能中出现了指向矢导数的线性项——赝标量 $\boldsymbol{n} \cdot \nabla \times \boldsymbol{n}$. 形变自由能的一般形式可表示为

$$F_{\mathrm{d}} = \frac{K_1}{2}(\nabla \cdot \boldsymbol{n})^2 + \frac{K_2}{2}(\boldsymbol{n} \cdot \nabla \times \boldsymbol{n} + q)^2 + \frac{K_3}{2}(\boldsymbol{n} \times \nabla \times \boldsymbol{n})^2, \quad (43.1)$$

其中参量 q 的量纲为长度的倒数. 胆甾相与向列相的这一差别导致介质平衡(无外力作用)状态特征的根本性变化. 此时平衡态不再像向列相液晶那样是空间均匀(即 $\boldsymbol{n} = \mathrm{const}$)的.

与胆甾相液晶平衡状态对应的指向矢 $\boldsymbol{n}$ 方向的分布满足以下方程:

$$\nabla \cdot \boldsymbol{n} = 0, \quad \boldsymbol{n} \cdot \nabla \times \boldsymbol{n} = -q, \quad \boldsymbol{n} \times \nabla \times \boldsymbol{n} = 0 \quad (43.2)$$

(这种分布对应于自由能(43.1)取等于零的极小值). 这些方程的解为

$$n_x = \cos qz, \quad n_y = \sin qz, \quad n_z = 0. \quad (43.3)$$

这种称为**螺型结构**的解结构可以想象为将 $\boldsymbol{n} = \mathrm{const}$ 初始指向 xy 平面某一确定方向的向列相介质绕 z 轴旋拧的结果. 胆甾相液晶的指向结构沿空间某一方向(z 轴)显示出周期性. 沿 z 轴方向每经过一个长度间隔 $2\pi/q$,矢量 $\boldsymbol{n}$ 回复到原值,但因为 $\boldsymbol{n}$ 与 $-\boldsymbol{n}$ 方向的等价性,真正的结构重复周期要小一半,为 π/q. 当然,仅当结构的螺距远大于分子尺度时,由式(43.3)表述的胆甾相液晶螺型结构的宏观描述才有意义. 在实际的胆甾相液晶中,这个条件是满足的($\pi/q \sim 10^{-5}\mathrm{cm}$).

推导向列相液晶的平衡方程和运动方程时并没有使用其中存在反演中心这个条件. 因此这些方程的一般形式对于胆甾相液晶也是正确的. 同时也存在一系列差别. 首先,自由能 F_{d} 发生了变化,而按照定义(36.5),分子场 $\boldsymbol{h}$ 要通过它来计算. 其次,自由能中存在导数的线性项导致弹性模量 K_2 的等温值不同于绝热值(参见§36 的最后一段). 在§40, §41 中表述的流体力学方程组中,基本热力学变量是密度和熵. 与此相应,应当使用绝热弹性模量(这些模量是密度 ρ 与熵 S 的函数).

最后,与向列相液晶的流体动力学方程相比,胆甾相液晶流体动力学方程的实质性改变在于方程的耗散部分中出现了多个附加项. 这些附加项分别出现

在方程(40.3)右端的应力张量 σ'_{ik}，热流 q 和量 N 中(F. M. Leslie, 1968)，它们分别为：

$$\left.\begin{aligned}\sigma'_{ik} &= (\sigma'_{ik})_{\text{nem}} + \mu(n_i e_{klm} + n_k e_{ilm}) n_m \partial_l T, \\ N_i &= (N_i)_{\text{nem}} + \nu e_{ikl} n_k \partial_l T, \\ q_l &= (q_l)_{\text{nem}} + \nu_1 e_{lki} n_k h_i + \mu_1 (e_{lmi} n_k + e_{lmk} n_i) n_m v_{ik},\end{aligned}\right\} \quad (43.4)$$

其中带有下标"nem"的项为向列相液晶流体动力学中的相应表达式。上述关系式中的附加项并非真正的张量和矢量，而是赝张量和赝矢量。这些项破坏空间反演对称，这正是向列相液晶没有这些项的原因。现在我们转而注意这样一个问题，即由于要求方程在 n 变号时保持不变，故不可能构造相似的真张量和真矢量项。比如，在 σ'_{ik} 中形如 $\text{const} \cdot (n_i \partial_k T + n_k \partial_i T)$ 的项或在 q 中形如 $\text{const} \cdot \boldsymbol{h}$ 的项都会在 n 变号时随之反号，而应力张量和热流相对这种变换应当是不变的。与此相似，在量 N 中不可能有形如 $\text{const} \cdot \nabla T$ 的项，因为这一项在 n 变号时不变，但按照定义量 N 应当变号(N 与 $d\boldsymbol{n}/dt$ 同号)。

表达式(43.4)中的系数之间以源于昂萨格原理的关系相联系。为了应用这个原理(参见§41)，我们取 σ'_{ik}, q_i, N_i 等量为热力学流 $\dot{x}_a$。由耗散函数(40.21)的形式(更准确地说，由确定熵增加的函数 $2R/T$ 的形式)可见，相应的热力学力 X_a 应为 $-v_{ik}/T, \partial_i T/T^2, -h_i/T$ 等量。同时也应考虑到，量 σ'_{ik} 相对于时间反转是偶函数，而量 q_i, N_i 则为奇函数(这一点可由这些量在方程(40.3), (40.7) 和(40.8)中所处的位置看出)。如果量 x_a 和 x_b 在此一变换下具有同样的奇偶性，则相应的动理学系数以等式 $\gamma_{ab} = \gamma_{ba}$ 相联系；如果 x_a 和 x_b 的奇偶性不同，则 $\gamma_{ab} = -\gamma_{ba}$。现在我们令关系式(43.4)中的交叉系数相等[1]，得到等式

$$\nu_1 = \nu T, \quad \mu_1 = \mu T.$$

这样就可以把方程(43.4)改写成以下形式：

$$\begin{aligned}\sigma'_{ik} &= (\sigma'_{ik})_{\text{nem}} - \mu[n_i (\boldsymbol{n} \times \nabla T)_k + n_k (\boldsymbol{n} \times \nabla T)_i], \\ \boldsymbol{N} &= \boldsymbol{N}_{\text{nem}} + \nu(\boldsymbol{n} \times \nabla T), \\ \boldsymbol{q} &= \boldsymbol{q}_{\text{nem}} + \nu T(\boldsymbol{n} \times \boldsymbol{h}) + 2\mu T \boldsymbol{n} \times (v\boldsymbol{n}),\end{aligned} \quad (43.5)$$

其中 $(v\boldsymbol{n})$ 表示分量为 $v_{ik} n_k$ 的矢量。

这样一来，胆甾相力学中的应力张量 σ'_{ik} 与矢量 $\boldsymbol{N}$ 中出现了依赖于温度梯度的项[2]。这种依赖形式(矢量积 $\boldsymbol{n} \times \nabla T$)意味着温度梯度导致作用于指向矢与液体质量的扭矩。同时，指向矢相对液体旋转所伴随的分子场和液体的速度梯

---

[1] 在令交叉系数相等时，必须小心地核查因子 e_{ikl} 中的下标顺序！

[2] 我们提醒大家注意(参见本教程第六卷§49)，根据熵增加原理的要求，在运动方程的耗散项中不允许存在含有第二个独立热力学量(例如压强)梯度的项。这些项的存在将会导致耗散函数中出现含有乘积 $\nabla p \cdot \nabla T, \boldsymbol{h} \cdot \nabla p$ 的项，在缺少含有 $(\nabla p)^2$ 的项的情况下，这些项不可能保证 R 为正。

度引起液体中出现热流.

在胆甾相液晶独特的流体动力学现象中,有一个现象可以直观地描述为液体从静止停留的螺型结构中逾渗(W. Helfrich, 1972). 下面为对此现象的分析.

设想胆甾相介质的螺型结构(比如说,由于与约束介质的器壁有一定黏附作用)固定在空间中. 我们将证明,在这些条件下,有可能存在空间均匀、沿结构轴(z轴)的匀速流动.

由于结构(43.3)对应于介质的平衡态,这种结构将使分子场趋于零,$h=0$. 逾渗流的存在会在某种程度上使结构发生畸变,从而与流速 v 一起导致小分子场. 我们用指向矢运动方程(40.3)来确定这个场. 由于在按速度的零级近似下场 $n(r)$ 是静止的,$\partial n/\partial t = 0$,且又假定了流动为均匀流($v_z = v = \mathrm{const}$),故而 $v_{ik} = \Omega_{ik} = 0$. 结果方程(40.3)化为等式

$$(v\cdot\nabla)n = v\frac{dn}{dz} = \frac{h}{\gamma}.$$

利用式(43.3)中的函数 $n(z)$ 求得:

$$h = \gamma v q \times n, \tag{43.6}$$

其中矢量 q (绝对值为 q)的方向沿 z 轴. 在我们所考虑的条件下,耗散函数(40.21)化为 $2R = h^2/\gamma$. 将式(43.6)中的 h 代入,得到:

$$2R = \gamma v^2 q^2. \tag{43.7}$$

此一表达式给出了单位时间内单位体积液体所耗散的能量. 在定常运动情况下,此能量由保持沿 z 轴压强梯度 $p' \equiv dp/dz$ 的外力所作的功抵消. 作用于介质的体积力密度恰好为压强梯度($-\nabla p$). 在单位时间内,这个力在单位体积中所作的功为 $-p'v$,使之与 $2R$ 相等,我们即求得逾渗速度:

$$v = \frac{|p'|}{\gamma q^2}. \tag{43.8}$$

指向矢 n 以角速度 vq 相对于流经螺型结构的液体粒子转动. 这一转动伴随着由系数 γ 表征的"摩擦力",故它也参与确定流动速度.

在真实条件下,速度不可能在流动的全部宽度上保持为常量,它应当在制约流动的管壁处趋于零. 速度的突降在某一厚度为 δ 的薄层上发生. 但这里表征所研究运动的唯一长度参量为 $1/q$. 如果将胆甾相液晶的所有黏性系数都取为同一数量级,则除 ~1 外,没有其它无量纲参量. 显然,在这些条件下只有 $\delta \sim 1/q$ 一种可能. 如此一来,当在半径大于 $1/q$ 的管道中流动时,除去非常薄(数量级约为螺型结构的螺距大小)的一层之外,公式(43.8)处处都适用.

§44 层状相液晶的弹性

归类于**层状相液晶**(或**层状相**)这个科学术语名下的物质是各种具有层状

结构的各向异性液体,其中至少有某些这样的液体,它们的微观分子密度函数 ρ 仅依赖于一个坐标(比如 z 坐标,$\rho = \rho(z)$),而且是坐标的周期函数. 我们记得(参见本教程第五卷§128),密度函数是由物体中粒子的不同位置的概率分布确定的,在此情况下,可以把分子位置当作整体来讨论,亦即将 ρdV 看作单个分子的惯性中心处于体积元 dV 中的概率. 具有密度函数 $\rho(z)$ 的物体可看作由可相互自由移动并等距分布的平面层构成. 在每一层中,分子惯性中心的分布是无规的,在这个意义上,每一层都可当作一个"二维液体",不过这些液体层既可以是各向同性的,也可以是各向异性的. 这种区别可能与分子在层中的排列取向特性有关. 在最简单的情况下,取向分布的各向异性只由 n 的方向(比如,分子的长轴的方向)一个量确定. 如果这个方向垂直于层面,液体层各向同性,于是 z 轴成为物体的对称轴,这显然就是所谓**层状 A 相液晶**的结构. 如果 n 的方向与 xy 面倾斜,则在平面上出现特殊方向,轴对称性消失,这显然便是被称作**层状 C 相液晶**的结构.

以下我们只研究较简单的层状 A 相液晶(并简称其为层状相). 在所有已知的层状 A 相液晶中,除了绕 z 轴的轴向对称性外,还存在 z 轴两个方向的等价性. 如果层状相还具有反演中心,则其宏观对称性(亦即对称点群)就与向列相液晶是一样的了. 当然,二者的微观对称性以及与此相关的力学性质是完全不同的.

根据以上所述,我们在此应作一重要说明. 物体体积内存在密度变化结构的前提,是热涨落在物体内各小部分引起的位移要足够小. 然而对于具有 $\rho = \rho(z)$ 的结构,这些涨落位移在物体尺度增大的情况下会无限增长(参见本教程第五卷§137). 严格地讲,这意味着在无限尺度的介质中不可能存在一维周期性结构. 然而,由于在物体尺度增大时热涨落增长得缓慢(以对数方式增长),上述论断的意义其实完全是有条件的. 采用已知层状相液晶材料常量的典型值所作的估计表明,只有在实际上无法实现的大尺度上,才可能发生一维周期结构的破坏,因此,在任何按实际要求提出的问题中,$\rho(z)$ 结构都是可以实现的.

同时我们要强调,当介质中的 $\rho(z)$ 结构因被热涨落破坏而使 ρ 成为常量时,介质也绝不会变成普通液体. 二者的原则性差别在于,它们在空间不同点上密度涨落的关联函数 $\langle \delta\rho(r_1)\delta\rho(r_2)\rangle$ 不同. 在普通液体中,这个函数是各向同性的,并且在 $r = |r_2 - r_1| \to \infty$ 时按指数律减小(参见本教程第五卷§116). 在具有 $\rho = \rho(z)$ 结构的系统内,当物体尺度增大时,关联函数仍是各向异性的,并且在 $r \to \infty$ 时仅按幂函数方式缓慢减小,而且温度越低,减小得越慢(参见本教程第五卷§138).

要建立层状相介质的力学,必须从求得其形变自由能密度的表达式开始. 鉴于介质在 xy 平面上是微观均匀的,故介质点在此平面上的位移与能量改变的相关程度,取决于这些位移引起的物质密度改变的大小.考虑到这点,除选取沿 z 轴为常量的温度外,我们还选择密度 ρ 和介质点沿 z 轴的位移 $u_z \equiv u$ 作为基本流体力学变量.形变能依赖于密度改变 $\rho - \rho_0$(ρ_0 为未形变介质的密度)和位移 u 对坐标的导数.此时一阶导数 $\partial u/\partial x, \partial u/\partial y$ 一般不能出现在自由能的平方项内,其原因在于,如果将物体绕 x 或 y 轴整体反转,这些导数变号,而能量应当是不变的[①].

如弹性理论始终要求的那样,我们将假定所有物理量的空间变化足够缓慢,使得形变能可由空间导数幂级数展开的第一个非零项确定.然而,除此之外,还需要另一个更为严格的假定,那就是位移 u 本身必须如此之小,使得介质中的各层几乎处处与同一个 xy 平面平行[②].

在这些假设下,并考虑介质的对称性后,层状相液晶的形变自由能由以下表达式给出:

$$\left.\begin{aligned}F_d &= F - F_0(T) = \\ &= \frac{A}{2\rho_0}(\rho - \rho_0)^2 + C(\rho - \rho_0)\frac{\partial u}{\partial z} + \frac{B\rho_0}{2}\left(\frac{\partial u}{\partial z}\right)^2 + \frac{K_1}{2}(\Delta_\perp u)^2, \\ \Delta_\perp &= \frac{\partial^2}{\partial x^2} + \frac{\partial^2}{\partial y^2}.\end{aligned}\right\} \quad (44.1)$$

因为假定 z 轴的两个方向等价,方程中不能含有形如 $(\partial u/\partial z)\Delta_\perp u$ 的项[③],也就是说,由于相对于 $u \to -u, z \to -z, x, y \to x, y$(对 xy 平面的反射)变换或 $u \to -u, z \to -z, y \to -y, x \to x$(绕二阶平行轴 x 轴反转)变换的对称性而不允许出现在方程(44.1)中.由于这个原因,自由能表达式中没有形如 $(\rho - \rho_0)\Delta_\perp u$ 的项.因为在 F_d 中没有对 x 与 y 的一阶导数,故必须考虑包括(在固体的弹性理论中没有的)按二阶导数展开的首项.未形变状态的稳定性条件亦即能量(44.1)为正的条件要求

$$A > 0, \quad B > 0, \quad AB > C^2. \quad (44.2)$$

式(44.1)中系数 K_1 用了与式(36.1)中同样的标记符号,这种选择并非偶然.层状相液晶的层状结构其实可由指向矢 $\mathbf{n}(\mathbf{r})$ 的分布描写,只需把指向矢理解为方程 $u(\mathbf{r}) = \text{const}$ 表示的形变层的法线.在层的畸变很小时

$$n_x \approx \frac{\partial u}{\partial x}, \quad n_y \approx \frac{\partial u}{\partial y}, \quad n_z \approx 1, \quad (44.3)$$

---

① 在固体的弹性能中,这些导数以 u_x, u_y 的导数的方式出现在 u_{xz} 和 u_{yz} 的组合中,这些组合在上述反转下不变号.

② 在这个意义上,我们此处建立的层状相液晶力学的适用范围较前述的向列相液晶力学要窄,在向列相力学中,无论指向矢场 $\mathbf{n}(\mathbf{r})$ 与未形变的均匀分布有多大区别都是允许的.

③ 在本教程第五卷 §137 中出现过这样的项.

且此时 $(\Delta_\perp u)^2 = (\nabla \cdot \boldsymbol{n})^2$,正好是在式(36.1)相应项中出现的量. 式(44.1)中的系数 B 和 C 是表征层状相液晶区别于向列相液晶的特有晶体本性的两个系数[①].

在式(44.3)的近似中,$\boldsymbol{n} \cdot \nabla \times \boldsymbol{n} \approx (\nabla \times \boldsymbol{n})_z = 0$,因此在层状相液晶的自由能中,无论介质中中心反演对称元素存与否,既不出现形如 $\boldsymbol{n} \cdot \nabla \times \boldsymbol{n}$ 的项,也不出现胆甾相中的扭曲螺型结构(见§43).

在表示质量守恒的附加条件 $\int \rho dV = \text{const}$ 下,使总自由能对变量 ρ 与 u 取极小值,即可得到层状相液晶的平衡方程. 相对于 ρ 求差式

$$\int F_d dV - \lambda \int \rho dV$$

的极小值,其中 λ 为常数拉格朗日乘子,我们得到联系密度变化与层形变的等式

$$\frac{A}{\rho_0}(\rho - \rho_0) + C \frac{\partial u}{\partial z} = \lambda.$$

令 ρ_0 为 $\partial u/\partial z = 0$ 时的密度,我们有 $\lambda = 0$,且此时

$$\rho - \rho_0 = -\rho_0 m \frac{\partial u}{\partial z}, \qquad m = \frac{C \rho_0}{A}. \tag{44.4}$$

无量纲系数 m 与由层状相液晶沿 z 轴方向切下的"杆"的泊松系数有关. 实际上,

$$\frac{\rho - \rho_0}{\rho_0} = -\frac{V - V_0}{V_0} = -(u_{xx} + u_{yy} + u_{zz})$$

(参见(1.6)式),其中 $u_{zz} = \partial u/\partial z$,而 u_{xx}, u_{yy} 为应变张量在 xy 平面的两个分量. 令 $u_{xx} = u_{yy}$,我们有

$$u_{xx} = -\frac{1-m}{2} u_{zz},$$

而且与定义(5.4)比较:

$$\sigma = \frac{1-m}{2}. \tag{44.5}$$

当 $m = 0$ 时,系数 σ 取表征普通液体的值 $\sigma = 1/2$.

借助式(44.4)由式(44.1)中消去密度变化后,我们得到仅由 u 表示的自

[①] 我们在此强调,在层状相液晶(层状 A 相液晶)中指向矢 $\boldsymbol{n}$ (理解为层中分子指向的选定方向)不是独立的流体力学变量. 在向列相液晶流体力学中,独立变量 $\boldsymbol{n}$ 的特征是场 $\boldsymbol{n(r)}$ 在整个物体中的均匀转动与能量的变化无关. 正因为如此,$\boldsymbol{n}$ 沿物体的缓慢变化仅与能量的微小变化有关,能量的这一微小变化只依赖于 $\boldsymbol{n}$ 的导数且可用它作展开. 在层状相液晶中类似的一切转动都会改变 $\boldsymbol{n}$ 相对于层状结构的指向,并必定显著地改变能量. 我们发现,在指向矢以某一确定的角度与法线倾斜的层状 C 相液晶中,指向矢 $\boldsymbol{n}$ 方向保持固定倾斜角绕法线的均匀旋转重新变得与能量改变无关,因此,此处又出现了新的流体力学变量——指向矢 $\boldsymbol{n}$ 在层面上的投影.

由能

$$F_d = \frac{\rho_0 B'}{2}\left(\frac{\partial u}{\partial z}\right)^2 + \frac{K_1}{2}(\Delta_\perp u)^2, \quad (44.6)$$

其中

$$B' = B - \frac{C^2}{A}. \quad (44.7)$$

用独立函数 u 对总自由能作变分,经过几次分部积分后,我们得到

$$\delta \int F_d dV = -\int F_z \delta u dV, \quad (44.8)$$

其中

$$F_z = \rho_0 B' \frac{\partial^2 u}{\partial z^2} - K_1 \Delta_\perp^2 u. \quad (44.9)$$

显然,F_z 是在密度变化已"揉合"入形变的条件下,在 z 轴方向上作用于形变后层状相液晶单位体积的力.

平衡时,$F_z = 0$,于是位移 u 满足线性微分方程

$$\rho_0 B' \frac{\partial^2 u}{\partial z^2} - K_1 \Delta_\perp^2 u = 0. \quad (44.10)$$

如果还有外部施加的体积力作用在物体上,则这些力应当加在方程左端(参见方程(2.8)).

比值 $(K_1/B'\rho_0)^{1/2}$ 具有长度量纲,粗估值为 $(K_1/B'\rho_0)^{1/2} \sim a$,其中 a 为一维结构的周期(两层间距离).如果层状相液晶发生的形变在 xy 平面 $\sim l_\perp \gg a$ 的距离上有显著变化,则由式(44.10)可知,在 z 轴方向形变仅在距离 $l_\parallel \sim l_\perp^2/a \gg l_\perp$ 时才产生显著变化.

作为计算实例,我们来求方程(44.10)的格林函数,亦即求沿 z 轴方向作用于 $r=0$ 点的单位集中力所引起的可变点 r 处的位移 $u = G_{zz}(r) \equiv G(r)$(参见§8 中习题).这一函数满足方程

$$\rho_0 B' \frac{\partial^2 G}{\partial z^2} - K_1 \Delta_\perp^2 G + \delta(r) = 0. \quad (44.11)$$

对此方程作傅里叶变换(即乘以 $e^{-ik\cdot r}$ 并对 $d^3 x$ 求积分),我们求得函数 $G(r)$ 的傅里叶分量的表达式为

$$G_k = [\rho_0 B' k_z^2 + K_1 k_\perp^4]^{-1},$$

其中 $k_\perp^2 = k_x^2 + k_y^2$.傅里叶反变换给出以积分形式表示的待求函数

$$G(r) = \int \frac{e^{ik\cdot r}}{\rho_0 B' k_z^2 + K_1 k_\perp^4} \frac{d^3 k}{(2\pi)^3}. \quad (44.12)$$

这一积分在 $k \to 0$ 时对数发散.为了使这个积分有确定的意义,必须消除物体的整体移动,故选其中某一点 $r = r_0$ 固定,此时被积函数的分子应当写为 $e^{ik\cdot r} -$

$e^{i\mathbf{k}\cdot\mathbf{r}_0}$,从而发散消除.

我们再一次回到热涨落对层状相液晶性质的影响的问题,这次集中讨论对层状相液晶弹性性质的影响. 此一问题的更为确定的提法如下:作用于物体的集中力所引起的形变在涨落影响下如何变化?亦即,格林函数 $G(\mathbf{r})$ 如何变化? 原来,这一变化导致在表达式(44.12)中分别以

$$k_z^2\left(\ln\frac{1}{ak_z}\right)^{-4/5} \quad \text{和} \quad k_\perp^4\left(\ln\frac{1}{ak_\perp}\right)^{2/5}$$

代换原来的 k_z^2 和 $k_\perp^2$,其中 a 为结构周期的量级[①]. 同样,这些变化可以直观地解释为在形变波矢的特征值减小(亦即其特征长度 $\sim 1/k$ 加大)的情况下弹性模量 B' 和 K_1 有效值的变化. 我们看到,当 $k_z\to 0$ 时, B' 的有效值 B'_{eff} 以 $[\ln(1/ak_z)]^{-4/5}$ 的方式减小,而 $K_{1\text{eff}}$ 在 $k_\perp\to 0$ 时以 $[\ln(1/ak_\perp)]^{2/5}$ 方式增大. 但是,这些效应其实只有在无法实现的特大尺度上才是重要的.

在结束本节前,我们需要指出,通过包含若干高阶项但不引入新的附加系数,层状相液晶弹性能表达式(44.6)还可进一步推广.

为此,我们注意到,(44.6)式中第一项对能量的贡献,在物理上是由层间距离 a 的改变引起的;导数 $\partial u/\partial z$ 等于位移 $u_z = u$ 时层间距离的相对改变,于是这一项可改写为 $\frac{1}{2}\rho_0 B'(\delta a/a)^2$. 但是,层间距离不仅可以因位移 u 随坐标 z 改变而变化,而且也会因位移随坐标 x, y 改变而变化. 这点很容易理解,假定所有的液晶层均绕 y 轴转过一个角度 θ 使得沿 z 轴的结构周期依然为 a,在此情况下,沿液晶层法线方向量度的层间距等于 $a\cos\theta$. 在小角度 θ 情况下层间距离的改变为

$$\delta a = a(\cos\theta - 1) \approx -\frac{a\theta^2}{2}.$$

由于在实施上述转动时的位移为 $u = \text{const} + x\tan\theta \approx \text{const} + x\theta$,故

$$\frac{\delta a}{a} = -\frac{1}{2}\left(\frac{\partial u}{\partial x}\right)^2.$$

无论 u 与 x 关系如何,上述表达式都成立;如果 u 也与 y 有关,则应以 $(\nabla_\perp u)^2$ 替代 $(\partial u/\partial x)^2$.

如此一来,考虑到上述效应,自由能(44.6)应当写为如下形式:

$$F_d = \frac{\rho_0 B'}{2}\left[\frac{\partial u}{\partial z} - \frac{1}{2}\left(\frac{\partial u}{\partial x}\right)^2 - \frac{1}{2}\left(\frac{\partial u}{\partial y}\right)^2\right] + \frac{K_1}{2}(\Delta_\perp u)^2. \quad (44.13)$$

在本节的习题中,我们将使用这个表达式.

[①] 参见 Grinstein G, Pelcovits R A. Phys. Rev. Lett., 1981, 47: 856; Phys. Rev. A, 1982, 26: 915; Е. И. Кац, ЖЭТФ, 1982, 83: 1376. 研究中还必须考虑自由能按 u 展开的三阶项和四阶项.

习 题

厚度为 h 且具有平行于层状结构的平面边界的层状相液晶层受到沿垂直于其层面的 z 轴方向的均匀拉伸,试求临界拉伸量,超过此量后,层状相液晶的层状结构对于横向扰动变得不稳定(W. Helfrich,1971)[①].

解:均匀拉伸表明形变 $u = \gamma z$,其中 $\gamma > 0$. 为了研究稳定性,我们令 $u = \gamma z + \delta u(x,z)$,其中 δu 为满足边界条件 $z = \pm h/2$ 时 $\delta u = 0$(xy 平面选在液晶层中间)的小扰动. 准确到二阶项,沿 y 轴单位长度的总扰动弹性能为:

$$\int \delta F_d \mathrm{d}x\mathrm{d}z = \frac{1}{2}\int\left\{B'\rho_0\left(\frac{\partial \delta u}{\partial z}\right)^2 - B'\rho_0\gamma\left(\frac{\partial \delta u}{\partial x}\right)^2 + K_1\left(\frac{\partial^2 \delta u}{\partial x^2}\right)^2\right\}\mathrm{d}x\mathrm{d}z \quad (1)$$

(式中原有的含 $\gamma \partial \delta u/\partial z$ 的项在对 $\mathrm{d}z$ 积分时因边界条件而为零).

我们考虑形如

$$\delta u = \mathrm{const} \cdot \cos k_z z \cdot \cos k_x x, \quad k_z = \pi n/h, \quad n = 1,2,\cdots$$

的扰动(层状结构的横向调制). 层状结构的稳定性条件是能量表达式(1)为正. 将被积函数中所有 $\sin^2$,$\cos^2$ 因子均用其平均值 $1/2$ 代替,我们得到形为

$$B'\rho_0(k_z^2 - \gamma k_x^2) + K_1 k_x^4 > 0$$

的稳定性条件. 随着 γ 增大,稳定性的边界由以上不等式左端的三项式出现 k_x^2 的实根来确定(k_x 取复数值不满足在全 xy 平面上扰动有限的条件). 首先出现 k_x^2 实根的是 $n = 1$ 的扰动. 对于此一扰动,我们得到的临界拉伸 γ_{cr} 和相应的 $k_x = k_{\mathrm{cr}}$[②] 为

$$\gamma_{\mathrm{cr}} = \frac{2\pi}{h}\left(\frac{K_1}{\rho_0 B'}\right)^{1/2}, \quad k_{\mathrm{cr}} = \frac{\pi}{4}\left(\frac{\rho_0 B'}{K_1}\right)^{1/2}.$$

§45 层状相液晶中的位错

层状相液晶中的位错的概念与通常晶体中位错的含义是一样的. 差别仅在于:在只有一维(沿 z 轴方向)晶体结构的层状相液晶中,其位错的伯格斯矢量永远指向 z 轴方向,而伯格斯矢量之值等于层状结构周期 a 的整数倍.

考虑到以上说明,在适当定义弹性模量张量 λ_{iklm} 后,我们在 §27 中得到的公式(27.10)对于层状相液晶中位错周围的形变依然适用. 为此,我们依据通常的定义,即按照公式

$$F_z = \partial_k \sigma_{zk} \tag{45.1}$$

[①] 这一不稳定性与在 §21 中研究过的可压缩直杆的不稳定性相似.

[②] k_{cr} 之值仅能确定 xy 平面扰动波矢的绝对值,而不能确定所发生形变的全部对称性. 确定后者超出了建立线性(对于 δu)平衡方程所采用近似的范围(此处的情况与平行平面液体层的对流不稳定性中出现的情况相似,参见本教程第六卷 §57). 参见 Delrieu J M. Journ. Chem. Phys. ,1974,60:1081.

引入层状相液晶中的应力张量 σ_{ik},其中 F_z 为体积"内应力"(44.9). 我们同样也引入与位移 $u_z = u$ 对应的应变张量,其不为零的分量为

$$u_{zz} = \frac{\partial u}{\partial z}, \quad u_{xz} = \frac{1}{2}\frac{\partial u}{\partial x}, \quad u_{yz} = \frac{1}{2}\frac{\partial u}{\partial y}. \tag{45.2}$$

如果通过公式 $\sigma_{ik} = \lambda_{iklm} u_{lm}$ 用应变张量表示应力张量,其中

$$\lambda_{zzzz} = \rho_0 B', \quad \lambda_{zxzx} = \lambda_{zyzy} = -K_1\Delta_\perp, \quad \lambda_{zxzy} = \lambda_{zxzz} = \lambda_{zyzz} = 0 \tag{45.3}$$

(上式中某些分量为算符)①,则力(44.9)可以表示为式(45.1)的形式.

表示位移 $u_z = u$ 的公式(27.10)取以下形式

$$u(\boldsymbol{r}) = -\lambda_{zklz} b \int_{S_D} n_l \frac{\partial}{\partial x_k} G(\boldsymbol{r}-\boldsymbol{r}') \mathrm{d}f', \tag{45.4}$$

其中 $G \equiv G_{zz}$ 为式(44.12)给出的格林函数.

我们现在来研究位错的两个特殊情况,即直线螺型位错和直线刃型位错. 在第一种情况下,位错轴与伯格斯矢量的方向相同,都在 z 轴上. 这种情况一般不需要任何新的计算. 前面已经讲明白,形变只依赖于坐标 x,y. 但是在 xy 平面上介质各向同性,因此我们可以马上使用§27中习题2的结果,根据这个结果

$$u = \frac{b\varphi}{2\pi}, \tag{45.5}$$

其中 φ 为 xy 平面上径矢的极角.

刃型位错的情况较复杂(P. G. deGennes, 1972). 在这种情况下,位错轴与伯格斯矢量垂直,我们不妨令其与 y 轴重合. 此时可以取 xy 平面的右半平面作为积分(45.4)中的 S_D 表面,垂直于半平面的矢量 $\boldsymbol{n}$ 沿 z 轴的负方向. 所有形如 λ_{zkzz} 的分量中只有 $\lambda_{zzzz} = B'\rho_0$ 不为零,于是公式(45.4)具有以下形式:

$$u(\boldsymbol{r}) = bB'\rho_0 \int_{-\infty}^{\infty}\int_0^{\infty} \frac{\partial G(\boldsymbol{r}-\boldsymbol{r}')}{\partial z} \mathrm{d}x'\mathrm{d}y'.$$

我们将式(44.12)中的函数 G 代入上式,将变换后的公式对 $\mathrm{d}z$ 求导给出因子 $\mathrm{i}k_z$,再将其对 $\mathrm{d}y$ 积分给出因子 $2\pi\delta(k_y)$,然后对 $\mathrm{d}k_y$ 积分又消去 δ 函数. 在积分

$$\int_0^{\infty} \mathrm{e}^{-\mathrm{i}k_x x'} \mathrm{d}x'$$

中,为了保证积分收敛,应当把 k_x 理解为 $k_x - \mathrm{i}0$. 这样,完成对 $\mathrm{d}x', \mathrm{d}y', \mathrm{d}k_y$ 的积分后,我们得到

$$u(\boldsymbol{r}) = -b\int_{-\infty}^{\infty} \frac{\exp(\mathrm{i}k_x x)}{k_x - \mathrm{i}0} I(k_x, z) \frac{\mathrm{d}k_x}{2\pi},$$

其中

---

① 剩余的其它 λ_{iklm} 分量可按使 $F_x = F_y = 0$ 的方式选取,这些分量不在公式(45.4)中出现.

$$I(k_x,z) = \int_{-\infty}^{\infty} \frac{k_z \exp(\mathrm{i}k_z z)}{k_z^2 + \lambda^2 k_x^4} \frac{\mathrm{d}k_z}{2\pi}, \quad \lambda^2 = \frac{K_1}{B'\rho_0}.$$

在复变量 k_z 的上半平面($z>0$ 时)或下半平面($z<0$ 时)将积分回路与无穷远处的半圆连接并在极点 $k_z = \mathrm{i}\lambda k_x^2$ 或 $k_z = -\mathrm{i}\lambda k_x^2$ 处取留数,算出最后一个积分为:

$$I = \pm \frac{\mathrm{i}}{2}\exp(-\lambda k_x^2 |z|),$$

其中正负号分别对应于 $z>0$ 与 $z<0$. 这样一来,

$$u(x,z) = \pm \frac{b}{4\pi \mathrm{i}} \int_{-\infty}^{\infty} \exp\{-\lambda k_x^2 |z| + \mathrm{i}k_x x\} \frac{\mathrm{d}k_x}{k_x - \mathrm{i}0}. \tag{45.6}$$

然而,更有意义的不是位移本身,而是位移对坐标的导数. 位移对 x 的导数为

$$\frac{\partial u}{\partial x} = \pm \frac{b}{4\pi} \int_{-\infty}^{\infty} \exp\{-\lambda k_x^2 |z| + \mathrm{i}k_x x\} \mathrm{d}k_x =$$

$$= \pm \frac{b}{4(\pi\lambda|z|)^{1/2}} \exp\left\{-\frac{x^2}{4\lambda|z|}\right\}. \tag{45.7}$$

根据式(45.6),位移对 z 的导数与其对 x 的导数通过公式

$$\frac{\partial u}{\partial z} = \pm \frac{\partial^2 u}{\partial x^2}$$

相联系,由此得

$$\frac{\partial u}{\partial z} = -\frac{bx}{8(\pi\lambda)^{1/2}|z|^{3/2}} \exp\left\{-\frac{x^2}{4\lambda|z|}\right\}. \tag{45.8}$$

当 $|x| \to \infty$ 时,形变以指数律快速趋向零,而当 $|z| \to \infty$ 时,形变的衰减大大变慢,以幂函数方式进行.

§46 层状相液晶的运动方程

层状相液晶力学与向列相液晶力学的共同点在于:与普通液体的流体动力学相比,这两种情况下讨论的都是带有附加变量的流体动力学. 在向列相情形,附加变量是指向矢 **n**,而在层状相情况,则是液晶层的位移 u(P. C. Martin, O. Parodi, P. S. Pershan, 1972). 对上述的后一点需要澄清. 流体力学中速度被定义为单位质量物质的动量. 在此情况下速度的分量 v_z 完全不必等于导数 $\partial u/\partial t$. 在层状相液晶中,在 z 轴方向上实现质量输运不仅依靠液晶层的形变,而且也依靠穿过停留不动的一维结构的物质的逾渗(详见 §43 中所述的胆甾相液晶中的相似效应). 这种现象并非液晶所特有,相似的现象在固态晶体中也可以出现,不过那里出现的现象与缺陷的扩散相关(参见 §22 第一个脚注). 然而在层状相液晶中,这种现象之所以不可消除,原则上是由于周期结构非常模糊(相当于包含了显著数量的"空穴"缺陷)且分子的迁移率很大.

在绝热运动情况下,每一流体元输运的是其所具有的恒定的熵(s 为质量

熵),如果在任一初始时刻介质全部体积中的熵 s 为常量,则其在以后一直保持为常量. 由于条件 $s = \mathrm{const}$ 适用于单位质量,故从一开始就使用介质的质量内能也是适当的,我们将质量内能记为 ε. 对于形变后的层状相液晶,ε 用和式(44.1)相似的公式表示:

$$\varepsilon_\mathrm{d} = \varepsilon - \varepsilon_0(s) = \frac{A}{2\rho_0^2}(\rho - \rho_0)^2 + \frac{C}{\rho_0}(\rho - \rho_0)\frac{\partial u}{\partial z} + \frac{B}{2}\left(\frac{\partial u}{\partial z}\right)^2 + \frac{K_1}{2\rho_0}(\Delta_\perp u)^2, \tag{46.1}$$

其中 ρ_0 为未形变介质的密度;这里的三个系数 A,B,C 和式(44.1)中有同样标记的三个系数并不等同,现在它们代表的是弹性模量的绝热值(并假定表示为 s 的函数),而不再是式(44.1)中的等温值;至于系数 K_1,根据与向列相液晶同样的理由,其绝热值与等温值等同(参见 §36 末尾所述).[①]

单位质量物质的体积为 $1/\rho$,因此能量微分的热力学关系为

$$\mathrm{d}\varepsilon = T\mathrm{d}s - p\mathrm{d}V = T\mathrm{d}s + \frac{p}{\rho^2}\mathrm{d}\rho,$$

从而介质中的压强可通过对(46.1)求导得到:

$$p = \rho^2\left(\frac{\partial\varepsilon}{\partial\rho}\right)_s \approx A(\rho - \rho_0) + \rho_0 C\frac{\partial u}{\partial z}. \tag{46.2}$$

建立层状相液晶运动方程的进一步做法与 §40 中导出向列相液晶运动方程时所采用运算程序非常接近. 为了突出这种相似性,如同在 §40 中一样,我们将重新使用体积内能 $E = \rho\varepsilon$ 和体积熵 $S = \rho s$.

连续性方程具有通常的形式[②]

$$\frac{\partial\rho}{\partial t} + \nabla\cdot(\rho\boldsymbol{v}) = 0. \tag{46.3}$$

速度的动力学方程应当具有以下形式:

$$\rho\frac{\mathrm{d}v_i}{\mathrm{d}t} = \partial_k\sigma_{ik} \tag{46.4}$$

(参见式(40.7)),应力张量的形式留待以后确定.

与附加变量有关的另一个方程表示 v_z 与 $\partial u/\partial t$ 的差别

$$\frac{\partial u}{\partial t} - v_z = N, \tag{46.5}$$

[①] 严格地讲,在式(46.1)中本应将 $\partial u/\partial z$ 写为 $\partial u/\partial z - \delta_0(s)$,其中 $\delta_0(s)$ 为在无外力情况下熵为 s 时的 $\partial u/\partial z$. 在考察给定 s 情况下的运动时,我们可以把这种状态选为未形变态并令 $\delta_0(s) = 0$. 但我们要强调的是,在这样做了以后,为了利用公式 $T = (\partial\varepsilon/\partial s)_\rho$ 确定温度,就不再能通过将式(46.1)对 s 求导来做到了!

[②] 尽管最终我们感兴趣的仅是线性化的运动方程,但为了不增加公式书写的复杂性,我们将不在推导的每一步对方程作线性化.

量 N 代表液体相对于一维晶格的运动的"逾渗"速率,这个速率具有动理学本质,其具体表示形式也将在下面确定.

最后,涉及介质中耗散过程的熵方程具有式(40.8)的形式:

$$\frac{\partial S}{\partial t} + \nabla \cdot \left(S\boldsymbol{v} + \frac{\boldsymbol{q}}{T} \right) = \frac{2R}{T}. \tag{46.6}$$

同在§40中一样,我们来计算出现在能量守恒方程(40.11)中的单位体积介质总能量对时间的导数.区别仅出现在式(40.12)最后一项的形式不同.现在我们有①

$$\left(\frac{\partial E_d}{\partial t} \right)_{\rho, S} = \left(\frac{\partial E_d}{\partial (\partial_z u)} \right)_{\rho, S} \frac{\partial}{\partial z} \frac{\partial u}{\partial t} + K_1 (\Delta_\perp u) \left(\Delta_\perp \frac{\partial u}{\partial t} \right) =$$

$$= -h \frac{\partial u}{\partial t} + \nabla \cdot \{\cdots\} \tag{46.7}$$

如在§40中一样,我们没有写出散度符号下各项的具体形式.上式中引入了符号

$$h = \frac{\partial}{\partial z} \left(\frac{\partial E_d}{\partial (\partial_z u)} \right)_{\rho, S} - K_1 \Delta_\perp^2 u = \rho_0 B \frac{\partial^2 u}{\partial z^2} + C \frac{\partial (\rho - \rho_0)}{\partial z} - K_1 \Delta_\perp^2 u. \tag{46.8}$$

如果把 h 看作矢量 $\boldsymbol{h} = \boldsymbol{n}h$($\boldsymbol{n}$ 为沿 z 轴的单位矢量)的 z 分量,则容易判定,此一矢量可以表示为散度形式

$$h_i = \partial_k \sigma_{ik}^{(r)}, \tag{46.9}$$

其中对称张量 $\sigma_{ik}^{(r)}$ 具有以下分量:

$$\left.\begin{array}{l}\sigma_{xx}^{(r)} = \sigma_{yy}^{(r)} = K_1 \Delta_\perp \dfrac{\partial u}{\partial z}, \quad \sigma_{zz}^{(r)} = \rho_0 B \dfrac{\partial u}{\partial z} + C(\rho - \rho_0), \\[2mm] \sigma_{xz}^{(r)} = -K_1 \Delta_\perp \dfrac{\partial u}{\partial x}, \quad \sigma_{yz}^{(r)} = -K_1 \Delta_\perp \dfrac{\partial u}{\partial y}, \quad \sigma_{xy}^{(r)} = 0.\end{array}\right\} \tag{46.10}$$

将方程(46.5)中的 $\partial u / \partial t$ 代入式(46.7),并从其中一项中分出一个散度项来,我们写出

$$\left(\frac{\partial E_d}{\partial t} \right)_{\rho, S} = -hN - v_i \partial_k \sigma_{ik}^{(r)} + \nabla \cdot \{\cdots\} =$$

$$= -hN + v_{ik} \partial_k \sigma_{ik}^{(r)} + \nabla \cdot \{\cdots\}.$$

这个表达式与式(40.17)的区别仅在于符号 h 和 N 的意义不同②.进一步完成§40中所解释过的处理步骤,我们得到耗散函数原有的表达式(40.21):

$$2R = \sigma_{ik}' v_{ik} + N \cdot \boldsymbol{h} - \frac{\boldsymbol{q}}{T} \cdot \nabla T, \tag{46.11}$$

---

① 此处及后文中,我们均略去弹性模量在介质中的变化.
② 还有一个区别是这里缺少了一项 $v_i (\partial_i E)_{\rho, S}$,但是在给定情况下这一项是一个三阶小量,与二阶小量相比可以忽略不计.

其中 σ'_{ik} 为应力张量

$$\sigma_{ik} = -p\delta_{ik} + \sigma_{ik}^{(r)} + \sigma'_{ik} \qquad (46.12)$$

的黏性部分. 含此应力张量的动力学方程(46.4)在线性化(即略去 $(v \cdot \nabla)v$ 项)后形式为

$$\rho_0 \frac{\partial v_i}{\partial t} = -\partial_i p + h_i + \partial_k \sigma'_{ik}, \qquad (46.13)$$

其中 $h \equiv nh$ 由表达式(46.8)确定.

黏性应力张量 σ'_{ik}, 热流 q 以及逾渗速率 N("热力学流")通常被表示为"热力学力" $-v_{ik}/T$, $T^{-2}\partial_i T$ 和 $-h/T$ 的线性函数,同时这些表达式中的系数之间存在由昂萨格原理确定的关系. 这里我们不再重复已经在§41和§43中进行过的讨论而直接写出结果. 在这样做时,我们假定层状相液晶像通常那样具有反演中心(此前我们未作过此假定). 此时与在向列相液晶中一样,由公式(41.4)给出黏性应力张量,同时应把 n 理解为 z 轴方向. 热流与逾渗速率由表达式

$$q_z = -\varkappa_{\parallel}\frac{\partial T}{\partial z} + \mu h, \quad q_{\perp} = -\varkappa_{\perp}\nabla_{\perp}T, \quad N = \lambda_p h - \frac{\mu}{T}\frac{\partial T}{\partial z} \quad (46.14)$$

给出,同时耗散函数恒为正值的条件要求不等式

$$\varkappa_{\parallel}, \quad \varkappa_{\perp}, \quad \lambda_p > 0, \quad \mu^2 < T\lambda_p\varkappa_{\parallel} \qquad (46.15)$$

得以满足.

逾渗现象使得在层状相液晶中可能存在类似于§43结尾处对胆甾相液晶描述过的效应. 如果以某种方法将层状相液晶的周期结构在空间固定,则有可能存在沿 z 轴的均匀稳恒流. 由式(46.13)式可知,对于这一稳恒流, $dp/dz = h$, 而从含有式(46.14)所得到的 N 的式(46.5)可以给出:

$$v_z = -\lambda_p h = -\lambda_p \frac{dp}{dz}. \qquad (46.16)$$

对于前面提及的层状相液晶的动理学系数,此处应作一重要说明. 在动理学现象中,已经在§45中提起过的层状相液晶中的涨落发散表现得特别强烈,以致于可从根本上改变这些系数的特征[①].

§47 层状相液晶中的声波

在普通液体中(同样在向列相液晶中)只存在一支弱阻尼声学振动——纵向声波. 在固态晶体与非晶固体中存在三个具有线性色散关系的声学支(参见§22,§23). 一维晶体层状相液晶处于中间位置,其中存在两个声学支(P. G. de Gennes,1969). 因为我们这里对这些波的阻尼系数不感兴趣,只想确定它们的传播速度,故在运动方程中略去所有的耗散项. 完备的线性运动方程组由五

---

① 参见 Кац Е И, Лебедев В В. ЖЭТФ,1983,85:2019.

个方程组成:第一个是连续性方程:

$$\frac{\partial \rho'}{\partial t} + \rho \nabla \cdot \boldsymbol{v} = 0, \tag{47.1}$$

此处和今后,我们都去掉 ρ_0 的下标,并令 ρ' 和 p' 为密度和压强的可变部分. 第二个方程是方程(46.5),它可简化为

$$v_z = \frac{\partial u}{\partial t}, \tag{47.2}$$

其中不含逾渗项. 第三个方程是动力学方程(46.13):

$$\rho \frac{\partial \boldsymbol{v}}{\partial t} = -\nabla p' + \boldsymbol{n} h. \tag{47.3}$$

同时根据(46.2),有第四个方程:

$$p' = A\rho' + \rho C \frac{\partial u}{\partial z}. \tag{47.4}$$

在 h 的表达式(46.8)中,应当舍弃含有高阶导数的 $K_1 \Delta_\perp^2 u$ 项,这是因为这一项所包含的波矢 $\boldsymbol{k}$ 的阶数太高,对于声波而言应当看作小量,于是得到构成完备方程组的第五个方程:

$$h = \rho B \frac{\partial^2 u}{\partial z^2} + C \frac{\partial \rho'}{\partial z}. \tag{47.5}$$

在真实的层状相液晶中量 B 与 C 通常比 A 要小,我们假设此情况普遍成立. 在这些条件下,层状相液晶中的两个声学支变得更为明显.

如果在运动方程中略去所有带有小参量 B 和 C 的项,则方程简化为普通液体的运动方程,附带状态方程 $p' = A\rho'$,亦即压缩率 $(\partial p'/\partial \rho')_s = A$. 与这种情况相对应的振动是普通的声波,即介质胀缩的纵波. 波的传播速度为

$$c_1 = A^{1/2}, \tag{47.6}$$

且在所取近似下此速度与传播方向无关.

我们将会看到,第二个声学支的相速度 c_2 比 c_1 小得多: $\omega/k = c_2 \ll c_1$. 因此相对于这一振动,可认为介质是不可压缩的(参见§42第一个脚注). 连续性方程在此情况下简化为不可压缩性条件 $\nabla \cdot \boldsymbol{v} = 0$. 我们略去方程(47.5)中的第二项,于是方程(47.3)的形式成为

$$\rho \frac{\partial \boldsymbol{v}}{\partial t} = -\nabla p' + \boldsymbol{n}\rho B \frac{\partial^2 u}{\partial z^2}. \tag{47.7}$$

将此方程的 z 分量对 z 求导并将 $v_z = \partial u/\partial t$ 代入,我们得到

$$\rho \frac{\partial^2 \delta}{\partial t^2} = -\frac{\partial^2 p'}{\partial z^2} + \rho B \frac{\partial^2 \delta}{\partial z^2},$$

其中 $\delta = \partial u/\partial z$. 对方程(47.7)作散度运算,利用不可压缩条件得

$$\Delta p' = \rho B \frac{\partial^2 \delta}{\partial z^2}.$$

最后,从以上这两个方程中消去 p',得到关于量 δ 的方程:
$$\frac{\partial^2}{\partial t^2}\Delta\delta = B\left\{-\frac{\partial^4\delta}{\partial z^4} + \frac{\partial^2}{\partial z^2}\Delta\delta\right\}. \tag{47.8}$$

位移 u 与坐标 z 的依赖关系表明,介质相邻两层间的距离 a 是变化的: $\delta a = (\partial u/\partial z)a$,量 $\delta = \partial u/\partial z$ 本身给出距离 a 的相对变化率. 这样一来,方程(47.8) 描写横波($\boldsymbol{k}\cdot\boldsymbol{v}=0$)的传播,其中层间距离在恒定密度情况下经受振动. 对于 $\delta\propto\exp\{i\boldsymbol{k}\cdot\boldsymbol{r}-i\omega t\}$ 的平面波,由式(47.8)我们得
$$\omega^2 k^2 = Bk_\perp^2 k_z^2,$$
由此,我们求得波的相速度为
$$c_2 = B^{1/2}\sin\theta\cos\theta, \tag{47.9}$$
其中 θ 为波矢 $\boldsymbol{k}$ 与 z 轴间的夹角. 这个速度是各向异性的,而且无论是沿 z 轴($\theta=0$)的传播还是在 xy 面($\theta=\pi/2$)上的传播,波速都趋于零. 在接近于这两个值的角度上,耗散效应增大(参见本节的习题2和习题3).

习 题

1. 在模量 A,B,C 之间的比例任意时,试求出层状相液晶中声波的相速度.

解:将方程(47.3)对 t 求导并借助式(47.1),(47.2)消去 $\partial\rho'/\partial t$ 与 $\partial u/\partial t$,我们得到方程
$$\frac{\partial^2 \boldsymbol{v}}{\partial t^2} = A\nabla(\nabla\cdot\boldsymbol{v}) - C\nabla\frac{\partial v_z}{\partial z} + \boldsymbol{n}\left[-C\frac{\partial}{\partial z}(\nabla\cdot\boldsymbol{v}) + B\frac{\partial^2 v_z}{\partial z^2}\right].$$
对于 $\boldsymbol{v}\propto\exp(i\boldsymbol{k}\cdot\boldsymbol{r}-i\omega t)$ 的平面波,上面的方程化为
$$-\omega^2\boldsymbol{v} = -A\boldsymbol{k}(\boldsymbol{k}\cdot\boldsymbol{v}) + Ckk_z v_z + \boldsymbol{n}[Ck_z(\boldsymbol{k}\cdot\boldsymbol{v}) - Bk_z^2 v_z]. \tag{1}$$
令波矢 $\boldsymbol{k}$ 位于 xz 平面. 这时由(1)得出,速度 $\boldsymbol{v}$ 也位于同一平面,而方程的 x 分量和 z 分量给出由以下两个方程构成的方程组:
$$v_z[c^2 - (A+B-2C)\cos^2\theta] + v_x(C-A)\sin\theta\cos\theta = 0,$$
$$v_z(C-A)\sin\theta\cos\theta + v_x[c^2 - A\sin^2\theta] = 0,$$
其中 $c=\omega/k$ 为波速,θ 为 $\boldsymbol{k}$ 与 z 轴间的夹角. 令这个方程组的行列式为零,我们得到色散方程
$$c^4 - c^2[A + (B-2C)\cos^2\theta] + (AB-C^2)\sin^2\theta\cos^2\theta = 0.$$
这个 c^2 的二次方程的较大根和较小根分别确定波速 c_1 和 c_2. 特别是
$$c_1 = \begin{cases} A^{1/2} & (\theta=\pi/2), \\ (A+B-2C)^{1/2} & (\theta=0). \end{cases}$$
而在这些方向上 c_2 趋于零.

2. 在考虑耗散的情况下,试求第二声学支在层平面($\theta=\pi/2$)传播时的色散关系.

解:在题设条件下波速 v 的方向沿 z 轴,而所有物理量均依赖于 x.把方程(46.13)投影到 z 轴,我们得到

$$-\mathrm{i}\omega\rho v = -K_1 k^4 u + \mathrm{i}k\sigma'_{zx}. \tag{2}$$

借助于方程(41.7)求得

$$\sigma'_{zx} = \frac{\mathrm{i}k\eta_3}{2}v.$$

容易确认,由于参量 $K_1\rho/\eta_3^2$ 很小(与式(42.7)比较),方程(2)的左端可忽略,而在 k 很小的情况下逾渗效应不重要,因此有 $v = \mathrm{i}\omega u$.最终我们得到色散关系:

$$\mathrm{i}\omega = \frac{2K_1}{\eta_3}k^2.$$

3. 在垂直于层平面($\theta = 0$)传播的情况下,解上题所提出的问题.

解:在此情况下,不可压缩条件导致 $v = 0$,于是层状相液晶的运动只能通过逾渗一个途径发生.此时由式(46.5)和(46.14),我们有

$$\frac{\partial u}{\partial t} = \lambda_p \rho B \frac{\partial^2 u}{\partial z^2},$$

或

$$\mathrm{i}\omega = \lambda_p \rho B k^2,$$

在式(46.14)中,我们舍弃了带温度梯度的项.如果温度比位移弛豫得快,亦即如果 $\chi_\parallel \gg \lambda_p \rho B$,这样做是可以的.在这一情况下,应当把 B 理解为等温弹性模量.

索引[①]

A
昂萨格原理　186,195

B
表面张力　51
波
　　剪切~　188
　　瑞利~　110
　　弯曲~　115

C
层状相液晶的格林函数　200

D
单向压缩　15
单向压缩率　15

F
非简谐效应　120
分子场　166
弗朗克指标　169,177

G
刚度
　　抗弯~　48,88
　　扭转~　71
　　柱面~　48
格林张量　28,30
固有振动
　　板的~　118
　　杆的~　116
　　膜的~　118
　　弹性球的~　106
固支　49

H
耗散函数　154,181
横向声速　102
滑移表面　133
滑移平面　133

J
畸变张量　126
简并参量　177
简并空间　177
简单拉伸　13
简支　49
剪力　88

[①] 这个索引不重复目录，而是其补充．索引包括的是目录中未直接反映出来的术语和概念．

剪切 11
接触
    ~问题 31
    圆柱的~ 35

K

快剪切振动 190

L

螺型结构 194

M

麦克斯韦弛豫时间 162
膜 61,118
模量
    层状相液晶的弹性~ 201
    等温~ 16,168
    拉伸（杨氏）~ 13
    剪切~ 11
    晶体的弹性~ 41
    绝热~ 16,168
    全压缩~ 11
    向列相液晶的弹性（弗朗克）~ 165

N

扭转函数 68
扭转振动 116
扭曲 165

P

攀移 134
偏振方向 107
平面应变 19
平面应力状态 54

Q

球的碰撞 35

球腔的振动 106
全压缩 11
全压缩率 12
群速度 108

R

热导率张量 152
热力学流和热力学力 186
柔索 86

S

色散方程 107
色散关系 107
声的反射 103
声速 189
矢量
    伯格斯~ 125
    位移~ 1
双调和方程 18,25
塑性形变 9,134,137

T

弹性
    ~平面 53
    ~曲线 76
    ~弦 91
    ~形变 9
弹性不稳定性 96
    层状相液晶的~ 202
弹性模量张量 36

W

弯矩 76
弯曲 165
位错
    ~的能量 130
    ~极化张量 140
    ~矩张量 128

~密度张量　137
　　　~通量密度张量　139
　　　螺型~　124
　　　刃型~　124,130
温导率　152

X

系数
　　　泊松~　14
　　　层状相液晶的泊松~　199
　　　热膨胀~　16,41
　　　拉梅~　11
　　　拉伸~　13
向错　168
　　　~的能量　188
　　　~的稳定性　176
楔形板　55
形变　1
　　　空心球的~　20
　　　空心圆柱形管的~　21
　　　圆盘的~　56

Y

应力函数　19,24,54
应力集中　26
逾渗　196

Z

展曲　165
指向矢　164
　　　层状相液晶的~　198
　　　向列相液晶的~　164
中性面　44,73
自由能　10
纵向声速　102
组合频率　121

译 后 记

《弹性理论》是朗道、栗弗席兹十卷本《理论物理学教程》的第七卷,也是朗道在世时直接参加撰写的该教程七卷书中的一本. 该书的俄文第一版(1944)和第二版(1953)是与教程第六卷《流体力学》合在一起以《连续介质力学》为书名出版的①. 1965年出版的俄文第三版正式将其列为教程第七卷单独出版. 1968年朗道逝世后,栗弗席兹在科谢维奇与皮塔耶夫斯基协助下,出版了本书的增补第四版(1987);栗弗席兹逝世后,2003年由皮塔耶夫斯基主持又出版了俄文第五版(这个新版实际上是第四版的重印版,没有增加任何新的内容). 随着版次更新,全书内容陆续有所增加. 第一、第二两版中仅含弹性理论的基本方程、杆与板的平衡、弹性波、固体的热传导和黏性四章,第三版新增了晶体中的位错一章,增补第四版又增加了液晶力学一章,再加上原有章节中习题数目的增加,使得第四版的总篇幅增为第一、二版篇幅的一倍半以上②.

正如作者们在第二版的序言所说,这本《弹性理论》"主要是写给物理学家的",因此这本书除包括了弹性力学教科书的一些内容外,还包括了诸如固体的热传导和黏性、晶体中的位错、液晶力学等在一般弹性理论著作中不常见的内容. 本书的这一特点给我们的翻译工作带来了如何规范科学术语的困难. 鉴于一些术语在力学界和物理学界各有规范,我们大体上遵从了以下原则,在传统弹性力学的内容中出现的专业术语按力学界惯用法规范,在传统弹性理论不涉及的几章中出现的专业术语按物理学界惯用法规范,在这两部分内容中都出现的专业术语,则按物理界惯用法规范. 除此而外,对一些特殊的术语作了特别处理. 比如"деформация"这个俄文词,它既有英文"deformation"(变形,形变)的含义,又有英文"strain"(应变)的含义. 我们根据它在原文的科学含义分别采用

---

① 这本书的中文译本由彭旭麟先生译出分三册出版,含《弹性理论》的一册为:《连续介质力学》,第三册,人民教育出版社,1962年上海第一版.

② 俄文第二版的总页码为155页,俄文第五版增为259页.

译 后 记

了不同的中文译名. 当这个词的含义为英文"deformation"时,力学界常惯称其为"变形"而物理学界将之规范为"形变",因为这个词在两部分内容中都出现,我们就将其规范为"形变". 还有一些专业术语,如"температуропроводность",物理学界现尚无规范,有时将之译为"热扩散率". 考虑到这个词仅与热传导有关,而与热扩散这种特殊的输运过程并无关系,为了避免混淆,我们将之译为了"温导率". 其它还有一些专业术语,如热致液晶三种相的名称,化学界和物理学界叫法各有千秋,我们也根据实际情况作了自认为是合理的选择.

本书根据俄文第五版译出,翻译时参照了 J. B. Sykes 和 W. H. Reid 译出的最新英译本(Theory of Elasticity,3rd edition, Pergamon Press, 1986)和先前的俄文版本,并参考了彭旭麟先生 1962 年中译本. 据此修正了俄文新版出现的一些纰漏包括若干处公式错误. 其中一个莫名其妙的纰漏,便是将在俄文第三版和第四版中都正确绘制的刃型位错示意图(图 23)误改为一幅理想晶格图. 我们注意到俄文新版与英文最后译本的一个显著的区别,即俄文版全书共含 47 节而英文版则含 48 节,原因是英译本保留了俄文第四版删去的一节. 考虑到这一节的科学价值[①],我们根据俄文第三版和英译本译出了这一节作为第四章的附录,供读者参考.

翻译中我们按各自熟悉的专业做了分工,由武际可译前三章,刘寄星译后三章,最后由刘寄星对全部译稿做了校订. 受专业水平和语言能力的限制,我们深知译文中肯定会存在各种问题和错误,恳切地希望各位读者发现后能够及时指出,以便重印时修改.

本书翻译过程中,曾就一些内容的译法与北京大学力学系李植副教授进行过讨论,得到他的热心帮助,特此致谢. 最后我们衷心感谢清华大学机械系张人佶教授对第四章的认真审阅,上海交通大学材料学院沈耀教授对位错理论方面的术语的翻译建议,也感谢高等教育出版社王超编辑对译稿的耐心和认真编辑.

刘寄星、武际可
2011 年 3 月于北京

---

① 这一节是根据苏联力学家巴伦布拉特(Г. И. Баренблатт,1959)发表的一篇著名论文"On equilibrium cracks formed in brittle fracture. The stability of isolated cracks. Connection with energetic theories" (J. App. Math. Mech. (PMM),1959,23:1273)撰写的脆体的裂缝平衡理论,Г. И. Баренблатт 是断裂力学中有名的 Dugdale-Barenblatt 模型的提出者.

郑重声明

高等教育出版社依法对本书享有专有出版权。任何未经许可的复制、销售行为均违反《中华人民共和国著作权法》，其行为人将承担相应的民事责任和行政责任；构成犯罪的，将被依法追究刑事责任。为了维护市场秩序，保护读者的合法权益，避免读者误用盗版书造成不良后果，我社将配合行政执法部门和司法机关对违法犯罪的单位和个人进行严厉打击。社会各界人士如发现上述侵权行为，希望及时举报，我社将奖励举报有功人员。

反盗版举报电话　（010）58581999　58582371
反盗版举报邮箱　dd@hep.com.cn
通信地址　北京市西城区德外大街4号　高等教育出版社法律事务部
邮政编码　100120

《弹性理论（第五版）》
ISBN:978-7-04-031953-8

本书是《理论物理学教程》的第七卷，根据俄文最新版译出。正如作者所说，本书是一本物理学家为物理学家撰写的弹性理论教学参考书。因此本书除系统地讲述了诸如弹性理论的基本方程、半无限弹性介质问题、固体接触问题的经典解法以及板和壳的问题、杆的扭转和弯曲、弹性系统的稳定性等传统弹性力学的基本内容之外，还深入地阐述了一般弹性力学著作较少提及的弹性波以及振动的理论问题、晶体的弹性性质、位错的力学问题、固体的热传导和黏性以及液晶的弹性力学等问题。本书叙述精练，推演论证严谨，着重所讨论问题的物理概念。本书可作为高等学校物理及力学专业高年级本科生教学参考书，也可供相关专业的研究生和科研人员参考。

《连续介质电动力学（第四版）》

本书是《理论物理学教程》的第八卷，系统阐述了实体介质的电磁场理论以及实物的宏观电学和磁学性质。全书论述条理清晰，内容广泛，包括导体和介电体静电学、恒定电流、恒定磁场、铁磁性和反铁磁性、超导电性、准恒电磁场、磁流体动力学、介质内的电磁波及其传播规律、空间色散、非线性光学和电磁波散射等内容。本书可作为理论物理专业的研究生和高年级本科生教学参考书，也可供科研人员和教师参考。